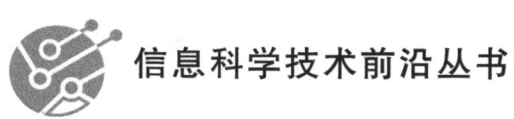

信息科学技术前沿丛书

FPGA 密码算法编程

涂腾飞　张卫伟　编著

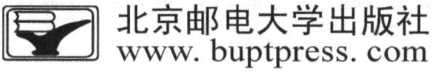

北京邮电大学出版社
www.buptpress.com

内 容 简 介

FPGA 是一种能够根据用户需求进行编程的集成电路。FPGA 具备极高的灵活性和可定制性，能够适应各种复杂的计算需求，特别是在高性能、低延迟和专用计算场景下具有显著优势。

本书涵盖了 FPGA 的基础知识和开发流程，详细地介绍了 Verilog HDL 和 VHDL 等硬件描述语言的应用，同时聚焦于密码算法在硬件中的实现和加速优化。本书具有涉及的知识点多、内容广等特点，通过案例引导读者开展知识点的学习，注重培养读者解决实际问题的能力。本书内容选择合理、结构清楚、图文并茂、面向应用，适合作为密码科学与技术专业本科生的教学用书，也可作为工程人员的培训教材或相关科研人员的参考书。

图书在版编目（CIP）数据

FPGA 密码算法编程 / 涂腾飞，张卫伟编著. -- 北京：北京邮电大学出版社，2025. -- ISBN 978-7-5635-7668-5

Ⅰ. TN918.1；TP331.2

中国国家版本馆 CIP 数据核字第 2025S2K347 号

策划编辑：姚　顺　　责任编辑：孙宏颖　　责任校对：张会良　　封面设计：七星博纳

出版发行：北京邮电大学出版社
社　　址：北京市海淀区西土城路 10 号
邮政编码：100876
发 行 部：电话：010-62282185　传真：010-62283578
E-mail：publish@bupt.edu.cn
经　　销：各地新华书店
印　　刷：保定市中画美凯印刷有限公司
开　　本：787 mm×1 092 mm　1/16
印　　张：17.5
字　　数：468 千字
版　　次：2025 年 8 月第 1 版
印　　次：2025 年 8 月第 1 次印刷

ISBN 978-7-5635-7668-5　　　　　　　　　　　　　　　　　　　　定价：79.00 元

・如有印装质量问题，请与北京邮电大学出版社发行部联系・

前　言

信息安全在当今数据驱动的社会中尤为关键,广泛应用于金融、通信、物联网和云计算等领域。传统的 CPU 和 GPU 在数据加密处理上尽管具备一定的能力,但在实时性和并行计算的性能上往往难以满足高效加密的需求。而 FPGA 凭借其灵活的架构和硬件并行处理能力,成为实现密码算法硬件加速的理想平台。《FPGA 密码算法编程》从原理到实现,循序渐进地剖析了 FPGA 在密码算法领域的应用,希望为从事硬件加速和信息安全的专业人士、密码科学与技术专业的本科生或研究生提供详尽的技术参考。

第 1 章通过对 FPGA 硬件架构、ASIC 与 CPU 的对比、HDL 编程基础以及开发流程的介绍,为后续的密码算法实现奠定了基础。FPGA 凭借灵活的逻辑资源配置和时钟控制优势,可以有效地提升加密处理的性能。

第 2 章详细地讲解了对称加密(如 AES、SM4)、非对称加密(如 RSA、ECC)、Hash 算法(如 SHA、SM3)和数字签名算法的原理,为硬件实现提供了理论支持。

第 3 章介绍了 FPGA 上密码算法的实现流程,涵盖了模块划分、硬件电路设计、仿真验证、时序分析等步骤,以确保实现的高效性与稳定性,并引导读者有效利用 FPGA 的 IP 核资源。

第 4～7 章分别讲解了分组密码、公钥密码、Hash 算法和数字签名算法在 FPGA 上的具体实现细节。各章从算法模块设计入手,逐步介绍了在 FPGA 上实现这些算法的步骤和调试方法,以为读者提供工程实现参考。

第 8 章总结了本书的核心内容,并展望了 FPGA 在未来信息安全领域的广阔前景。希望本书能为具备一定数字电路设计和密码学知识的读者提供系统化的学习和实战指导,使读者具备独立完成密码算法硬件实现的能力。

本书可作为具备一定数字电路设计及密码学知识的技术人员和科研人员的参考用书,可帮助他们深入理解 FPGA 密码算法编程技术并将其应用于实际项目中。希望本书能够成为广大读者从事密码算法硬件实现的实用工具,并为 FPGA 在信息安全领域的应用贡献一份力量。

本书的出版得到了北京邮电大学出版社的大力支持,其为本书的出版做出了大量的贡献,作者在此表示诚挚的感谢!

本书总结了作者在嵌入式开发、系统集成领域的最新成果,同时在编写过程中参考了大量文献及手册资料,在此向各位相关作者表示诚挚的感谢。

由于时间仓促以及作者水平有限,书中难免存在错误和考虑不周之处,恳请读者批评指正,使本书得以改进和完善。

作 者

2025 年 7 月

目 录

第 1 章 FPGA 基础 ... 1
1.1 FPGA 概述 ... 1
1.1.1 FPGA 的发展 ... 1
1.1.2 FPGA 的优势 ... 3
1.2 FPGA 硬件架构 ... 4
1.2.1 FPGA 的内部结构 ... 5
1.2.2 主要厂商与代表芯片 ... 6
1.3 Verilog 语言基础 ... 7
1.3.1 Verilog 的基本概念 ... 7
1.3.2 Verilog 的基本语法 ... 7
1.4 FPGA 开发流程 ... 11
1.4.1 设计流程概述 ... 11
1.4.2 开发环境与工具 ... 13
1.4.3 RTL 设计与编码 ... 16
1.5 本章小结 ... 17

第 2 章 密码算法基础 ... 19
2.1 密码学概述 ... 19
2.1.1 密码学的发展历史 ... 19
2.1.2 密码学的基本概念 ... 20
2.2 对称加密算法 ... 20
2.2.1 DES 算法的原理 ... 20
2.2.2 AES 算法的原理 ... 21
2.2.3 SM4 算法的原理 ... 22
2.3 非对称加密算法 ... 22
2.3.1 RSA 算法的原理 ... 23

2.3.2　ECC 算法的原理　23
　　2.3.3　SM2 算法的原理　24
2.4　哈希算法　25
　　2.4.1　SHA-1 的原理　25
　　2.4.2　SHA-3 的原理　25
　　2.4.3　SM3 算法的原理　26
2.5　数字签名算法　27
　　2.5.1　DSA 的原理　27
　　2.5.2　ECDSA 的原理　27
2.6　本章小结　28

第 3 章　FPGA 实现密码算法的基础　30

3.1　FPGA 实现密码算法的流程　30
　　3.1.1　FPGA 实现密码算法的优势　30
　　3.1.2　算法分析与模块划分　30
　　3.1.3　仿真与验证　32
　　3.1.4　信号的边沿检测　36
　　3.1.5　数字逻辑分析　40
　　3.1.6　静态时序分析　45
　　3.1.7　FPGA IP 核组件调用　56
　　3.1.8　二进制码与 BCD 码之间的转换　68
3.2　FPGA 接口基础　71
　　3.2.1　FPGA 高速接口测试与验证　71
　　3.2.2　AXI 总线简介与应用　75
　　3.2.3　FPGA 网络接口的 PCS/PMA 实现　84

第 4 章　分组密码算法的 FPGA 实现　86

4.1　DES 算法的 FPGA 实现　86
　　4.1.1　算法模块设计　86
　　4.1.2　工程实现与测试　92
4.2　AES 算法的 FPGA 实现　100
　　4.2.1　算法模块设计　100
　　4.2.2　工程实现与测试　108
4.3　SM4 算法的 FPGA 实现　113

  4.3.1 算法模块设计 …… 113
  4.3.2 工程实现与测试 …… 117

第5章 公钥密码算法的 FPGA 实现 …… 128

 5.1 RSA 算法的 FPGA 实现 …… 128
  5.1.1 算法模块设计 …… 128
  5.1.2 工程实现与测试 …… 131
 5.2 ECC 算法的 FPGA 实现 …… 141
  5.2.1 算法模块设计 …… 141
  5.2.2 工程实现与测试 …… 145
 5.3 SM2 算法的 FPGA 实现 …… 174
  5.3.1 算法模块设计 …… 174
  5.3.2 工程实现与测试 …… 176

第6章 Hash 算法的 FPGA 实现 …… 192

 6.1 SHA-1 算法的 FPGA 实现 …… 192
  6.1.1 算法模块设计 …… 192
  6.1.2 工程实现与测试 …… 193
 6.2 SM3 算法的 FPGA 实现 …… 220
  6.2.1 算法模块设计 …… 220
  6.2.2 工程实现与测试 …… 221

第7章 数字签名算法的 FPGA 实现 …… 237

 7.1 DSA 算法的 FPGA 实现 …… 237
  7.1.1 算法模块设计 …… 237
  7.1.2 工程实现与测试 …… 238
 7.2 ECC 数字签名算法的 FPGA 实现 …… 249
  7.2.1 ECC 数字签名算法模块设计 …… 249
  7.2.2 工程实现与测试 …… 250

第8章 FPGA 在信息安全领域的应用与展望 …… 270

第 1 章 FPGA 基础

1.1 FPGA 概述

FPGA(现场可编程门阵列,Field-Programmable Gate Array)是一种灵活的可编程逻辑器件,用户可以通过硬件描述语言(HDL)对其进行多次编程和配置,来实现各种数字电路功能。与固定逻辑的 ASIC(专用集成电路)相比,FPGA 的可重构性使其能够适应快速变化的需求和动态的设计调整。由于其出色的并行计算能力和灵活性,FPGA 在多个领域中发挥着重要作用,如高速通信、信号处理、加密算法实现、人工智能推理加速等。

1.1.1 FPGA 的发展

FPGA 作为一种重要的可编程逻辑器件,经历了几十年的发展,其技术不断革新,应用领域也不断扩大。从最初的小规模可编程逻辑器件发展至今,FPGA 已经成为高度复杂的集成电路,广泛应用于通信、数据处理、信号处理、密码学加速等多个领域。以下是 FPGA 的发展历程概述。

1. FPGA 的起源与早期发展

FPGA 最早的发展可以追溯到 20 世纪 70 年代末和 80 年代初。当时,数字电路的设计主要依赖于固定逻辑器件,如 TTL 和 CMOS 集成电路。这些器件虽然在特定应用中表现良好,但在设计灵活性和调整能力上存在显著限制。工程师们迫切需要一种能够快速适应变化需求的解决方案,从而探索可编程逻辑器件的应用。

(1) 可编程逻辑器件的诞生

20 世纪 70 年代,简单的 PLD(可编程逻辑器件,Programmable Logic Device)开始出现。PLD 允许用户通过编程配置芯片内部的逻辑功能,使得设计者可以快速实现简单的逻辑电路,而无须等待定制集成电路(ASIC)的长周期制造流程。

PLD 的代表产品是 PAL(可编程阵列逻辑,Programmable Array Logic)和 PLA(可编程逻辑阵列,Programmable Logic Array),它们是 FPGA 的早期形态,但规模较小,功能较为有限。

(2) FPGA 的出现

1985 年，Xilinx 公司（由 Ross Freeman、Bernie Vonderschmitt 和 James Barnett 创立）推出了首款 FPGA 产品，标志着 FPGA 的诞生。与早期的 PLD 不同，FPGA 通过可编程的逻辑块和互连矩阵，允许用户在芯片内部灵活配置较为复杂的逻辑电路，这在很大程度上扩展了可编程逻辑器件的应用范围。

第一代 FPGA 具有有限的逻辑容量和较低的工作频率，但由于其灵活性、可重构性和快速的原型开发能力，FPGA 迅速在小批量生产和实验室开发中得到应用。

2．FPGA 的增长与技术演进

进入 20 世纪 90 年代，FPGA 技术开始迅速发展，主要集中在以下几个方面。

① 逻辑容量的提升：20 世纪 90 年代初期的 FPGA 逻辑容量逐渐增大，从最早的几千个门级逻辑单元增加到数万个，这使得 FPGA 能够实现更加复杂的电路设计，例如简单的处理器内核、数字信号处理算法等。Xilinx 和 Altera（现已被英特尔收购）作为 FPGA 领域的主要厂商，持续推出更大容量的 FPGA 芯片。Altera 在这一时期推出了可编程逻辑阵列架构，进一步扩展了 FPGA 的逻辑能力。

② 新增硬件功能模块：除了基本的可编程逻辑单元外，FPGA 厂商开始引入更多的硬件模块，如片上存储器（Block RAM）、数字信号处理器（DSP）模块、时钟管理单元等。这些功能模块使得 FPGA 不仅仅是逻辑控制电路的载体，还可以承担复杂的数学运算和数据处理任务。随着这些功能的增加，FPGA 开始广泛应用于通信系统中的数据处理、视频信号处理以及其他实时处理任务。

③ 开发工具和设计方法的改进：这一时期，硬件描述语言（HDL）的使用逐渐普及，Verilog 和 VHDL 成为 FPGA 开发的主流语言。设计者可以通过编写 HDL 代码来描述电路，并可以利用综合工具将代码转化为可在 FPGA 上实现的硬件电路。FPGA 开发工具也逐渐成熟，Xilinx 推出的 ISE 设计工具和 Altera 的 Quartus 设计软件极大地简化了 FPGA 的设计和调试过程。

3．高性能 FPGA 的崛起

进入 21 世纪，随着技术的进一步进步和发展，FPGA 的规模、性能和应用范围都得到了显著提升，FPGA 相比早期具有以下特征。

① 高密度集成与性能提升：随着摩尔定律的持续推进，FPGA 的晶体管密度迅速提升，先进工艺制程（如 65 nm、40 nm、28 nm 等）被引入 FPGA 设计中，使得 FPGA 可以集成数百万个逻辑单元。同时，FPGA 的工作频率也得到了大幅提升，达到数百兆赫兹，甚至接近 1 GHz，这使得 FPGA 可以处理更加复杂的计算任务，如高速网络数据包处理、高清视频处理、实时加密解密等。

② 与 SoC 结合：为了进一步提升性能和功能集成度，FPGA 厂商开始将硬处理器内核（如 ARM Cortex-A9、Cortex-M 系列）集成到 FPGA 中，形成了 SoC FPGA（System on Chip FPGA）架构。SoC FPGA 将处理器和 FPGA 逻辑资源结合在一起，使得设计者可以在一个芯片上同时实现软件和硬件的协同设计。SoC FPGA 特别适合于嵌入式系统应用，例如智能设备、无人机控制、加密系统等。

③ 高速 I/O 接口与异构计算：随着通信速率的增加，FPGA 开始支持各种高速 I/O 接口，如 PCIe、10G Ethernet、DDR4 等，这使得 FPGA 在高速数据传输和处理领域占据了重要地

位。同时，FPGA 被广泛地应用于异构计算领域，与 CPU、GPU 协同工作，作为数据处理加速器使用，尤其是在数据中心、人工智能推理加速和密码算法加速等方面。

4. FPGA 的现代发展

近年来，FPGA 技术已经达到了一个新高度，主要呈现以下趋势。

① 工艺节点的进一步缩小：先进工艺节点如 14 nm、7 nm，甚至是 5 nm 被应用于 FPGA 设计，使得 FPGA 的逻辑容量和集成度达到了空前的水平。这些先进工艺使得 FPGA 能够处理更复杂的计算任务，同时功耗进一步降低，适合于高性能计算和低功耗应用场景。

② 与新技术领域的结合：FPGA 的并行计算架构非常适合深度学习模型的推理加速。因此，FPGA 被广泛地应用于人工智能推理领域，特别是在数据中心和边缘计算中，FPGA 可以作为加速器与 GPU、CPU 协同工作。FPGA 还被应用于大数据处理、区块链加速、网络安全等前沿领域，特别是在需要处理海量数据和执行复杂算法的场景中，FPGA 可以通过定制化设计提供显著的性能提升。

③ 应用场景的多样化：近年来，FPGA 的架构逐渐趋向多样化，不同的 FPGA 产品线被设计用于不同的应用场景。例如，低功耗 FPGA 适用于物联网和嵌入式系统，而高性能 FPGA 则专注于数据中心和通信系统中的硬件加速任务。通过几十年的技术进步和创新，FPGA 已经从最初的简单可编程逻辑器件发展为高度复杂的集成电路。如今，FPGA 在通信、数据处理、密码学、人工智能等领域扮演着重要角色，并将在未来继续推动数字系统设计的革新与进步。

1.1.2 FPGA 的优势

FPGA 作为一种基于门阵列结构的可编程逻辑器件，用户可以通过硬件描述语言（HDL）对其内部逻辑进行配置，从而实现不同的数字电路设计。与固定逻辑的 ASIC 不同，FPGA 可以反复编程，这使其在快速原型设计、低批量生产和需要频繁设计更改的应用场景中具有独特的优势。

1. FPGA 的核心优势

① 可重构性：FPGA 的最大优势在于其可重构性，用户可以根据需求多次重新配置其逻辑功能。这种特性使得 FPGA 在实验与开发中能迅速进行设计迭代，减短产品开发周期。

② 高并行计算能力：与传统 CPU 的串行处理不同，FPGA 具备天然的并行计算架构。通过在其内部配置多个并行处理单元，FPGA 可以同时处理多个任务，显著提升计算效率。密码算法中的多位并行运算，例如大数模乘法、AES 加解密等，能够在 FPGA 上得到极大的加速。

③ 低延迟：FPGA 的硬件实现路径是完全定制化的，相比于通过软件运行在 CPU 上的处理任务，FPGA 的延迟更低，尤其适用于需要实时处理的场景，例如高速加密通信、信号处理等。

④ 灵活性与扩展性：FPGA 不仅可以用于实现简单的逻辑电路，还可以通过集成片上内存、数字信号处理（DSP）模块、高速 I/O 接口等功能模块，实现复杂的系统设计。用户可以灵活扩展硬件资源，以满足不同的应用需求。

⑤ 功耗优化：相比通用处理器，FPGA 可以针对特定任务进行优化设计，避免了 CPU 的冗余功能和高功耗。在高性能、低功耗需求并存的场合，FPGA 的优势尤为显著。

2. FPGA 与 ASIC、CPU 的比较

FPGA、ASIC 和 CPU 是数字设计中的 3 种常见技术，它们在性能、灵活性、功耗和开发周期等方面有着显著的差异。

(1) FPGA 与 ASIC 的比较

ASIC 是为特定应用定制的集成电路，具有极高的性能和效率，但开发周期长、成本高，且一旦制造完成便无法更改功能。相比之下，FPGA 在灵活性、开发时间和成本上具有显著优势，尤其适合需要快速迭代和适应市场变化的应用场景。

- 灵活性：FPGA 最大的优势在于其可编程性，而 ASIC 则是一次性设计完成后不可更改。对于需要频繁迭代设计或定制化应用的场景，FPGA 更具吸引力。
- 性能：ASIC 由于是为特定应用量身定制的，通常在性能和功耗上优于 FPGA。ASIC 可以实现更高的时钟频率、更小的芯片面积以及更低的功耗，因此在大规模量产且对性能要求极高的场景（如手机处理器、图像处理单元）中，ASIC 是首选。然而，FPGA 的并行计算能力弥补了这一差距，尤其是在数据密集型的应用中，如密码算法中的并行加解密运算。
- 开发成本：ASIC 的开发成本极高，通常需要数百万美元的设计与制造费用，同时其设计周期较长（通常为数月甚至一年以上）。FPGA 则无须昂贵的流片过程，设计完成后即可部署，因此初期开发成本较低，适用于小批量生产和原型开发。

(2) FPGA 与 CPU 的比较

CPU（中央处理器）是通用计算平台，擅长执行复杂的指令序列和逻辑判断，但在处理大量并行数据时效率较低。FPGA 则通过并行处理机制，能够显著地提升数据处理速度，特别适用于需要高速、低延迟处理的应用，如密码算法、图像处理等。此外，FPGA 的硬件实现方式还能有效地避免 CPU 在执行敏感操作时可能面临的软件安全漏洞。

- 并行性：FPGA 的架构允许大规模并行计算，这与 CPU 的串行处理模式截然不同。在需要处理大量并发任务或复杂的密码运算（如 RSA 加速、SHA 哈希计算）时，FPGA 能够显著地提高性能。
- 灵活性：CPU 是通用计算架构，适用于广泛的任务类型，用户无须关心底层硬件实现。FPGA 则允许用户根据需求定制硬件，这使其在处理专门任务（如加密计算、图像处理等）时具有更高的效率和灵活性。
- 功耗与性能优化：由于 FPGA 的硬件配置是专门为某个任务设计的，因此可以通过裁剪不必要的资源来降低功耗。而 CPU 作为通用架构，必须适应各种任务，因而在资源利用率上不如 FPGA 高效。
- 开发时间：CPU 的编程使用高级语言（如 C/C++、Python），开发速度较快，适合通用软件应用。而 FPGA 的开发则需要使用硬件描述语言（如 Verilog、VHDL），其设计过程相对复杂，但这种复杂性也带来了更高的性能定制空间。

1.2 FPGA 硬件架构

FPGA 的硬件架构是其性能和灵活性的核心所在。与传统固定架构的处理器（如 CPU）不同，FPGA 由可编程的逻辑单元、存储单元和互连矩阵组成，设计者可以根据需求对其进行配置,以满足特定的任务需求。在这一节中,我们将详细介绍 FPGA 的内部结构及其主要厂商和代表芯片。

1.2.1　FPGA 的内部结构

FPGA 的内部结构是高度可配置的,它由多个模块化单元组成,这些单元通过编程相互连接,以实现用户定义的逻辑功能。主要的组成部分包括:

1. 基本逻辑单元(logic blocks)

基本逻辑单元是 FPGA 的核心组成部分,通常包括 LUT(查找表,Lookup Table)、触发器和多路选择器。每个基本逻辑单元都可以通过 LUT 实现简单的逻辑运算,如与、或、非等基本逻辑操作。触发器则用于实现时序逻辑,支持寄存器和状态机设计。

查找表:LUT 是小型的存储器单元,用来实现布尔逻辑函数。设计者可以根据需要配置 LUT 以实现不同的逻辑运算。在典型的 FPGA 中,每个 LUT 通常可以实现 4~6 输入的布尔函数。

触发器(Flip-Flop):触发器用于存储和处理时序信号。每个基本逻辑单元通常配备一个或多个触发器,能够实现同步电路设计。

2. 可编程互联网络(programmable interconnects)

FPGA 的互联网络是指逻辑单元之间的连接方式。互联网络由大量的可编程交换矩阵组成,设计者可以通过编程指定信号如何在 FPGA 的各个模块间传递。FPGA 的互联结构是高度灵活的,它可以支持点对点连接、多点广播等多种通信方式。

这种灵活的互联结构是 FPGA 能够实现高度并行计算的关键之一。设计者可以根据应用需求选择不同的路径和连接方案,从而优化电路的延迟和功耗。

3. 片上存储器(on-chip memory)

FPGA 内部集成了片上存储器(如 Block RAM、BRAM),用于存储数据和中间运算结果。片上存储器的容量和配置方式通常是可编程的,设计者可以根据需求选择不同的存储架构。

Block RAM:BRAM 是 FPGA 内嵌的静态随机存储器(SRAM),每个 BRAM 都可以独立配置为不同的存储宽度和深度。它主要用于存储大量数据或实现缓存、FIFO 等存储结构。

4. 数字信号处理(Digital Signal Processing,DSP)模块

现代 FPGA 通常集成了专用的数字信号处理模块(DSP slices),这些模块专为快速执行数学运算而设计,特别是乘法、加法和累加操作。在图像处理、音频处理和通信系统中,DSP 模块能够大幅提高 FPGA 的处理速度。

每个 DSP 单元通常都包括乘法器、累加器和其他用于数学运算的硬件资源。通过这些模块,FPGA 能够实现高性能的信号处理和加密运算。

5. 时钟管理单元(Clock Management Unit,CMU)

时钟信号是 FPGA 内各个模块同步运行的关键。FPGA 通常内置时钟管理单元,能够生成、分配和调节时钟信号。时钟管理单元包括锁相环(PLL)和时钟分配网络,用于提高时钟信号的稳定性和精度,并实现时钟的倍频和分频操作。

6. 可编程输入/输出(I/O)接口

FPGA 提供了丰富的可编程 I/O 接口,支持与外部设备的通信。不同的 FPGA 可以根据需求配置不同的 I/O 标准,如 LVDS、PCIe、Ethernet 等。I/O 接口的灵活性使得 FPGA 能够与各种外部存储器、传感器、网络设备等进行数据交换。

1.2.2 主要厂商与代表芯片

FPGA 市场主要由几大厂商主导,其中 Xilinx(现为 AMD 旗下公司)和 Altera(现为英特尔旗下公司)是两家最具代表性的企业。这些厂商不断推动 FPGA 技术的发展,推出了多个代表性产品。

1. Xilinx(赛灵思)

Xilinx 是 FPGA 领域的开创者,于 1985 年发布了全球第一款 FPGA。该公司一直处于行业领先地位,提供从低功耗到高性能的多种 FPGA 产品,覆盖广泛的应用领域。Xilinx 的代表芯片:Virtex 系列和 Zynq 系列。

- Virtex 系列:这是 Xilinx 的高端 FPGA 产品线,主要面向高性能计算、数据中心和通信市场。Virtex FPGA 具备极高的逻辑密度和先进的 DSP 功能模块,并且支持高速 I/O 接口,如 PCIe 和 100G Ethernet。
- Zynq 系列:Zynq 是 Xilinx 的 SoC FPGA 产品,集成了 ARM Cortex-A9 或 Cortex-A53 处理器内核,能够在一个芯片上实现硬件加速和软件控制的协同工作。Zynq 系列特别适用于嵌入式系统、自动驾驶、物联网等领域。

2. Altera(现为 Intel FPGA)

Altera 是 FPGA 行业的另一大巨头,2015 年被英特尔收购。Altera 的产品以高性能和灵活性著称,广泛应用于通信、工业控制和数据中心等领域。Altera 的代表芯片:Stratix 系列和 Cyclone 系列。

- Stratix 系列:这是 Altera 的旗舰 FPGA 产品,专为高性能应用设计,具备极高的逻辑容量和先进的集成功能,支持高速串行通信、片上存储器和 DSP 模块。Stratix FPGA 通常用于高端通信设备和大规模计算任务中。
- Cyclone 系列:Cyclone 是 Altera 的低成本 FPGA 产品,主要面向成本敏感的应用场景,如消费电子、工业自动化和低功耗嵌入式系统。虽然价格较低,但 Cyclone FPGA 依然具备较强的处理能力和丰富的 I/O 接口。

3. Lattice Semiconductor(莱迪思)

Lattice 是一家专注于低功耗和小型化 FPGA 的公司,其产品广泛应用于移动设备、物联网和边缘计算中。Lattice 的 FPGA 以低功耗、高集成度和灵活的 I/O 接口著称。Lattice 的代表芯片:iCE40 系列和 ECP5 系列。

- iCE40 系列:这是一款超低功耗 FPGA,广泛应用于移动设备、可穿戴设备和物联网领域。iCE40 系列具有小巧的封装和较低的功耗,非常适合功耗敏感的应用场景。
- ECP5 系列:ECP5 是 Lattice 的高性价比 FPGA 产品,支持大量 I/O 接口和较高的逻辑容量,适用于嵌入式系统和通信应用。

4. Microchip(微芯科技)

Microchip 的 FPGA 产品主要由其收购的 Microsemi 公司提供,Microsemi 专注于高可靠性和安全性领域,提供适用于航空航天、国防和工业控制的 FPGA。Microchip 的代表芯片:

PolarFire 系列。
- PolarFire 系列：PolarFire 是 Microchip 的中端 FPGA 产品线，以低功耗和高安全性为主要特点，特别适用于对功耗和可靠性要求严格的应用，如国防和工业自动化。

通过这些厂商的持续创新，FPGA 技术已经广泛应用于从通信和数据中心到嵌入式系统和物联网的各个领域。不同厂商的代表性芯片不仅在性能上各具特色，而且在市场应用中也形成了各自的优势。

1.3 Verilog 语言基础

硬件描述语言(HDL)是用于描述数字电路结构和行为的语言。在 FPGA 设计中，HDL 提供了一种高效的方式来设计和模拟电路，使设计人员能够以文本形式编写电路描述，而不必依赖传统的电路图。目前有两种主要的 HDL 语言是 Verilog 和 VHDL。Verilog 相比 VHDL 是一种更为广泛使用的 HDL，以其简洁性和易于学习的特性受到设计师的青睐。本书将重点介绍 Verilog 的语法和编程规范。

1.3.1 Verilog 的基本概念

Verilog 是一种硬件描述语言，用于描述和设计数字电路。Verilog 广泛应用于 FPGA 和 ASIC 的设计。以下是 Verilog 编程的基本概念、语法结构和一些设计实例，可以帮助读者快速上手 Verilog 编程。

(1) 模块(module)

模块是 Verilog 的基本构建单元，类似于软件中的函数或类。每个模块都由输入和输出端口组成，可以嵌套其他模块。

(2) 数据类型

wire：用于组合逻辑，表示连续赋值，不能存储状态。

reg：用于时序逻辑，可以在时钟边缘上存储数据。

integer：用于表示整数，常用于计数器和状态变量。

(3) 过程块

initial：用于初始化，执行一次。

always：用于描述时序逻辑和组合逻辑，通常因响应信号的变化而执行。

1.3.2 Verilog 的基本语法

1. 模块定义

在 Verilog 中，模块是设计的基本构建单元，类似于软件中的函数或类。模块定义了电路的功能、输入/输出接口和内部信号。每个设计文件中通常都包含一个或多个模块，通过层次化的模块设计可以构建复杂的系统。以下是 Verilog 模块的详细介绍。

(1) 模块结构

模块结构：通过 module 和 endmodule 关键字定义模块，模块内包含输入、输出和中间信号。

```
module my_module (
    input a,
    input b,
    output c
);
    assign c = a & b;
endmodule
```

(2) 模块端口

模块端口是输入和输出信号的接口,用于模块之间的数据通信。Verilog 的端口类型有 3 种:input、output 和 inout。

- 输入端口(input):仅接收外部信号的输入,不可在模块内部赋值。
- 输出端口(output):用于将模块的输出传递到其他模块或外部环境。
- 双向端口(inout):可以作为输入或输出使用,但在实际设计中较少使用,通常用于总线或共享资源。

2. 数据类型

在 Verilog 中,数据类型用于描述和管理电路设计中的信号、变量和常量。Verilog 的数据类型并不像软件编程语言那样丰富,而是更加简洁和直接,以满足硬件设计的需求。Verilog 的数据类型可以大致分为线网类型、变量类型、常量类型以及用户自定义类型。这些类型各自具有不同的特性和用途。

(1) 线网类型

线网类型用于表示组合逻辑信号的连接,通常用于描述电路中信号的传递。线网类型的特点是连接的信号会自动更新,线网类型信号总是反映其驱动信号的当前值。

- wire:最常用的线网类型,用于描述简单的信号连接。wire 类型信号不能存储值,只能用作连接器,通常用于组合逻辑的输出或模块间的信号传递。

(2) 变量类型

变量类型信号在硬件描述中用于存储数值,可以在时钟信号的边沿进行更新。变量类型主要用于描述时序逻辑(即依赖时钟的逻辑),通常在 always 块中使用。主要的变量类型包括 reg 和 integer。

- reg:是 Verilog 中最常用的变量类型。尽管名字叫 reg(寄存器),但它并不总是表示硬件中的寄存器。reg 类型信号可以在 always 块中通过赋值语句更新,通常用于描述时序逻辑中的存储单元。在组合逻辑中,也可以使用 reg 类型变量来保持赋值结果。
- integer:是一种带符号的 32 位整数类型,通常用于存储计数值、状态值或作为循环变量。它不能表示二进制位向量,因此不适用于精确控制单个位。integer 主要用于描述硬件的行为,而非用于生成硬件电路。

(3) 常量类型

Verilog 支持一些常量的表示方式,可以通过直接写入值来定义常量。常量在设计中通常用于定义固定值和初始值。

- 数字常量:可以指定进制和位宽。Verilog 支持二进制(b)、八进制(o)、十进制(d)和十六进制(h)的数字表示。常量格式为：<位宽>'<进制><值>，例如 4'b1010 表示一个 4 位二进制数 1010。
- 字符串常量：使用双引号括起来，主要用于在仿真时输出调试信息，字符串本质上是一个字符数组。
- 参数(parameter)：是一种特殊的常量类型，通常用于模块的参数化。通过参数可以灵活地控制模块中的数据宽度、延迟和其他特性。参数一旦定义，在模块实例化时可以被赋予新值。

(4) 用户自定义类型

用户自定义类型允许设计人员定义更加复杂的数据结构，例如多位信号组，方便在设计中使用。用户自定义类型主要有以下几种。
- 位向量(vectors)：Verilog 支持将多位信号组合成位向量，通常用于表示多位数据总线。通过"["和"]"符号定义位宽，例如 [3:0] 表示一个 4 位宽度的信号。位向量可以是 wire 类型或 reg 类型。
- 多维数组：Verilog 支持定义多维数组，通常用于存储多个相同数据类型的元素，例如存储一个 2D 矩阵或多个存储单元。
- 枚举(enum)类型：Verilog 本身不直接支持枚举类型，但可以通过 parameter 常量模拟状态机的枚举状态。例如，将 FSM (有限状态机) 的每个状态定义为 parameter 常量，并用其来标识各状态。

3. 赋值语句

在 Verilog 中，赋值语句用于将值分配给信号或变量。根据设计需求，Verilog 提供了多种赋值语句，以满足不同场景的需求，主要的赋值语句包括连续赋值 (continuous assignment)、阻塞赋值 (blocking assignment) 和非阻塞赋值 (non-blocking assignment)。理解这些赋值语句的区别和用法是学会 Verilog 编程的核心。

(1) 连续赋值

连续赋值用于 wire 类型的信号，这种赋值方式在 assign 语句中使用。assign 语句可以直接定义组合逻辑，其特点是信号总是反映驱动信号的当前值。只要驱动信号发生变化，连续赋值语句的输出也会立即更新。连续赋值通常用于组合逻辑电路，表示输入和输出之间的逻辑关系，适用于描述简单逻辑关系，例如加法、与或非逻辑等。

(2) 阻塞赋值

阻塞赋值通常用于 reg 类型的变量，在组合逻辑和时序逻辑中都可以使用。阻塞赋值使用"="符号进行赋值，按照语句的顺序逐条执行。阻塞赋值的"阻塞"特性意味着每一条赋值语句必须等到上一条语句执行完成后，才会继续执行，常用于描述组合逻辑电路。多条赋值语句需要按顺序执行时，适合使用阻塞赋值。

(3) 非阻塞赋值

非阻塞赋值通常用于时序逻辑电路中，用来描述寄存器行为。非阻塞赋值使用"<="符号，在时钟上升沿(或下降沿)触发时同时更新所有的寄存器。非阻塞赋值的"非阻塞"特性意味着赋值操作不会立即生效，而是等所有的非阻塞赋值计算完成后，一并更新所有变量的值。这种行为更接近真实硬件中的并行运算，适合描述时序逻辑。非阻塞赋值几乎总是用于时序逻辑，特别是寄存器(flip-flop)的建模，适用于在 always @(posedge clk) 块中，模拟硬件电路中的并行更新。

(4) 阻塞赋值与非阻塞赋值的区别
- 阻塞赋值（=）：赋值按照语句的顺序逐条执行，每一条赋值都必须在上一条赋值完成后才会继续，适合用于描述组合逻辑，在时序逻辑中应尽量避免使用。
- 非阻塞赋值（<=）：赋值不依赖于语句的顺序，在同一时钟周期内同时更新所有非阻塞赋值的信号，适合用于时序逻辑，特别是寄存器和时钟触发的逻辑。

阻塞赋值与非阻塞赋值的区别如表 1.1 所示。

表 1.1 阻塞赋值与非阻塞赋值的区别

赋值类型	符号	典型应用	顺序执行
阻塞赋值	=	组合逻辑	是
非阻塞赋值	<=	时序逻辑、寄存器	否，同步更新

4. 运算符

Verilog 中的运算符可以分为算术、逻辑、关系、位和条件运算符等类型，它们适应不同的数据处理需求。

(1) 算术运算符

加法（+）、减法（−）：用于两个数值之间的加减运算。

乘法（*）、除法（/）：用于两个数值之间的乘除运算。

取余（%）：用于计算两个数值的余数。

(2) 逻辑运算符

逻辑与（&&）：返回当两个操作数均为真时的逻辑真。

逻辑或（||）：返回当任一操作数为真时的逻辑真。

逻辑非（!）：用于取反，将操作数的逻辑值翻转。

(3) 关系运算符

相等（==）、不等（!=）：用于判断两个值是否相等或不等。

大于（>）、小于（<）、大于等于（>=）、小于等于（<=）：用于比较两个数值的大小关系。

(4) 位运算符

按位与（&）、按位或（|）、按位异或（^）：用于在位级别对信号执行与、或、异或操作。

按位非（~）：用于将每一位的值取反。

(5) 条件运算符

条件运算符（?:）：三目运算符，用于根据条件表达式返回不同的结果。

5. 分支语句

分支语句用于根据条件表达式的结果选择不同的代码执行路径。Verilog 中的分支语句包括 if-else 和 case。

(1) if-else 语句

if-else 用于条件判断，适合简单的二选一分支结构。当条件成立时执行 if 部分，否则执行 else 部分。

(2) case 语句

case 用于多路分支选择，适合一个信号具有多种可能值的情况。case 语句可以通过多分支选择不同的代码执行。

casex 和 casez 分别用于忽略分支中的 x 和 z 值。casex 将所有 x 和 z 视为不相关的值，casez 仅忽略 z 值。

6. 循环语句

循环语句用于重复执行特定代码块，Verilog 支持 for、while、repeat 和 forever 4 种循环结构。

（1）for 循环

for 用于计数循环，通过指定计数器和终止条件，控制代码块执行的次数，适合数组或计数器等操作。

（2）while 循环

while 在条件为真时持续执行代码块，适合不确定循环次数的场景。

（3）repeat 循环

repeat 循环执行指定次数，适合在仿真中使用，用于重复执行特定次数的测试。

（4）forever 循环

forever 为无限循环，适合生成周期信号，例如生成时钟信号。

7. 语句块

语句块用于组织多条语句，提高代码结构化程度。Verilog 提供顺序执行的 begin-end 块和并行执行的 fork-join 块。

（1）顺序块：begin-end

begin-end 顺序执行语句的块结构，适合在 always 块或条件判断中使用。当需要顺序执行一系列语句时使用 begin-end 包围这些语句。

（2）并行块：fork-join

fork-join 用于并行执行语句，适合在仿真中模拟多个事件并行发生的情况。fork-join 块中的语句会并行执行，在所有语句结束后退出该块。

1.4 FPGA 开发流程

FPGA 开发是一个复杂且精密的过程，它结合了硬件电路设计和软件开发的特点。开发流程通常包括需求分析、系统设计、硬件描述语言（HDL）编写、仿真、综合、实现、配置与调试等多个步骤。每个步骤都至关重要，且往往需要多次迭代以优化设计，满足性能和功能要求。

1.4.1 设计流程概述

FPGA 的设计流程由多个关键步骤组成，每一步都旨在将高层次的系统需求转化为可以在 FPGA 硬件上高效运行的逻辑电路。以下是每个步骤的详细描述。

1. 需求分析与系统架构设计

这一阶段主要聚焦于理解项目的目标和需求，将复杂的系统功能模块化，明确 FPGA 设计需要实现的核心功能。
- 需求分析：设计者首先必须确定整个系统的具体功能，包括输入/输出要求、性能指标（如处理速度、功耗）、时序约束以及资源限制。对于涉及密码算法的应用，还需要额外考虑数据的保密性、加解密速度和抗攻击能力。
- 系统架构设计：基于需求分析，设计者将整个系统划分为若干功能模块，如数据处理单元、加解密模块、控制逻辑等。模块化设计有助于简化开发流程，每个模块都可以独立设计、仿真和调试。
- 硬件/软件划分：对于 FPGA 项目，特别是基于 SoC FPGA（如 Xilinx Zynq 系列）的设计，需考虑哪些功能用硬件（FPGA 部分）实现，哪些功能由嵌入式处理器（如 ARM 核）运行的软件来完成。通常，计算密集型任务（如密码运算、信号处理）会由 FPGA 加速，而控制逻辑则交由处理器处理。
- 并行处理的设计：由于 FPGA 的架构擅长并行处理，设计者需充分利用这一优势，将可以并行处理的任务分配到不同的模块中以提高整体系统的效率。

2. HDL（硬件描述语言）代码编写

完成系统架构设计后，接下来需用硬件描述语言（HDL）如 Verilog 或 VHDL 来编写代码，描述各模块的功能。HDL 代码不仅定义了系统的逻辑行为，还决定了 FPGA 硬件的具体实现。
- Verilog/VHDL 编码：设计者通过 HDL 来描述电路行为。这种描述可以是行为级别的（高层次）或结构级别的（底层门级）。设计者需要确保代码的高效性和可维护性，尤其是在设计大型系统时，模块化和分层设计显得尤为重要。
- 同步设计与时序控制：HDL 在编写时需要特别注意时序逻辑，尤其是时钟域的划分和跨时钟域处理。时钟信号驱动的触发器是时序逻辑电路的核心，设计者必须确保时序约束合理，否则会导致设计在高频下不稳定。
- 状态机设计：对于许多控制逻辑，FSM（有限状态机，Finite State Machine）是常用的设计方法。设计者通过 FSM 实现复杂的控制流程，并确保系统能够响应外部输入的状态变化。
- 代码优化与复用：设计时，需考虑代码的可扩展性和复用性。使用参数化模块、生成器（generate statements）等技术，可以使设计更灵活，满足不同配置的需求。

3. 仿真与验证

HDL 代码完成后，下一步是对代码进行仿真，以验证其功能是否符合设计预期。仿真是整个开发流程中的重要环节，能够帮助设计者在实际硬件实现之前发现并修正设计问题。
- 功能仿真：首先进行功能仿真，以确保设计在逻辑上是正确的。设计者通过测试台（testbench）来生成输入数据，并验证设计的输出是否与预期结果一致。功能仿真通常不考虑时序问题，主要用来检查设计逻辑。
- 时序仿真：在功能仿真通过后，设计者需要进行时序仿真，考虑信号传播延迟、时钟频率等因素。时序仿真能够检测设计是否满足时钟频率和时序约束，尤其是在大规模设计和高频应用中，时序问题往往是导致系统失效的主要原因。
- 仿真工具：常用的仿真工具包括 ModelSim、Vivado Simulator 等。这些工具能够提供详细的波形显示、时序分析，帮助设计者深入理解设计行为。

4. 综合

仿真验证通过后,设计者将 HDL 代码综合(synthesis)为 FPGA 能够实现的硬件电路。综合工具会将高层次的 HDL 代码转化为门级电路,并优化其逻辑结构以适应 FPGA 架构。

- 逻辑综合:综合工具将 HDL 代码映射为 FPGA 内部的基本逻辑单元(LUT、触发器等)。同时,工具会优化设计的面积、时序、功耗等指标,确保在满足性能要求的前提下最大化利用 FPGA 资源。
- 时序分析:综合阶段还会生成时序分析报告,设计者可以通过这些报告检查时序路径的最小和最大延迟,确保电路在指定的时钟频率下能够正确工作。

5. 实现与布局和布线

综合完成后,FPGA 设计进入实现阶段。实现(implementation)过程包括布局和布线两个步骤,这两个步骤决定了逻辑单元和信号的物理分布。

- 布局(placement):布局工具根据设计的资源需求和时序约束,将 FPGA 内的逻辑单元(如 LUT、触发器、DSP 单元)分配到芯片的具体物理位置。
- 布线(routing):布线工具根据时序约束选择最优的信号传输路径,确保信号之间的通信符合设计要求,特别是长距离信号传输时的延迟补偿和噪声抑制。

6. 配置文件生成

实现阶段完成后,综合结果被打包为配置文件(通常为比特流文件,bitstream)。这个文件包含了设计在 FPGA 上的具体实现信息,能够直接下载到 FPGA 芯片上。

- 比特流文件生成:配置文件根据设计的具体 FPGA 型号生成,包含所有逻辑单元的连接和配置信息。不同 FPGA 厂商提供不同的配置工具(如 Xilinx 的 Vivado 或 Intel 的 Quartus),以便生成对应的配置文件。

7. 硬件调试与验证

在生成比特流文件后,设计者将其加载到 FPGA 上,开始实际硬件调试和验证。这一步骤允许设计者在真实环境中测试设计,并进行必要的调优和修正。

- 调试工具与方法:常用的硬件调试工具包括逻辑分析仪、示波器等,这些工具可以帮助设计者监测 FPGA 内部信号的状态。FPGA 厂商也提供嵌入式调试工具(如 Xilinx 的 ChipScope 或 Intel 的 SignalTap),允许设计者在 FPGA 内部直接监测信号。
- 现场验证:最后,设计者需要在实际的应用环境中对设计进行验证,确保其功能和性能能够满足应用的需求。这一步骤通常包括测试 FPGA 与其他外部设备的接口、系统的响应速度、加解密速度等。

通过这一系列步骤,FPGA 设计从最初的概念化需求到最终的硬件实现,需要精密的计划、仔细的调试和多次迭代,以确保最终的设计满足实际应用需求。

以下是对开发环境与工具(ISE、Vivado、ModelSim 等)的更详细介绍。

1.4.2 开发环境与工具

FPGA 的开发环境和工具链决定了设计的效率、性能优化、调试便捷性以及最终硬件实现的可靠性。FPGA 设计工具通常包含多个阶段的支持,从设计输入(HDL 编写、图形化设计等),到仿真、综合、实现,最终将设计下载到 FPGA 上运行。本节将深入介绍常见的 FPGA 开发环境和工具,包括 ISE、Vivado、ModelSim 等,阐述它们的功能、特点以及适用场景。

1. ISE Design Suite

ISE Design Suite 是 Xilinx 公司推出的一款老牌 FPGA 开发套件,适用于 Xilinx 早期 FPGA 器件(如 Spartan、Virtex 系列)。尽管 ISE 在新项目中逐渐被 Vivado 取代,但其仍然是许多遗留项目开发和低成本 FPGA 设计的首选工具。

- 设计输入:ISE 支持多种设计输入方式,包括 Verilog HDL、VHDL 以及图形化设计(schematic entry)。它还支持引入 IP 核(intellectual property cores),设计者可以直接在项目中使用这些已经优化的功能模块,如乘法器、加法器、FIFO 等。
- 原理图设计:ISE 提供了图形化的设计工具,允许设计者通过绘制逻辑门和连接线的方式创建电路。虽然这种方式在大型项目中不常见,但对于简单设计或学生学习来说,图形化设计能有效帮助理解逻辑电路。
- HDL 设计:ISE 支持两种主要的硬件描述语言——Verilog HDL 和 VHDL。设计者可以使用这些语言编写代码,描述 FPGA 内部的逻辑行为。
- 综合与实现:ISE Design Suite 将 XST(Xilinx Synthesis Technology)作为综合引擎。它将 HDL 代码转换为 FPGA 可配置的逻辑资源,如查找表(LUT)、触发器等。ISE 的综合工具虽然在性能上不如后来的 Vivado,但对于较小规模的设计,ISE 的综合速度和优化能力依然足够。
- 综合优化:ISE 能够根据用户需求优化时序、面积或功耗。设计者可以设定时钟频率目标,综合工具将努力确保设计满足该目标。
- 布局和布线:综合后的电路需要映射到 FPGA 内部的物理资源,ISE 提供了布局和布线工具,确保各个逻辑单元能够通过合适的连接线进行通信。这个过程不仅影响信号传播延迟,还对时序稳定性和设计的最终性能有直接影响。
- 仿真与验证:ISE 自带 ISim 仿真工具,支持基本的功能仿真和时序仿真。设计者可以通过 ISim 运行仿真,查看设计在不同输入条件下的行为,并可以通过波形查看工具检查信号的变化情况。
- 功能仿真:功能仿真阶段不考虑时钟延迟,主要用于验证设计逻辑是否符合预期。
- 时序仿真:时序仿真则更进一步,考虑了信号传播的延迟和路径约束,确保设计在实际运行频率下能够正确工作。
- 调试工具:ISE 提供 ChipScope Pro 调试工具,类似于嵌入式逻辑分析仪(ILA)。ChipScope 能够实时监测 FPGA 内部信号的状态,帮助设计者在硬件中验证和调试设计。设计者可以通过 ChipScope 采集信号波形,并在 PC 上分析数据,快速定位问题。

2. Vivado Design Suite

Vivado Design Suite 是 Xilinx 推出的现代 FPGA 开发平台,专为支持 Xilinx 7 系列及以上的器件设计。Vivado 不仅在综合和实现效率上有显著提升,还整合了更先进的分析和调试工具,使其成为当前 FPGA 开发的主流工具。

- 设计输入:Vivado 支持传统的 Verilog 和 VHDL 编程,同时支持 HLS(高层次综合),使设计者能够使用高级语言如 C、C++进行设计。Vivado 还集成了 IP 整合工具,用户可以方便地将多个 IP 核组合到同一个项目中,提升开发效率。
- IP 集成器:Vivado 提供了强大的 IP 集成工具(IP integrator),通过拖放式界面,设计者可以轻松地将现成的 IP 核(如加密算法模块、DSP 处理模块等)整合到设计中,这大大地减少了设计和验证的时间。
- Block Design:除了传统的 HDL 代码,Vivado 还支持 Block Design,用户可以通过图形化界面将现有的模块连接起来,适合复杂系统的开发,如嵌入式 SoC 设计。
- 综合与实现:Vivado 的综合引擎比 ISE 更加高效,采用并行综合技术,能够在较短时间内处理大规模设计。Vivado 支持增量综合,意味着在修改局部设计后,工具只需重新综合修改部分,而不必重新综合整个设计,大大节省了时间。
- 时序优化:Vivado 在时序收敛上也有显著提升,它能够自动分析时钟路径,优化时序,确保设计在高频运行时不会出现时序违例(timing violations)。
- 功耗优化:Vivado 还提供了详细的功耗分析工具,设计者可以在实现阶段分析和优化设计的功耗,以确保 FPGA 设计在低功耗应用中的表现。
- 仿真工具:Vivado 自带的仿真工具(Vivado simulator)能够满足大多数功能仿真和时序仿真的需求。对于复杂或高性能的设计,设计者通常会结合外部仿真工具,如 ModelSim 或 Questa Advanced Simulator。
- 测试台编写:Vivado 支持用户编写复杂的测试台(testbench),用于验证设计功能。通过仿真,设计者可以看到输入信号的波形变化,验证设计的输出结果是否符合预期。
- 调试工具:Vivado 集成了 ILA(Integrated Logic Analyzer)和 VIO(Virtual Input/Output)工具。ILA 可以在不停止 FPGA 运行的情况下采集内部信号的波形,而 VIO 允许设计者实时控制和监测 FPGA 内部的信号。通过这些工具,设计者能够深入了解设计运行情况并进行调试。
- 比特流生成与下载:完成设计的综合、实现、布局和布线后,Vivado 会生成比特流文件(bitstream),用于配置 FPGA 芯片。Vivado 还支持直接将比特流下载到 FPGA 开发板上,并通过 JTAG 接口进行硬件调试。

3. ModelSim

ModelSim 是 Mentor Graphics 推出的专业硬件仿真工具,广泛用于 Verilog、VHDL 和 SystemVerilog 设计的功能和时序仿真。虽然 Vivado 和 ISE 都内置了仿真器,但 ModelSim 凭借其强大的波形查看和调试功能,成为业界公认的仿真标准工具之一,尤其适用于大型和复杂设计。

- 多语言支持:ModelSim 支持多种硬件描述语言,包括 Verilog、VHDL 和 SystemVerilog,使其成为不同项目开发者的首选仿真工具。
- 功能仿真:ModelSim 能够执行功能仿真,验证设计逻辑在理想状态下的正确性。设计者可以编写测试台,设定不同的输入条件,观察设计的输出行为是否符合预期。
- 时序仿真:时序仿真是 ModelSim 的另一强大功能,它考虑了电路中的时钟和信号传播延迟,帮助设计者验证设计在真实硬件环境中的表现,尤其是高频设计中容易出现的时序问题。
- 波形查看器:ModelSim 的波形查看器功能强大,能够精细地显示信号波形变化,设计者可以通过放大和缩小查看具体的时序细节,并通过断点和条件触发快速定位设计中的问题。
- 集成性:ModelSim 与 Vivado、ISE、Quartus 等开发环境无缝集成,设计者可以直接在这些工具中调用 ModelSim 进行仿真,而不需要手动导出和导入设计文件。

4. Quartus Prime

Quartus Prime 是 Intel（前 Altera）公司推出的 FPGA 开发环境，主要用于支持 Intel FPGA 器件的设计（如 Cyclone、Arria 和 Stratix 系列）。Quartus Prime 提供了从设计输入、综合、实现、仿真到硬件调试的完整工具链，功能类似于 Xilinx 的 Vivado。

- 设计输入：Quartus Prime 支持 Verilog、VHDL 和 SystemVerilog 的设计输入，也提供了图形化设计工具（如 Block Design）。设计者可以通过这些工具描述 FPGA 内部逻辑，并生成综合后的硬件电路。
- 仿真与调试：Quartus Prime 集成了 ModelSim-Altera 仿真工具，用于设计的功能仿真和时序仿真。此外，Quartus Prime 还支持 SignalTap II 逻辑分析工具，用于在硬件上实时监控和调试内部信号，类似于 Vivado 中的 ILA 工具。
- IP 核支持：Quartus Prime 提供了大量预定义的 IP 核，设计者可以直接将这些 IP 核集成到项目中，减少重复设计工作。常用的 IP 核包括内存控制器、PCIe 接口、DSP 模块等。

5. 高层次综合（HLS）工具

高层次综合工具是现代 FPGA 开发中的一项重要技术，它允许设计者使用高级语言（如 C/C++）描述算法，并将其自动综合为硬件电路。

- Xilinx Vitis HLS：Vitis HLS 是 Xilinx 推出的 HLS 工具，支持从 C/C++语言综合为硬件逻辑。它适用于复杂算法的硬件实现，尤其是数字信号处理（DSP）和机器学习加速器的设计。通过 HLS，设计者可以快速迭代算法并优化硬件性能。
- Intel HLS Compiler：Intel 提供的 HLS Compiler 同样允许设计者使用 C/C++进行硬件设计。HLS Compiler 特别适用于大规模并行计算的设计场景，如视频处理、金融计算等。

6. 其他辅助工具

- Synplify Pro：Synopsys 推出的 Synplify Pro 是一个第三方 FPGA 综合工具，能够为 Xilinx、Intel 等厂商的 FPGA 器件生成优化的逻辑电路。Synplify Pro 在综合优化方面表现尤为出色，适用于对时序、面积和功耗有严格要求的设计项目。
- Mentor Questa：Questa 是 Mentor Graphics 推出的高性能仿真工具，支持大型复杂芯片的设计与验证，提供高级验证功能，如形式验证和覆盖率分析。

通过这些开发环境和工具，FPGA 设计者可以高效地完成从设计输入、综合到硬件调试的全过程。每个工具在特定阶段都具有其独特的优势，设计者可以根据项目需求选择合适的工具组合，以提升开发效率并确保设计的成功交付。

1.4.3 RTL 设计与编码

1. RTL 的概念

寄存器传输级（RTL）是数字电路设计的一种抽象级别，主要用于描述电路中信号在寄存器之间传输的过程。RTL 模型以寄存器和逻辑运算为基础，能够清晰地表达电路的功能和时序特性。

RTL 的基本概念如下。

寄存器(register)：存储数据的基本单元，可以在时钟的边缘进行数据传输。

传输(transfer)：数据在寄存器间的转移，通过组合逻辑电路实现。

时序(timing)：RTL设计强调时序关系，确保数据在合适的时刻被读取和更新。

2. RTL建模

组合逻辑建模：通过逻辑门和布尔表达式描述输入与输出之间的关系，使用if-else、case等语句实现复杂的逻辑功能。

时序逻辑建模：使用时钟信号控制数据流动，通常利用always块(Verilog)或process块(VHDL)进行描述，确保在时钟上升沿或下降沿捕获输入数据。

状态机建模：使用状态机描述复杂的控制逻辑，状态转移图或状态转移表可以帮助设计和实现状态机的逻辑。

3. RTL设计与编码

RTL设计与编码是FPGA开发过程中的关键步骤，涉及将高层次的功能需求转化为可在FPGA上实现的具体电路描述。有效的RTL设计不仅能保证电路的功能正确性，还能优化性能、面积和功耗。

（1）设计原则

模块化设计：将复杂功能分解为多个小模块，便于管理和测试。每个模块应具有清晰的接口。

可重用性：通过参数化和通用设计提高模块的重用性，减少重复劳动。

可测试性：在设计阶段考虑测试方法，设计测试信号和状态，以便于后期验证。

（2）编码风格

清晰易读：保持代码的清晰和易读性，使用有意义的变量名和注释，帮助其他开发者理解设计意图。

一致性：遵循一致的编码风格和规范，避免不必要的复杂性和混淆。

时序考虑：在编码过程中考虑时序约束，确保信号在预期的时钟周期内稳定。

（3）综合与优化

综合工具：使用FPGA综合工具将RTL代码转换为门级网表，工具会对设计进行优化，以满足性能和面积的要求。

时序分析：在综合后进行时序分析，确保设计在指定的工作频率下正常运行。

面积与功耗优化：通过选择合适的数据类型、限制组合逻辑深度和使用时钟门控等技术来优化面积和功耗。

1.5 本章小结

本章系统地介绍了FPGA的基础知识，包括其发展历史、硬件架构、Verilog语言基础以及开发流程。首先，本章回顾了FPGA的起源与早期发展，探讨了可编程逻辑器件在数字电路设计中的优势。其次，本章分析了FPGA的硬件结构特点，介绍了各大厂商的代表性芯片，以及FPGA在与ASIC和CPU比较中的优势与应用场景。HDL语言是FPGA开发的重要工具，本章通过Verilog的语法要点，展示了如何用HDL描述硬件电路。学习HDL语言可为后续设计奠定基础。最后,本章简要地介绍了 FPGA 的设计流程,从 RTL 建模到仿真、综合和布局与布线,可帮助读者初步了解 FPGA 的开发步骤与方法。

综上所述,FPGA 的基础知识为本书后续章节中密码算法的硬件实现打下了坚实的理论和技术基础,可使读者具备理解和开发 FPGA 的基本能力。这些知识不仅适用于基础电路设计,同时也为实现复杂的密码算法设计提供了必要的技术支撑。

第 2 章
密码算法基础

2.1 密码学概述

密码学是信息安全领域的核心学科,专注于信息加密、传输和解密过程中的数据保护。随着信息技术的迅速发展,密码学在保障通信安全、数据隐私以及身份认证方面发挥了重要作用。密码学的核心任务是通过一系列算法和协议,确保数据在传输过程中的保密性、完整性和真实性,防止未经授权的访问与篡改。

在密码学中,主要研究对象包括对称加密算法、非对称加密算法、Hash 算法和数字签名等。对称加密算法主要应用于数据的快速加密传输,非对称加密算法则在身份验证和密钥交换方面发挥关键作用,Hash 算法和数字签名分别用于数据完整性和用户身份的认证。本节将通过简要的历史回顾以及密码学基本概念的介绍,帮助读者了解密码学在信息安全中的重要性和应用场景。

2.1.1 密码学的发展历史

密码学的历史可以追溯到古代的文字加密手段,如古埃及的象形文字和凯撒加密法。这些方法虽然相对简单,但奠定了加密与解密的基本概念。进入 20 世纪后,特别是在两次世界大战期间,密码学经历了重要发展。例如,二战中的"恩尼格玛密码机"运用了复杂的机械加密机制,推动了密码学的技术进步。

20 世纪 70 年代,现代密码学正式形成。1976 年,Diffie 和 Hellman 提出了公钥密码的概念,首次使得加密和解密使用不同的密钥,解决了传统密钥分配难题。1977 年,RSA 的出现进一步推动了非对称加密技术的普及,为电子商务和现代信息安全奠定了基础。此后,数据加密标准(DES)、高级加密标准(AES)以及椭圆曲线密码算法(ECC)等陆续被提出,逐步形成了现代密码学体系。

进入 21 世纪,随着信息安全威胁的增加,密码学技术不断革新,特别是针对计算能力的提升和量子计算的潜在威胁,后量子密码学逐渐成为研究热点。在信息保护的需求推动下,密码学从一个狭义的学科扩展为涵盖密码算法、协议设计、密钥管理等广泛领域的学科。

2.1.2 密码学的基本概念

密码学包含几种核心概念,分别是加密、解密、密钥、对称加密、非对称加密、哈希函数、数字签名等,这些概念是理解密码算法和信息安全的基础。

1. 加密与解密

加密(encryption)是将明文转化为密文的过程,使未经授权的用户无法理解数据的内容。解密(decryption)则是将密文还原为明文的过程。加密和解密过程通常基于密钥进行。

2. 密钥

密钥是加密和解密过程中的核心,分为对称密钥和非对称密钥。在对称加密中,使用相同的密钥进行加密和解密;而在非对称加密中,公钥用于加密,私钥用于解密。密钥的安全性直接关系到整个加密系统的安全性。

3. 对称加密与非对称加密

对称加密算法(如 AES 和 DES)在加密和解密过程中使用相同的密钥,因此具有加密速度快、实现简单的优点,但密钥分发和管理是主要挑战。非对称加密算法(如 RSA 和 ECC)使用一对密钥(公钥和私钥)实现加密和解密,广泛用于密钥交换和身份认证,尽管其运算复杂度较高,但解决了密钥分发问题。

4. 哈希函数

哈希函数是一种将任意长度输入映射到固定长度输出的算法,用于验证数据完整性。哈希函数的输出称为"哈希值"或"消息摘要",是唯一的数据标识符。常用的哈希算法包括 SHA-1、SHA-3 和 SM3 等。

5. 数字签名

数字签名用于确认消息的来源和完整性。数字签名基于非对称加密技术,通常由发送方使用私钥生成,接收方使用公钥验证。数字签名在电子商务和电子政务中得到了广泛应用,是确保通信双方身份真实性的重要手段。

2.2 对称加密算法

对称加密算法是密码学中应用最广泛的加密方式之一,其核心特性是加密和解密使用相同的密钥,因此密钥的安全性直接影响整个系统的安全性。对称加密算法凭借其运算速度快、效率高的特点,适用于大量数据的加密保护。典型的对称加密算法包括 DES、AES 和 SM4,已被广泛应用于数据传输、存储加密和通信安全等领域。本节将深入分析这些算法的工作原理和应用场景。

2.2.1 DES 算法的原理

DES(数据加密标准,Data Encryption Standard)是现代密码学中最早被广泛采用的对称加密算法,由 IBM 提出,并于 1977 年被美国国家标准局(NBS)采纳为国家标准。DES 设计的初衷是为重要信息提供基本的加密保护。该算法使用 64 位明文和 64 位密钥(其中 56 位用于加密,8 位用于校验),通过多轮复杂的操作将明文转化为密文。DES 的加密过程如下。

(1) 初始置换(IP)

首先对明文块进行 64 位初始置换(IP),改变数据的位顺序。这一步骤并不增加安全性,而是为后续的操作提供了基础。

(2) 16 轮 Feistel 结构

DES 的核心是 16 轮 Feistel 结构。每一轮加密都将 64 位数据分成左右各 32 位,并通过一系列复杂操作完成对数据的加密。具体过程如下。

① 右半部分经过拓展置换,扩展为 48 位后与本轮密钥进行异或运算。

② 异或结果通过 S 盒(Substitution Box)进行替换操作。DES 中定义了 8 个固定的 S 盒,每个 S 盒都将 6 位输入映射为 4 位输出。

③ 将 S 盒的输出经过 P 盒(Permutation Box)进行置换,与左半部分数据进行异或运算,然后交换左右部分。

(3) 逆初始置换(IP-1)

经过 16 轮加密后,将左右两部分合并并进行逆初始置换(IP-1),生成最终的 64 位密文。

尽管在设计之初,DES 提供了良好的安全性,但随着计算能力的提高,56 位密钥长度逐渐变得不够安全,暴力破解在合理的时间内已成为可能。因此,DES 后来被 3DES(即三重 DES)和 AES 逐渐取代。DES 的设计思想在现代密码学中具有重要意义,对后续密码算法的发展产生了深远影响。

2.2.2 AES 算法的原理

AES(高级加密标准,Advanced Encryption Standard)是为了替代 DES 而推出的对称加密算法。AES 由比利时密码学家 Joan Daemen 和 Vincent Rijmen 提出,并于 2001 年被美国国家标准与技术研究院(NIST)采纳为新的加密标准。AES 支持 128 位、192 位和 256 位密钥长度,提供了更高的安全性和性能。

AES 算法使用 128 位分组明文,通过多轮加密操作生成密文。每轮加密由 4 个核心步骤构成,密钥长度决定了加密的轮数(128 位密钥执行 10 轮,192 位密钥执行 12 轮,256 位密钥执行 14 轮)。具体过程如下。

(1) 字节替换(SubBytes)

每个字节通过 S 盒进行非线性替换,S 盒是一个查找表,将每个输入字节替换为唯一的输出字节,从而增加数据的非线性特性。

(2) 行移位(ShiftRows)

对状态矩阵的各行进行循环左移操作。第一行保持不变,第二行左移一位,第三行左移两位,第四行左移三位,从而增加数据的扩散性。

(3) 列混合(MixColumns)

将状态矩阵的每一列都看作一个多项式,并与固定多项式相乘以产生新的列值,从而进一步增加数据的混淆性。该操作仅在前几轮中使用,最后一轮不包含列混合。

（4）轮密钥加（AddRoundKey）

每轮最后一步是将状态矩阵与本轮密钥进行异或操作,以确保密钥对数据的影响。密钥扩展算法会根据初始密钥生成每一轮的子密钥。

AES 算法最后一轮省略了列混合操作,经过所有轮次后,生成 128 位密文。

AES 采用了高度非线性的 S 盒和列混合操作,可以有效抵御线性分析、差分分析等多种攻击方式。此外,AES 支持硬件加速,并行特性显著,在高性能环境中具有较高的执行效率。因此,AES 已成为现代最广泛应用的对称加密标准之一。

2.2.3　SM4 算法的原理

SM4 算法是中国国家密码管理局在 2006 年发布的对称加密算法,最初用于无线局域网的安全保护,并在 2012 年被列为中国商用密码标准。SM4 算法采用 128 位分组长度和 128 位密钥,是中国自主设计的标准加密算法。SM4 算法与 AES 类似,广泛应用于政府、金融和商业系统的加密保护中。

SM4 算法的加密过程基于 32 轮 Feistel 结构设计,每轮操作都包含密钥扩展、非线性替换和线性变换三步,具体步骤如下。

（1）密钥扩展

SM4 算法使用密钥扩展算法从初始密钥生成 32 个子密钥,用于 32 轮加密的每一轮。密钥扩展过程确保每一轮的密钥都具有高度独立性。

（2）非线性替换

将明文分成 4 个 32 位块,分别经过 S 盒进行替换操作。SM4 算法使用自定义的 S 盒,该 S 盒经过安全分析,能有效抵御差分分析攻击。

（3）线性变换

非线性替换后的数据与密钥进行异或运算后,通过移位操作生成新数据,以增强数据的扩散性。32 轮加密后,4 个子块合并成最终的 128 位密文。

SM4 算法在设计上采用了中国自主研发的 S 盒和轮密钥生成算法,安全性较高,能抵御多种密码攻击方式。SM4 算法的硬件实现效率高,适合嵌入式系统和高安全性场景的加密需求,已广泛应用于中国的政府、军事和金融等高安全性领域,成为国家信息安全的支柱性算法。

2.3　非对称加密算法

非对称加密算法是密码学中一种安全性较高的加密方式,与对称加密算法不同,非对称加密算法使用一对密钥:公钥和私钥。其中,公钥用于加密,私钥用于解密,且公钥可以公开分发,私钥则必须严格保密。这种密钥分离的特性在密码学中解决了密钥分发的难题,使得非对称加密在密钥管理、安全通信等场景中极具优势。典型的非对称加密算法包括 RSA、ECC 和 SM2,本节将详细介绍这些算法的基本原理和应用场景。

2.3.1　RSA 算法的原理

RSA(Rivest-Shamir-Adleman)算法是最早出现的公开密钥加密算法之一,由 Ron Rivest、Adi Shamir 和 Leonard Adleman 于 1977 年共同提出。RSA 基于大整数分解的数学难题,具有较高的安全性,因此广泛用于数据加密、数字签名和密钥交换。

RSA 算法的安全性依赖于大整数因数分解的计算难度,其加密和解密过程可分为以下几个步骤。

1. 密钥生成

RSA 算法通过以下步骤生成公钥和私钥对:

① 选择两个大质数 p 和 q,计算它们的乘积 $n=p*q$。
② 计算欧拉函数 $\varphi(n)=(p-1)*(q-1)$。
③ 选择一个整数 e,满足 $1<e<\varphi(n)$ 且 e 与 $\varphi(n)$ 互素。
④ 计算 d,使得 $d*e\equiv 1(\mod \varphi(n))$。此 d 值是私钥。
⑤ 公钥由 (n,e) 构成,私钥由 (n,d) 构成。

2. 加密

加密时,发送方使用接收方的公钥 (n,e) 对明文 M 进行加密,计算公式为 $C=M^e \mod n$,得到的 C 为密文。

3. 解密

解密时,接收方使用私钥 (n,d) 将密文 C 还原为明文 M,计算公式为 $M=C^d \mod n$。

RSA 算法的安全性依赖于分解大整数的难度。随着计算能力的提升,建议使用至少 2 048 位的密钥长度以确保安全性。RSA 算法因易于理解、实现成熟,被广泛应用于 HTTPS、电子邮件加密、数字签名和证书颁发等场景。然而,由于计算开销大,RSA 算法不适合实时加密,而更多用于密钥交换。

2.3.2　ECC 算法的原理

ECC(椭圆曲线加密,Elliptic Curve Cryptography)算法是一种基于椭圆曲线数学的非对称加密算法。ECC 算法于 1985 年由 Neal Koblitz 和 Victor Miller 分别提出,其核心是利用 ECDLP(椭圆曲线上的离散对数问题,Elliptic Curve Discrete Logarithm Problem),相较于 RSA 算法,ECC 算法在相同的安全等级下可以使用更短的密钥长度,从而提升效率。

ECC 算法通过椭圆曲线上的点运算实现加密,基于椭圆曲线 $y^2=x^3+ax+b$ 的数学特性。ECC 算法的基本过程包括以下几个步骤。

1. 密钥生成

① 选定椭圆曲线参数 (a,b) 和基点 G,并选择大素数 p 表示有限域。
② 选择一个随机整数 d 作为私钥,计算公钥 $Q=d*G$。

③ 公钥为(p,a,b,G,Q),私钥为d。

2. 加密

加密时,发送方使用接收方的公钥Q和基点G,对消息M进行加密。

① 选择随机整数k,计算椭圆曲线点 C1=$k*G$ 和 C2=$M+k*Q$。

② 密文为(C1,C2)。

3. 解密

接收方使用私钥d解密密文(C1,C2)。

计算 M=C2$-d*$C1,得到原始消息M。

ECC算法的安全性来源于椭圆曲线上的离散对数难题,即使在相同的密钥长度下,ECC算法的安全性远高于RSA算法,因此ECC算法能够使用较短密钥长度达到高安全性。ECC算法由于计算量小而非常适合资源有限的移动设备和嵌入式系统,在SSL/TLS协议、移动通信、区块链和电子钱包等应用中被广泛采用。

2.3.3 SM2算法的原理

SM2算法是中国国家密码管理局在2010年公布的椭圆曲线公钥密码算法标准,是一种具有自主知识产权的非对称加密算法。SM2算法基于椭圆曲线数学运算,主要应用于数据加密和数字签名,已成为中国国家商用密码标准,并被广泛应用于金融、通信和电子政务等领域。

SM2算法采用椭圆曲线 $y^2=x^3+ax+b \pmod{p}$ 及其数学特性实现加密,具有与ECC算法相似的工作原理,但引入了多项安全增强机制。SM2算法的基本加密过程如下。

1. 密钥生成

① 选定椭圆曲线参数(a,b)和基点G,选择大素数p表示有限域。

② 选择随机整数 dA 作为私钥,计算公钥 PA=dA$*G$。

③ 公钥为(p,a,b,G,PA),私钥为 dA。

2. 加密

加密时,发送方使用接收方的公钥 PA,通过以下步骤完成加密。

① 选择随机整数k,计算椭圆曲线点 C1=$k*G$。

② 计算共享点 $S=k*$PA 并从中派生密钥K。

③ 使用K加密消息M,得到密文 C2,并计算消息的哈希值 C3 以保证完整性。

④ 输出密文(C1,C2,C3)。

3. 解密

接收方使用私钥 dA 解密密文(C1,C2,C3)。

① 计算共享点 $S=$dA$*$C1,从S中派生出密钥K。

② 使用K解密 C2 以还原消息M,并验证哈希值 C3 以确保消息的完整性。

SM2算法作为中国自主的椭圆曲线密码算法,设计中加入了加密验证机制,增强了算法的抗攻击能力。SM2算法的计算效率和安全性与ECC算法类似,并在中国的金融系统、政府通信等高安全性领域广泛应用。SM2算法还支持数字签名功能,是目前国内应用最广泛的公钥密码算法之一。

2.4 哈希算法

哈希(Hash)算法是一种将任意长度的输入映射为固定长度输出的算法,其生成的输出称为"消息摘要"或"Hash 值"。Hash 算法在密码学中扮演着重要角色,常用于数据完整性验证、数字签名和信息认证等场景。Hash 算法具有单向性和抗碰撞性,即给定输出难以反推出输入,同时不同的输入产生相同输出的概率极低。常见的 Hash 算法包括 SHA-1、SHA-3 和 SM3 算法,分别应用于不同的安全需求和场景。本节将介绍这些算法的基本原理和应用场景。

2.4.1 SHA-1 的原理

SHA-1(Secure Hash Algorithm 1)是由美国国家安全局(NSA)设计,并于 1993 年由美国国家标准及技术协会(NIST)发布的 Hash 标准。SHA-1 使用 160 位的消息摘要输出,早期广泛应用于数字签名、TLS 证书和 SSL 证书中。尽管其一度被认为是安全的,但随着攻击手段的提升,SHA-1 已被认为不再足够安全,逐渐被更强的 SHA-2 和 SHA-3 取代。

SHA-1 采用分组 Hash 结构,通过多轮的迭代操作计算 Hash 值。其工作流程如下。

① 消息填充:将输入消息填充至接近 512 位的倍数(少于 512 位则填充至下一块),填充的方式是将第一个 1 位添加至原始消息尾部,再加上多个 0 位,最后添加一个 64 位的二进制数表示原始消息长度。

② 初始化 Hash 值:SHA-1 使用 5 个 32 位初始值(A、B、C、D、E)进行初始化,每轮迭代后这些初始值会更新为新的 Hash 值。

③ 消息分组与扩展:将填充后的消息分成 512 位的块,每个块再分为 16 个 32 位字,并进一步扩展为 80 个 32 位字。

④ 迭代压缩:SHA-1 包含 80 轮迭代,每轮迭代都对当前块进行一系列逻辑操作,利用初始值和消息块中的数据更新 A、B、C、D、E。每 20 轮迭代使用不同的逻辑函数(如与、或、异或等)和常量,使得结果具有高度混淆性和扩散性。

⑤ 生成 Hash 值:所有分组块完成迭代后,输出 160 位消息摘要作为最终 Hash 值。

SHA-1 的 160 位输出在过去能够提供较高的抗碰撞性,但目前已被证实易受碰撞攻击,不再适用于高安全性应用。尽管如此,SHA-1 的算法结构在 Hash 算法的发展过程中具有重要的历史意义,许多 Hash 算法的设计都基于 SHA-1 的思想发展而来。

2.4.2 SHA-3 的原理

SHA-3 是一种由 NIST 于 2015 年发布的 Hash 算法标准,其基于 Keccak 算法,由 Guido Bertoni 等人提出,并在 SHA-3 竞赛中获胜。SHA-3 的设计与 SHA-1 和 SHA-2 系列不同,采用的是"海绵结构",使得它在结构和安全性上具备独特优势。SHA-3 生成 224 位、256 位、384 位或 512 位的 Hash 值,广泛应用于高安全性需求的环境。

SHA-3 使用一种称为"海绵函数"的设计结构,通过填充、吸收和挤出过程计算消息摘要,具体步骤如下。

① 消息填充:输入消息根据海绵结构规则填充,使得填充后的消息长度满足特定条件。填充方式不同于 SHA-1,填充规则更加复杂,以满足海绵结构的需求。

② 初始化状态:SHA-3 初始化一个 1 600 位的状态数组,将其分为 r 位的比特吸收区和 c 位的比特挤出区,其中 $r+c=1\ 600$。这个状态数组以 $5\times5\times64$ 的 3D 格式表示,用于存储中间计算结果。

③ 吸收过程:SHA-3 将填充后的消息按 r 位分块,每块逐位 XOR 到状态数组中。每次 XOR 后,对状态数组进行一种称为"Keccak 函数"的迭代,包含 $\theta、\rho、\pi、\chi、\iota$ 5 种操作,以增加数据的扩散性和混淆性。

④ 挤出过程:消息分块处理完成后,从状态数组的前 r 位提取比特值作为消息摘要输出。若需要更长的 Hash 值,可通过进一步挤出状态的 r 位值来满足需求。

SHA-3 的设计具有高度的安全性,其特别适用于抗碰撞和抗密钥恢复攻击场景。由于其结构的独特性,SHA-3 在资源有限的硬件实现中也具备优势,适用于嵌入式设备、区块链等高安全需求的场景。

2.4.3 SM3 算法的原理

SM3 算法是中国国家密码管理局在 2010 年发布的 Hash 算法,作为中国的国家 Hash 标准,广泛应用于金融、电子政务和商业加密通信等场景。SM3 算法生成 256 位的消息摘要,具有较高的安全性。SM3 算法的设计基于 SHA-2,但在安全性和性能方面有所优化,满足中国商用密码标准的安全需求。

SM3 算法的 Hash 过程包括消息填充、初始化 Hash 值、消息扩展、迭代压缩和生成 Hash 值 5 个步骤,具体过程如下。

① 消息填充:SM3 算法将消息填充至 512 位的整数倍,填充方式与 SHA-2 类似。首先在消息尾部添加一个 1,接着添加若干个 0 以接近 512 位的整数倍,最后附加 64 位表示消息长度的字段。

② 初始化 Hash 值:SM3 算法使用 8 个 32 位的初始值(IV)进行初始化,每轮迭代后这些值会更新,最终生成消息摘要。

③ 消息扩展:SM3 算法的消息扩展较为复杂,将 512 位消息块分为 16 个 32 位字,并扩展为 68 个 32 位字。扩展的字参与后续的压缩函数操作,确保数据的扩散性和混淆性。

④ 迭代压缩:SM3 算法使用迭代压缩函数对每个 512 位块执行 64 轮迭代。每轮都包括逻辑函数和固定常量,在压缩过程中对中间值的更新采用了一种 XOR 和循环移位操作,使得 SM3 算法具备较强的抗碰撞性。

⑤ 生成 Hash 值:所有消息块处理完成后,将最终的压缩结果作为 256 位消息摘要输出。

SM3 算法的设计中加入了独特的消息扩展和压缩函数,有效地提高了算法的安全性。SM3 算法能抵御差分分析和线性分析,且计算效率较高,适合资源有限的设备和高安全需求的场景。作为中国的国家标准,SM3 算法已被广泛应用于金融交易、信息认证和电子政务系统中,以保障数据的完整性和信息安全。

2.5 数字签名算法

数字签名算法是密码学中用于确认消息来源和消息完整性的技术手段,通过数字签名,接收方可以验证消息是否由特定发送方发出且未被篡改。数字签名算法基于非对称加密技术,通常包括两个核心步骤:签名生成和签名验证。发送方使用私钥生成签名,接收方使用相应的公钥验证签名的真实性。数字签名算法广泛应用于电子邮件、数字证书、软件分发和电子商务等领域,确保通信双方的身份认证和数据安全。典型的数字签名算法包括 DSA 和基于椭圆曲线的 ECC 数字签名算法。

2.5.1 DSA 的原理

DSA(数字签名算法,Digital Signature Algorithm)由美国国家安全局在 1991 年设计并在 1993 年成为美国联邦信息处理标准(FIPS 186)的一部分。DSA 基于离散对数问题,提供了签名生成和验证功能,广泛应用于数字证书、文档认证和网络通信安全中。

DSA 的签名过程包括密钥生成、签名生成和签名验证,具体如下。

1. 密钥生成

① 选择一个大素数 p 和一个满足条件的素数 q,其中 q 是 $p-1$ 的因子。
② 选择生成元 g,使得 g 是阶为 q 的循环群生成元。
③ 选择一个随机私钥 x,满足 $0<x<q$,并计算公钥 $y=g^x \bmod p$。
④ 公钥由 (p,q,g,y) 组成,私钥为 x。

2. 签名生成

① 选择一个随机整数 k,满足 $0<k<q$。
② 计算 $r=(g^k \bmod p) \bmod q$,r 是签名的一部分。
③ 计算 $s=k^{-1}*(H(m)+x*r) \bmod q$,其中 $H(m)$ 是消息的 Hash 值。
④ 签名由 (r,s) 组成。

3. 签名验证

① 接收方使用公钥 (p,q,g,y) 以及签名 (r,s) 验证签名的有效性。
② 计算 $w=s^{-1} \bmod q$,并计算两个中间值 $u1=H(m)*w \bmod q$ 和 $u2=r*w \bmod q$。
③ 计算 $v=((g^{u1}*y^{u2}) \bmod p) \bmod q$。
④ 若 $v=r$,则签名有效,否则签名无效。

DSA 的安全性基于离散对数难题,攻击者在不知道私钥的情况下,无法伪造有效的签名。由于 k 的随机性,DSA 在每次签名生成时都可以产生不同的签名结果。DSA 已广泛应用于数字证书、SSL/TLS 协议中,用于保护电子商务、文件验证和网络通信的安全性。

2.5.2 ECDSA 的原理

ECDSA(ECC 数字签名算法,Elliptic Curve Digital Signature Algorithm)是基于椭圆曲

线密码学的数字签名算法,是 DSA 的椭圆曲线版本。相比于 DSA,ECDSA 使用椭圆曲线离散对数问题,具有更高的安全性和更低的计算需求。因此,ECDSA 在安全性和性能上优于 DSA,特别适用于移动设备、物联网和区块链等资源受限的应用场景。

ECDSA 的签名生成与签名验证类似于 DSA,但在数学运算上基于椭圆曲线的特性,具体步骤如下。

1. 密钥生成

① 选定椭圆曲线 E 和生成元 G,定义有限域 F 上的椭圆曲线点。
② 选择私钥 d,满足 $0<d<n$,其中 n 是生成元 G 的阶。
③ 计算公钥 $Q=d*G$,公钥为 (E,G,Q),私钥为 d。

2. 签名生成

① 选择一个随机整数 k,满足 $0<k<n$。
② 计算椭圆曲线点 $R=k*G$,并取 r 为 R 的横坐标,$r=R.x \bmod n$。
③ 计算 $s=k^{\wedge}(-1)*(H(m)+d*r) \bmod n$,其中 $H(m)$ 是消息的 Hash 值。
④ 签名由 (r,s) 组成。

3. 签名验证

① 接收方使用公钥 (E,G,Q) 以及签名 (r,s) 验证签名。
② 计算 $w=s^{\wedge}(-1) \bmod n$,并计算两个中间值 $u1=H(m)*w \bmod n$ 和 $u2=r*w \bmod n$。
③ 计算椭圆曲线点 $P=u1*G+u2*Q$,取 P 的横坐标 $v=P.x \bmod n$。
④ 若 $v=r$,则签名有效,否则签名无效。

ECDSA 的安全性基于椭圆曲线离散对数问题,利用较短密钥长度即可达到与 DSA 或 RSA 相同的安全性。其较低的计算复杂度使其在资源受限的设备中也能高效运行,广泛应用于移动设备、区块链和电子支付中。在数字货币的交易签名和物联网设备的认证中,ECDSA 是一个高效且安全的选择。

2.6 本章小结

本章系统地介绍了密码算法的基础理论,包括对称加密算法、非对称加密算法、Hash 算法和数字签名算法,为读者理解现代信息安全的基本原理奠定了坚实的理论基础。

对称加密算法部分深入地分析了 DES、AES 和 SM4 3 种典型算法的加密过程及其在数据传输安全中的应用。对称加密算法因其加解密效率高,适合大规模数据加密,尤其是在通信系统、数据存储等场景中广泛应用。

非对称加密算法部分重点讲解了 RSA 算法、ECC 算法和 SM2 算法,阐明了公钥和私钥机制在身份认证和密钥分发中的关键作用。非对称加密算法由于其密钥管理的便捷性和高安全性,在数字签名、证书颁发和密钥交换中起到了核心作用。基于大数分解和椭圆曲线的数学难题,这些算法提供了高强度的抗攻击能力。

Hash 算法是数据完整性和消息认证的基础技术,本章讨论了 SHA-1、SHA-3 和 SM3 等主流 Hash 算法的工作原理,说明了其在抵抗碰撞攻击、验证数据完整性方面的应用价值。Hash 算法生成的消息摘要具有唯一性和不可逆性,是实现数字签名和认证协议的重要工具。

数字签名算法部分深入地解析了 DSA 和 ECDSA 的数学构造和应用场景，揭示了数字签名在确保数据来源真实性、抵御篡改方面的作用。作为不可伪造的认证手段，数字签名算法在电子商务、软件分发和数字身份验证中发挥着不可替代的作用。

通过本章的学习，读者能够全面地理解现代密码算法的原理、特性和应用场景，可为后续章节中密码算法的 FPGA 硬件实现打下坚实的理论基础。这些算法的组合应用构成了当前信息安全的核心体系，是数据加密、身份验证和信息完整性的基本保障。

第 3 章
FPGA 实现密码算法的基础

3.1 FPGA 实现密码算法的流程

3.1.1 FPGA 实现密码算法的优势

随着计算机技术的发展,密码算法越来越广泛地应用于社会各个领域。而密码算法的运算过程需要处理大量的数据,传统的软件实现已经逐渐无法满足系统实时性以及性能要求,因此,采用硬件加速的方式实现密码算法变得越来越重要。

FPGA(Field Programmable Gate Array)是一种可编程逻辑器件,它由可编程逻辑门阵列(PAL)和可编程电路连通器组成。PAL 由基本逻辑门(如与门、或门和非门)组成,电路连通器则用于连接逻辑门之间的信号线。FPGA 具有灵活、可重构的特点,可以根据需要进行实时配置和重新编程。

FPGA 广泛地应用于密码学领域,特别是在密码算法的加速和优化方面发挥了重要作用。由于 FPGA 的高度并行处理能力和灵活性,其可以实现流密码算法中的高速数据加密和解密操作。同时,FPGA 的可重构性使得对流密码算法进行性能优化和使其实时适应不同应用场景成为可能。

FPGA 在密码学中的应用包括加密算法的硬件实现、密钥扩展和认证协议的加速以及随机数生成器的优化等。利用 FPGA 的并行处理能力和低延迟特性,可以有效地提高密码算法的计算速度和数据吞吐量,提升系统的安全性和性能。

3.1.2 算法分析与模块划分

1. AES 算法简介

AES(高级加密标准,Advanced Encryption Standard)算法是一种被广泛使用的对称加密算法,由美国国家标准及技术协会(NIST)于 2001 年发布。

(1) 工作原理

① 加密过程:
- 选择一个密钥,用于加密和解密数据;
- 将需要加密的数据分成若干个块,每个块的大小为128位;
- 使用AES算法对每个块进行加密;
- 将加密后的块按顺序拼接起来,形成加密后的数据。

② 解密过程:
- 选择与加密相同的密钥;
- 将加密后的数据分成若干个块,每个块的大小为128位;
- 使用AES算法对每个块进行解密;
- 将解密后的块按顺序拼接起来,形成解密后的数据。

(2) 密钥长度选择

AES算法支持不同的密钥长度,包括128位、192位和256位,可以根据安全性和性能需求进行选择。

(3) AES算法的优点

安全性高:AES算法是一种可靠的加密算法,经过严格的安全分析和测试。

效率高:由于采用对称加密算法,加密和解密过程使用相同的密钥,因此效率较高。

应用广泛:AES算法在数据传输、文件加密、网络安全等领域有广泛的应用。

(4) AES算法模块划分

整体设计框图如图3.1所示,其中包括顶层模块、密钥扩展模块以及轮运算模块。

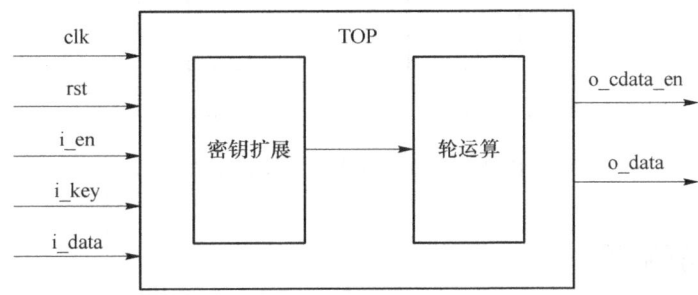

图3.1 AES算法整体设计框图

2. SM4算法简介

SM4算法是一种对称加密算法,由中国国家密码管理局于2010年发布,并成为中国国家标准的一部分。

(1) 算法特点
- 对称加密:使用相同的密钥进行加密和解密。
- 密钥长度固定为128位。
- 非组长度为128位。

(2) 算法结构

加密算法:采用32轮非线性迭代结构,每轮使用一个轮密钥。设输入的明文为128位,即

4个字(X0,X1,X2,X3),输出密文同样为 128 位,即 4 个字(Y0,Y1,Y2,Y3)。加密算法的过程包括轮密钥加、S 盒替换、行移位、列混淆等操作。

解密算法:由于 SM4 算法的运算是对合运算,所以解密算法的结构与加密算法相同,只是轮密钥的使用顺序相反,即解密的轮密钥是加密轮密钥的逆序。

(3) 密钥拓展算法

SM4 算法使用一个密钥扩展算法从 128 位的加密密钥中产生 32 个轮密钥。该算法利用常数 FK 和固定参数 CK 来完成扩展过程。

(4) SM4 算法的优势

安全性高:SM4 算法采用了复杂的非线性迭代结构,使得其能够抵抗差分攻击、线性攻击等已知的攻击方式。

加密和解密速度快:由于加密算法和解密算法采用相同的结构,且轮密钥的使用顺序相反,因此加密和解密过程具有较高的对称性,从而提高了加密和解密的速度。

适用于多种场景:SM4 算法最初设计应用于 WAPI(中国无线局域网安全标准),但也可应用于存储加密、嵌入式系统以及安全协议等多个领域。

(5) SM4 算法模块划分

整体设计框图如图 3.2 所示,其中包括顶层模块、密钥扩展模块以及轮运算模块。

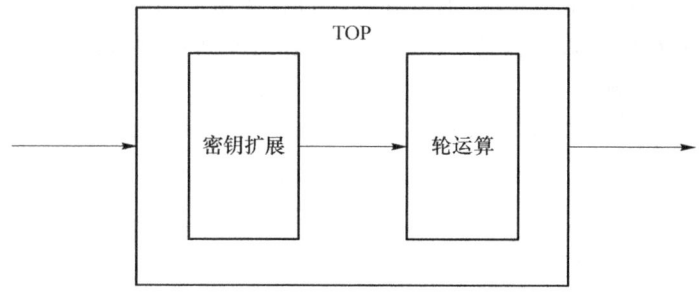

图 3.2 SM4 算法整体设计框图

3.1.3 仿真与验证

编写 testbench 的主要目的是对使用硬件描述语言(HDL)设计的电路进行仿真验证,测试设计电路的功能、部分性能是否与预期的目标相符。

编写 testbench 进行测试的过程如下:
① 产生模拟激励(波形);
② 将产生的激励加入被测试模块并观察其输出响应;
③ 将输出响应与期望进行比较,从而判断设计的正确性。

Verilog 代码设计完成后,再进行重要的步骤,即逻辑功能仿真。仿真激励文件称为 testbench,放在各设计模块的顶层,以便对模块进行系统性的例化调用进行仿真。对于稍微复杂的 Verilog 设计,如果不进行仿真,即便是经验丰富的工程师,大部分的设计都会考虑不到位。不能说仿真比设计更加重要,但是一般来说,仿真花费的时间会比设计花费的时间要多。需要考虑程序的各种应用场景,testbench 的编写也会比 Verilog 设计更加复杂。所以,数字电路行业会具体划分设计工程师和验证工程师。

1. 基本的 testbench 结构

```
module test_bench;
信号或变量定义声明
使用 initial 或 always 语句来产生激励波形
例化设计模块
监控和比较输出响应
endmodule
```

简单的 testbench 结构通常需要建立一个顶层文件,顶层文件没有输入和输出端口。

在顶层文件里,把被测模块和激励产生模块实例化进来,并且把被测模块的端口与激励模块的端口进行对应连接,使得激励可以输入被测模块。

产生时钟激励的描写方式:

① 使用 initial 方式产生占空比为 50% 的时钟,如程序 3-1 所示。注:一定要给时钟赋初始值,因为信号的缺省值为 z,如果不赋初始值,则反相后还是 z,时钟就一直处于高阻 z 状态。产生的时钟信号如图 3.3 所示。

程序 3-1:
```
initial
begin
CLK = 0;
#delay;
forever
#(period/2) CLK = ~CLK;
end
```

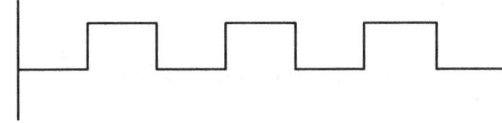

图 3.3 时钟信号波形图 1

② 使用 always 方式,如程序 3-2 所示。

程序 3-2:
```
initial
CLK = 0;
always
#(period/2) CLK = ~CLK;
```

③ 使用 repeat 产生确定数目的时钟脉冲(不常用),如程序 3-3 所示。该例使用 repeat 产生 3 个时钟脉冲,产生的波形如图 3.4 所示。

程序 3-3:
```
initial
begin
CLK = 0;
repeat(6)
#(period/2) CLK = ~CLK;
end
```

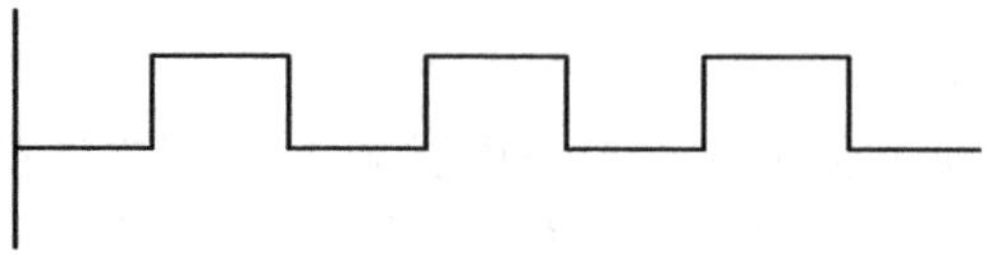

图 3.4 时钟信号波形图 2

④ 产生占空比非 50% 的时钟,示例代码如程序 3-4 所示,产生的波形如图 3.5 所示。

程序 3-4:
```
initial
CLK = 0;
always
begin
#3 CLK = ~CLK;
#2 CLK = ~CLK;
end
```

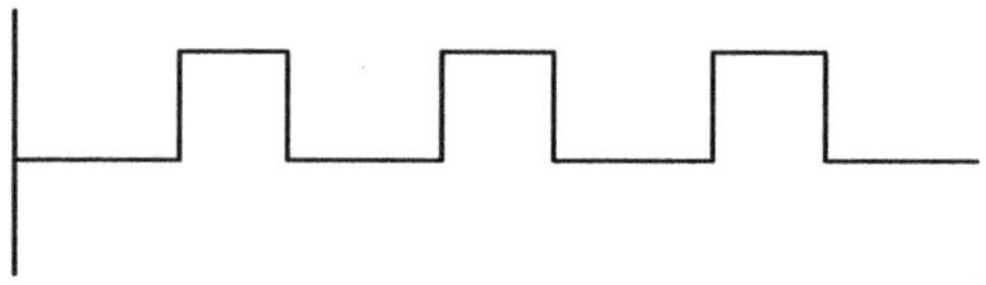

图 3.5 时钟信号波形图 3

产生复位信号的几种形式:

① 异步复位,波形如图 3.6 所示,示例代码如程序 3-5 所示。

程序 3-5:
```
module test_bench;
initial
begin
Rst = 1;
#100;
Rst = 0;
#500;
Rst = 1;
end
```

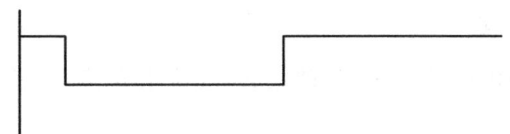

图 3.6　异步复位波形图

② 同步复位方法 1,产生的波形如图 3.7 所示,示例代码如程序 3-6 所示。

```
程序 3-6：
initial
begin
Rst = 1;
@(negedge CLK);
Rst = 0;
#30;
@(negedge CLK);
Rst = 1;
end
```

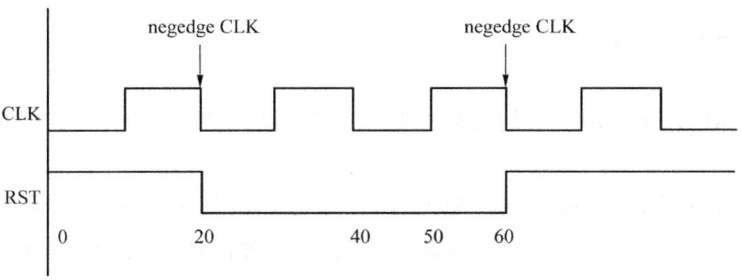

图 3.7　同步复位波形图 1

③ 同步复位方法 2,产生的波形如图 3.8 所示,示例代码如程序 3-7 所示。

```
程序 3-7：
initial
begin
Rst = 1;
@(negedge CLK);
repeat (3)@(negedge CLK);
Rst = 1;
end
```

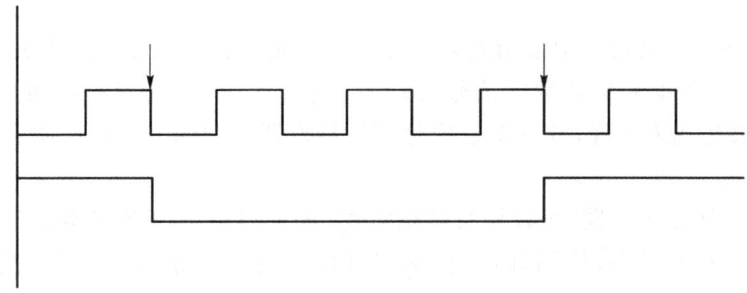

图 3.8　同步复位波形图 2

2. 建立仿真设计的步骤

testbench 的一般结构由信号声明、时钟生成、复位生成、激励部分、模块例化、自校验以及结束仿真等几部分组成。

（1）信号声明

testbench 模块声明时，一般不需要声明端口。因为激励信号一般都在 testbench 模块内部，没有外部信号。声明的变量应该能全部对应被测试模块的端口。当然，变量不一定要与被测试模块端口名字一样。但是被测试模块输入端对应的变量应该声明为 reg 型，如 clk、rstn 等，输出端对应的变量应该声明为 wire 型，如 dout、dout_en。

（2）时钟生成

按照程序生成系统需要的时钟频率，时钟是整个程序运行的必要条件。

（3）复位生成

复位逻辑比较简单，一般赋初始值为 0，再经过一段小延迟后，复位为 1 即可。大多数的仿真都是用的低有效复位。

（4）激励部分

激励部分生成程序需要的波形，产生各个信号不同的波形，将其输入实例化模块，是根据被测模块的需要来设计的。

（5）模块例化

这里利用 testbench 开始声明的信号变量，对被测试模块进行端口的实例化。

（6）自校验

如果设计比较简单，完全可以通过输入、输出信号的波形来确定设计是否正确，此部分完全可以删除。如果数据很多，有时候用肉眼观察并不能对设计的正确性进行有效判定。此时加入一个自校验模块，会大大地增加仿真的效率。在实例中，会在数据输出使能 dout_en 有效时，对输出数据 dout 与参考数据 read_temp（激励部分产生）做一个对比，并将对比结果置于信号 err_cnt 中。最后就可以通过观察 err_cnt 信号是否为 0 来直观地对设计的正确性进行判断。当然如实例中所示，也可以将数据写入对应文件中，利用其他方式做对比。

（7）结束仿真

如果不加入结束仿真部分，仿真就会无限制地运行下去，波形太长有时候并不方便进行分析。Verilog 中提供了系统任务 $finish 来停止仿真。停止仿真之前，可以将自校验的结果，通过系统任务 $display 在终端进行显示。

3.1.4 信号的边沿检测

边沿检测是数字电路设计中常用的方法之一。它是一种检测输入信号边沿变化的技术，用于实现时序控制、数据采集和数字信号处理等功能。Verilog 边沿检测可以通过 posedge、negedge 等敏感表达式来实现，其基本原理是利用触发器检测输入信号的状态变化，并触发相应的逻辑操作。

边沿检测的方法很不相同，可以用打两拍实现，也可以用移位寄存器实现，还可以用打三拍实现，用到的地方也很多，检测脉冲、检测 SPI 的时钟上升沿和下降沿、按键消抖等都会用到。

1. Verilog 边沿检测的实现原理

（1）定义输入信号和输出信号

在开始 Verilog 边沿检测之前，首先需要定义输入信号和输出信号。通常情况下，输入信号是从外部输入的数字信号，而输出信号是根据输入信号经过模块处理后所得到的数字信号。

（2）设计边沿检测模块

定义好输入信号和输出信号后，接下来就需要设计边沿检测模块。这个模块通常由一个或多个 always 块组成。这些语句块会根据输入信号的状态变化以及敏感表达式的定义来执行相应的操作，从而实现边沿检测。

（3）选择敏感表达式类型

在设计边沿检测模块时，需要选择使用哪种敏感表达式类型。Verilog 中提供了多种边沿检测的实现方式，如 posedge、negedge 等。其中，posedge 表示上升沿检测，negedge 表示下降沿检测。用户可以根据实际需求选择适合的边沿检测方式。

2. Verilog 边沿检测代码实现

将输入的脉冲信号用时钟打两拍之后，用得到的另外两拍信号分别取反之后相与得到上升沿和下降沿的信号，完成信号边沿的检测。边沿检测模块代码如程序 3-8 所示。

程序 3-8：
```verilog
module edge_test(
    input           i_sys_clk,
    input           i_pulse,
    output          o_pos,
    output          o_neg
);
    reg             pulse_reg0;
    reg             pulse_reg1;
    wire            data_edge;
    wire            i_sys_rst_n;
    gen_rst gen_rst_inst(
    .i_sys_clk(i_sys_clk),
    .o_rst    (i_sys_rst_n)
    );
    always@(posedge i_sys_clk or negedge i_sys_rst_n)
    begin
        if(!i_sys_rst_n)
            begin
                pulse_reg0 <= 1'b0;
                pulse_reg1 <= 1'b0;
            end
        else
            begin
                pulse_reg0 <= i_pulse;
```

```
            pulse_reg1 <= pulse_reg0;
        end
    end
    assign o_pos = ~pulse_reg1 && pulse_reg0;
    assign o_neg = ~pulse_reg0 && pulse_reg1;
    assign data_edge = o_pos | o_neg ;

endmodule
```

复位模块代码如程序 3-9 所示。

程序 3-9:
```
module gen_rst(
    input           i_sys_clk
    output          o_rst );
    parameter              C_RST_TIME  = 500 ;
    reg                    rst_n;
    reg [31:0]             rst_cnt = 0;

    always@(posedge i_sys_clk)begin
        if(rst_cnt == C_RST_TIME)begin
            rst_n <= 1;
        end
        else begin
            rst_n <= 0;
        end
    end
    always@(posedge i_sys_clk)begin
        if(rst_cnt == C_RST_TIME)begin
            rst_cnt <= rst_cnt ;
        end
        else begin
            rst_cnt <= rst_cnt + 1'b1;
        end
    end

    assign o_rst = rst_n;
endmodule
```

图 3.9 是 Vivado 生成的硬件描述电路,根据代码可以看出有一个复位模块和两个寄存器,还有两个与门的逻辑,外部输入有两个信号,即 i_sys_clk 和 i_puls 两个信号,输出到外部的信号有两个,即 o_pos 和 o_neg 两个信号。点击连线对应的联通电路都会显示高亮。寄存器 0 的输入是外部信号的输入,输出连接到寄存器 1 的输入,寄存器 1 的输出连接到逻辑门,和寄存器 1 的值相与,时钟信号和复位信号都会输入寄存器 0 和寄存器 1 两个寄存器中,同时

发生作用。

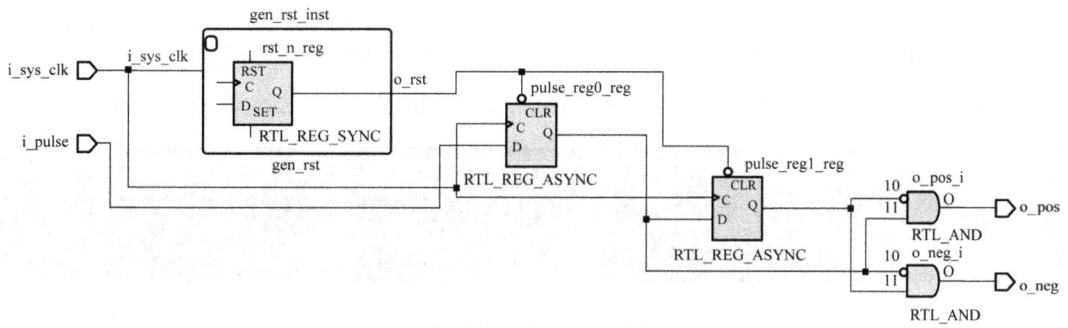

图3.9　硬件描述电路图

3. 边沿检测代码仿真

实例化边沿检测模块，输入系统时钟，仿真输入脉冲信号i_pulse，使用ModelSim进行仿真，观察波形输出检测到的上升沿和下降沿信号。仿真代码如程序3-10所示。

程序3-10：
```verilog
module edge_test_tb();
    reg     i_sys_clk;
    reg     i_pulse ;
    wire    o_pos   ;
    wire    o_neg   ;

    initial begin
        i_sys_clk = 0;
        i_pulse = 0;
        #7000
        i_pulse = 1;
        #500
        i_pulse = 0 ;
    end

    edge_test edge_test_inst(
    .i_sys_clk(i_sys_clk),
    .i_pulse  (i_pulse),
    .o_pos    (o_pos   ),
    .o_neg    (o_neg)
    );
    always #5 i_sys_clk = ~i_sys_clk;
endmodule
```

4. 仿真波形

使用 ModelSim 进行仿真得到的波形图如图 3.10 所示,从图 3.10 中可以看到外部输入的脉冲信号,在输入时,程序检测到上升沿信号,o_pos 信号拉高,在脉冲信号结束时程序检测到下降沿信号,o_neg 信号拉高,可以正确地检测到边沿信号,完成边沿检测的程序仿真。

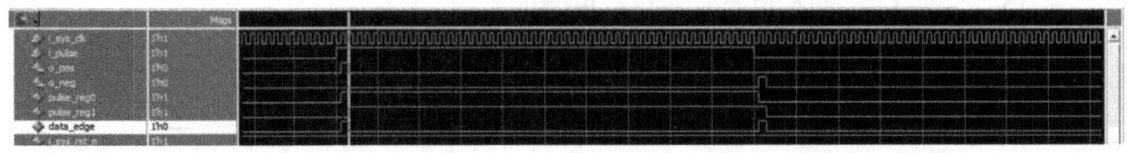

图 3.10　仿真波形图

3.1.5　数字逻辑分析

1. 在线逻辑分析仪介绍

在 Vivado 中,在线逻辑分析仪的功能被称为 ILA(集成逻辑分析器,Integrated Logic Analyzer),以 IP 核的形式来加入用户设计中。Vivado 提供了 3 种具有不同集成层次的插入 ILA 方法:①HDL 实例化调试探针流程;②网表插入调试探针流程;③手动地在 XDC 约束文件中书写对应的 Tcl XDC 调试命令,在实现阶段工具会自动读取这些命令,并在布局布线时加入这些 ILA IP 核。

在线逻辑分析仪通过一个或多个探针(probe)来采集希望观察的信号,然后通过片内的 JTAG 硬核组件,来将捕获到的数据传送给下载器,进而将其上传到 Vivado IDE 以供用户查看。

Vivado IDE 也能够按照上述数据路径,反向地向 FPGA 中的在线逻辑分析仪传送一些控制信息。

在线逻辑分析仪会占用一定数量的内部逻辑资源,如块 RAM、查找表、触发器等,其原理图如图 3.11 所示。

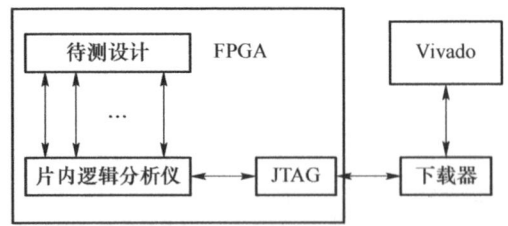

图 3.11　在线逻辑分析仪原理图

2. 数据逻辑分析仪的使用

在逻辑分析仪使用的过程中,一般常用的调用方法有两种:
① HDL 实例化调试探针流程;
② 网表插入调试探针流程。
首先打开 Vivado 软件,在左侧菜单栏里,选择 IP 核管理器,搜索"ila",双击打开,如图 3.12 所示。

|第3章| FPGA 实现密码算法的基础

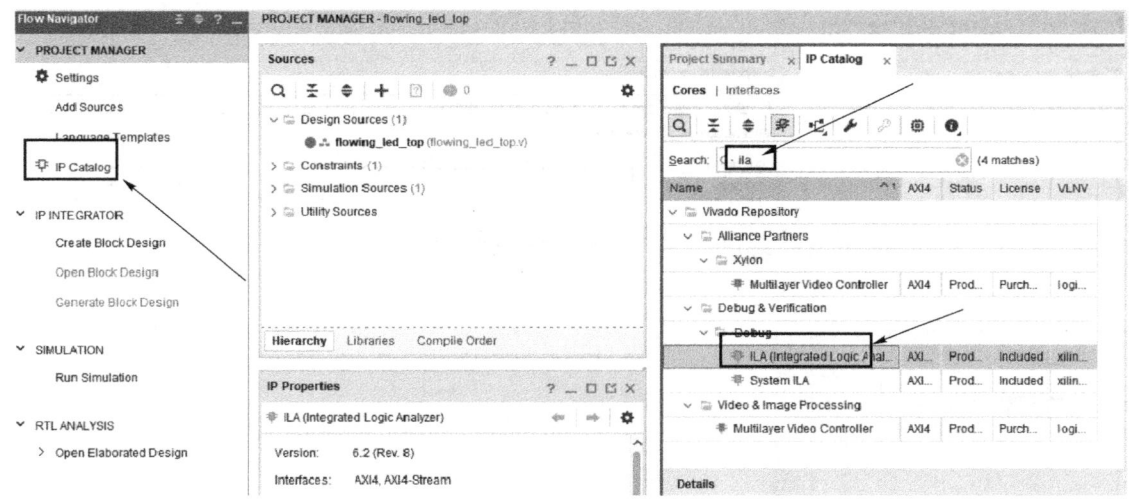

图 3.12　IP 核管理器界面

探针数根据要测量的信号数进行选择,选择后会在左边的模块框内看到对应的端口(若无法正常显示,取消左上角"Show disabled ports"的√即可)。

采样数据深度可根据计算机资源进行设置,可以偏大,一般情况下选择默认的 1024 即可,如图 3.13 所示。

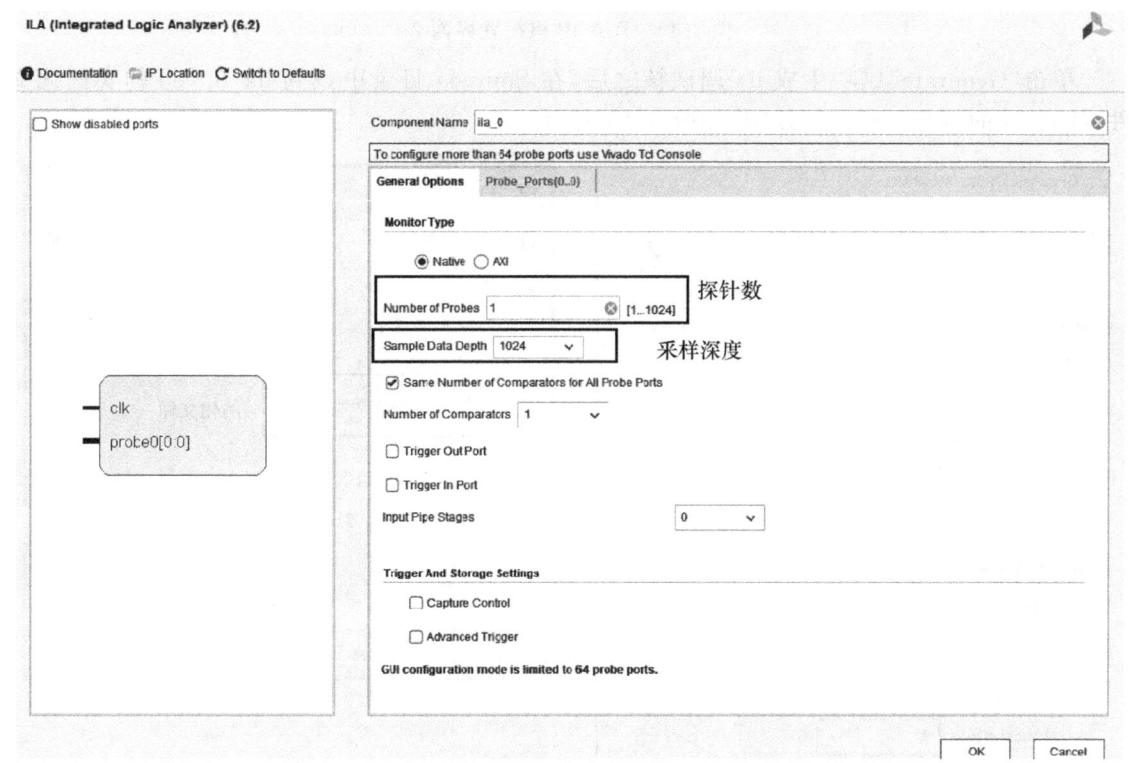

图 3.13　ILA IP 核配置界面 1

设置探针位宽,只要保证其不小于待抓取信号的实际位宽即可。在程序中将需要抓取的信号赋值到此探针上,然后单击"OK"生成 IP 核,如图 3.14 所示。

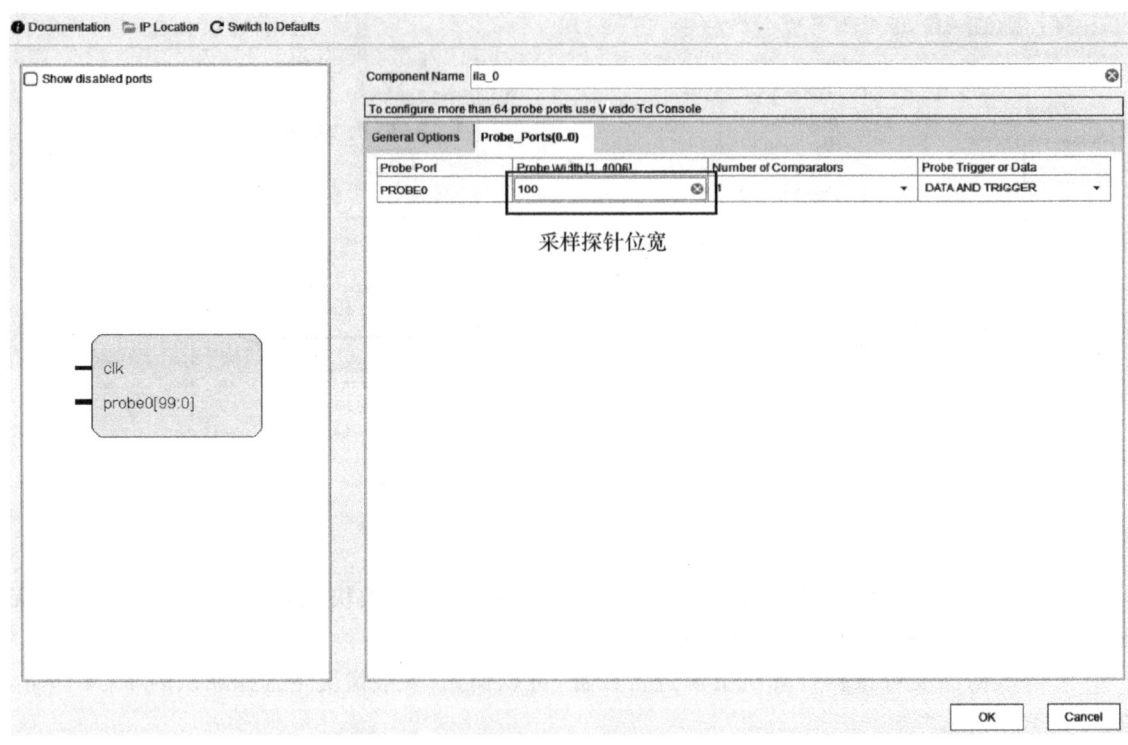

图 3.14　ILA IP 核配置界面 2

单击"Generate"成功生成 ila 调试核之后，在 Sources 目录中找到 ila_0.veo 的实例化文件，找到 ila 的例化代码进行复制，如图 3.15 所示。

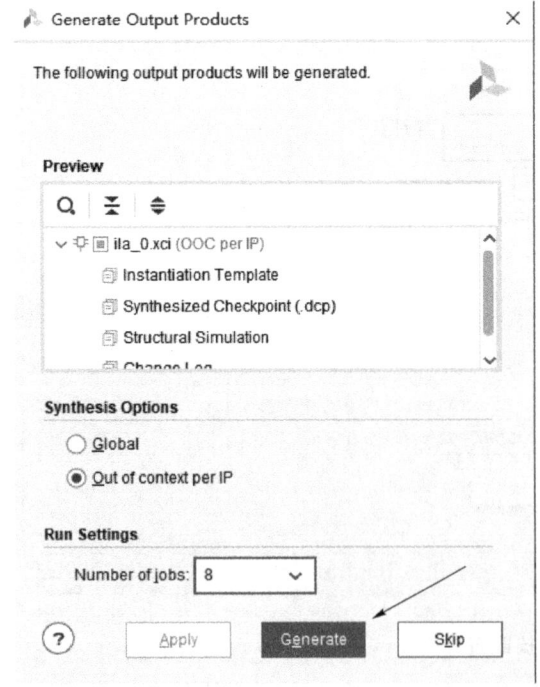
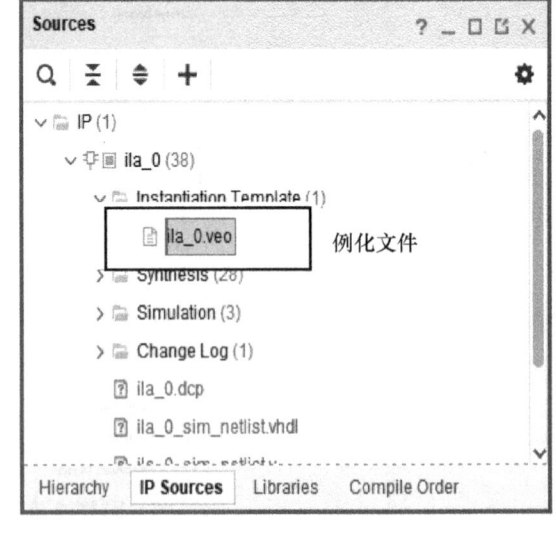

图 3.15　代码例化界面

将复制的代码模板粘贴到要抓取信号的代码中,修改代码格式,并且添加要被抓取的信号,代码格式如图3.16所示。添加完要抓取的信号之后,单击生成bit文件,生成bit文件之后,连接硬件和JTAG下载器,给芯片烧写bit文件和ltx调试文件,在调试核中可以观察到各个信号的变化。

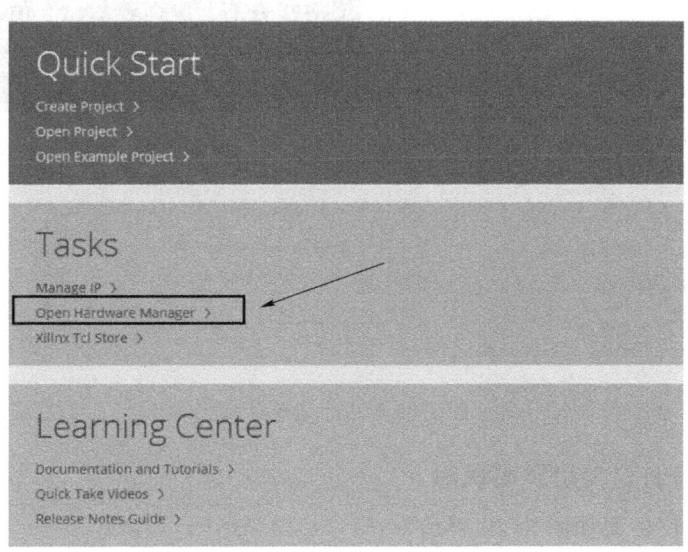

```
ila_0 ila_0_inst (
    .clk    (i_sys_clk),  //输入抓取信号的时钟
    //被抓取信号的时钟
    .probe0({
    o_led       ,
    rst_cnt     ,
    rst_n       ,
    led_cnt     ,
    led
    })
);
```

图 3.16　代码格式示例

连接电源,给板卡供电,连接好JTAG下载器,双击打开Vivado_2108.3软件,在打开的界面中单击"Open Hardware Manager"选项,打开硬件管理,如图3.17所示。

图 3.17　Vivado 界面

正确扫描到芯片之后,就可以开始硬件调试了,单击芯片,然后右键选择"Program Device",选择刚才生成好的bit文件,生成的ltx调试文件也会自动弹出,然后单击"Program"完成下载文件,如图3.18所示,下载完成后自动弹出波形界面,就可以按自己的需求抓取信号进行观察,如图3.19所示。

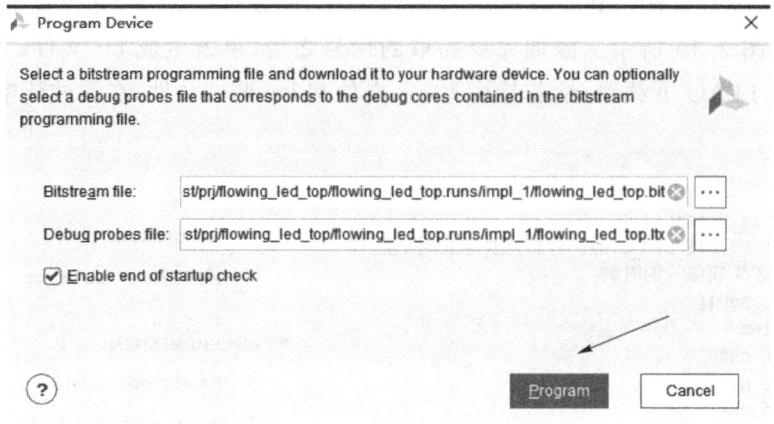

图 3.18 bit 文件配置界面

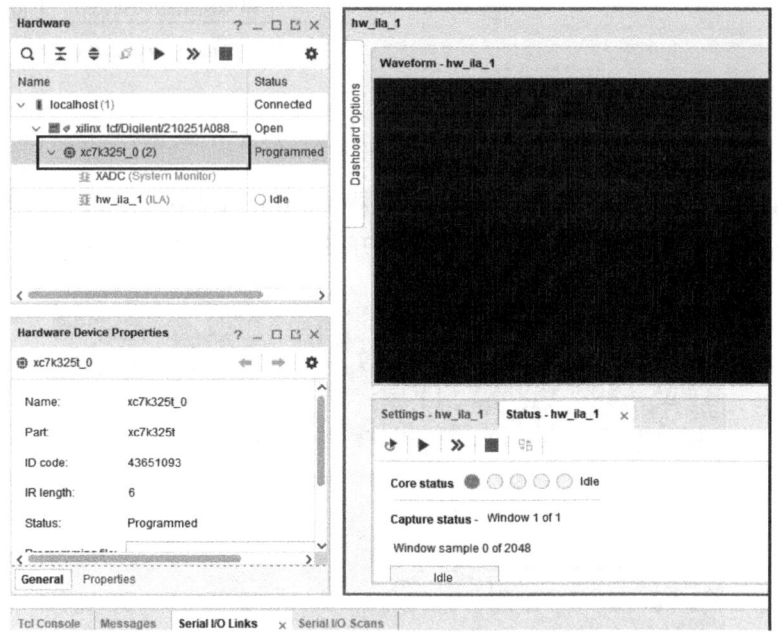

图 3.19 芯片选择界面

3. 数据逻辑分析仪使用界面说明

数据逻辑分析仪界面如图 3.20 所示。

其中：

①：搜索被抓取信号名。

②：添加被抓取信号。

③：设置循环触发。

④：等待信号被触发。

⑤：刷新界面波形图。

⑥：停止触发。

⑦：导出当前调试波形文件。

⑧：放大波形界面。

⑨：缩小波形界面。

⑩：全界面显示整个波形。

Trigger Setup 界面设置触发信号的触发。

⑪：添加被触发信号。

⑫：设置等于或者不等于。

⑬：设置数值进制。

⑭：设置具体数据被触发值。

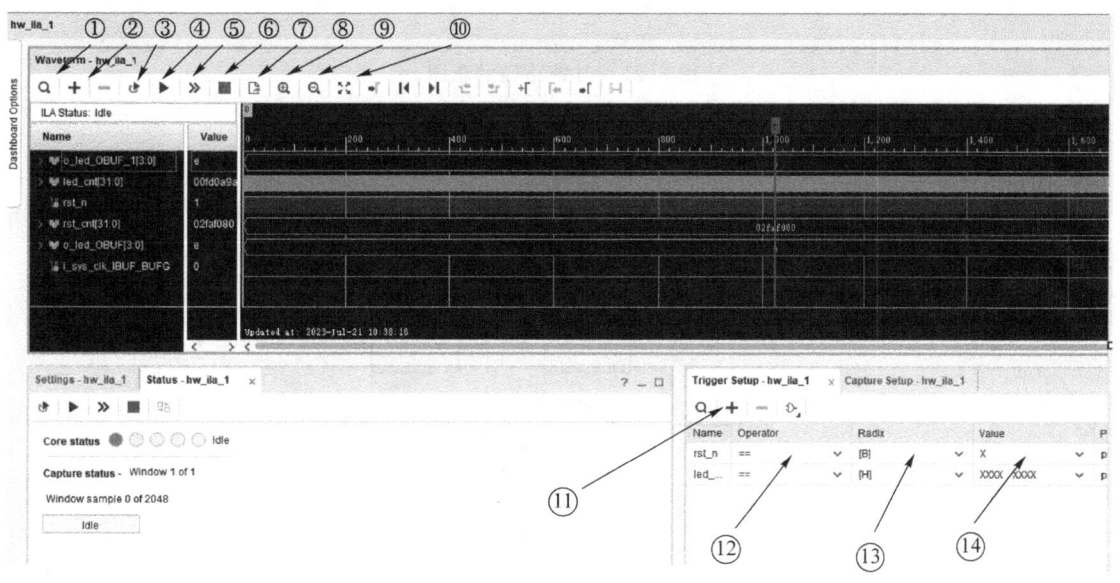

图 3.20　数据逻辑分析仪界面

3.1.6　静态时序分析

1. 建立时间和保持时间的概念

STA(静态时序分析，Static Timing Analysis)采用穷尽的分析方法来提取整个电路存在的所有时序路径，计算信号在这些路径上的传播延时，检查信号的建立时间和保持时间是否满足时序要求，通过对最大路径延时和最小路径延时的分析，找出违背时序约束的错误并报告。

STA 不需要输入向量就能穷尽所有的路径，且运行速度很快，占用内存较少，覆盖率极高，不仅可以对芯片设计进行全面的时序功能检查，还可以利用时序分析的结果来优化设计。所以 STA 不仅是数字集成电路设计 Timing Sign-off 的必备手段，也越来越多地被应用到设计的验证调试工作中。典型的时序模型由发起寄存器、组合逻辑和捕获寄存器 3 部分组成，如图 3.21 所示形成了 3 条时钟路径：源时钟路径(source clock path)、数据时钟路径(data clock path)、目的时钟路径(destination clock path)。

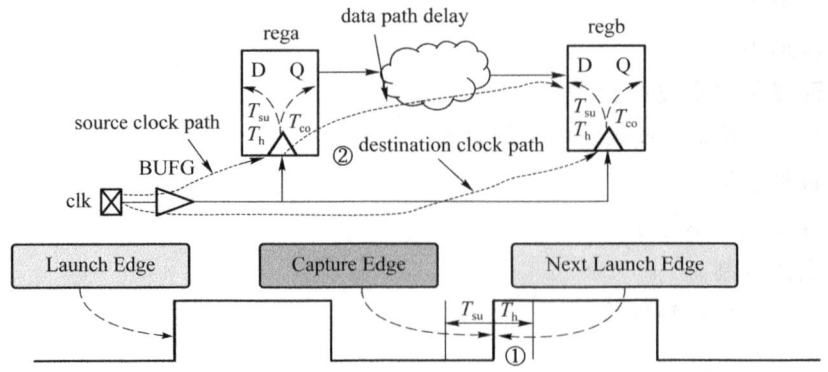

图 3.21　时钟路径示意图

建立时间 T_{su}：在时钟有效沿之前，数据必须保持稳定的最少时间。

保持时间 T_h：在时钟有效沿之后，数据必须保持稳定的最少时间。

这就相当于一个窗口时间，在有效边沿的窗口时间内，数据必须保持稳定；这里的时钟信号时序和数据信号时序，都是寄存器实际感受到的时序，如图 3.22 所示。

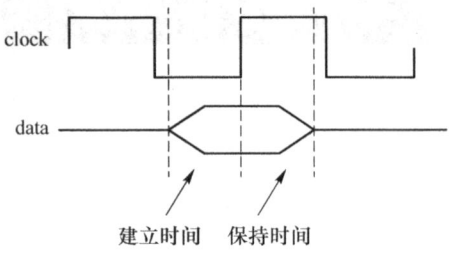

图 3.22　寄存器时序图

2. 时序分析方法

FPGA 的内部时序分析如下。

FPGA 内部的寄存器按照信号传输方式的不同分为 3 种连接方式，分别是 FPGA 内部的寄存器连接至 FPGA 内部的寄存器、FPGA 输入管脚连接的寄存器、连接输出管脚的 FPGA 寄存器。但是，跟管脚相连接的 FPGA 内部寄存器的输入和输出，通常也是外部芯片内的寄存器的输出端或者输入端。因此，事实上，要分析的基本都是从寄存器到寄存器的数据流动是否正常。只不过这种路径有的纯粹在 FPGA 内部，有的涉及外部芯片的寄存器。

下面考虑第一种最简单的情形：在 FPGA 内部，数据从一级寄存器向下一级寄存器流动时，假设前一级寄存器输出了正确的时序结果（前一级寄存器的建立时间和保持时间等满足要求），后一级寄存器正确接收到数据应该满足什么条件？如图 3.23 所示，寄存器内部从时钟到输出端口的延时设为 T_{co}，数据在两级寄存器之间的延迟（包括逻辑延时和线延时）设为 T_{delay}，时钟周期为 T，两级寄存器时钟之间的间隙（到达寄存器时钟时刻之差）为 T_{pd}。

这里以前一级寄存器的时钟有效边沿到达的时刻为以下分析的零时刻，根据图 3.23 中给出的参数，来计算第二级寄存器的工作状态。按照数据先后变化顺序有以下分析。

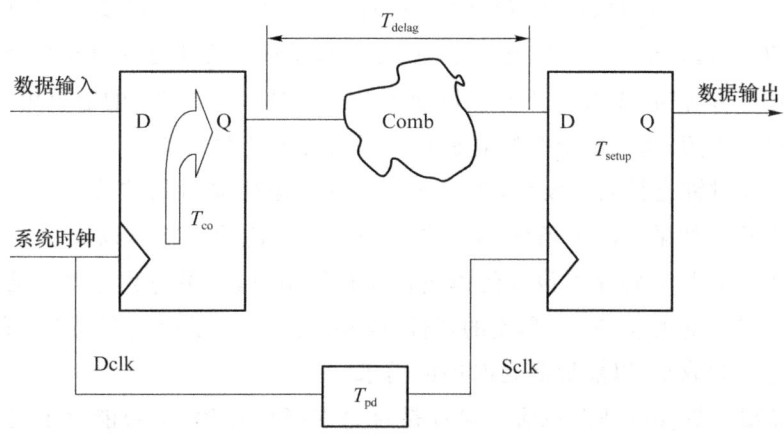

图 3.23 寄存器内部时延分析

① 首先，不论第一级寄存器上面的电平如何，第一级寄存器在 0 时刻采集其 D 端上的电平，将其输送给 Q 端。这里设处理这段操作的时间为 T_{co}，即时钟到输出的时间（clock 到 output 的时间）。

② 待传送的电平在 T_{co} 时刻出现在第一级寄存器的 Q 端，然后经过 T_{delay} 的时间，才到达第二级寄存器的 D 端口。正确电平出现在 D 端口的时刻为 $T_{co}+T_{delay}$。

③ 时钟到达第二级寄存器时钟端的时间与到达第一级寄存器时钟端的时间的延时为 T_{pd}。也就是第二级寄存器在 T_{pd} 时刻迎来有效时钟沿，当然也会在 $T+T_{pd}$ 时刻出现有效时钟沿，通常用 $T+T_{pd}$ 时刻的时钟有效边沿去采集第二级寄存器的 D 端口电平。

④ 按照建立时间的描述、要求，第二级寄存器 D 端数据至少比时钟有效边沿提前 T_{setup} 时间，于是有建立时间的公式如下：$T_{co}+T_{delay}<T+T_{pd}-T_{setup}$。

⑤ 第二级寄存器数据能够保持的时间是数据从建立开始直至新数据建立之间的时间。新数据到来的时间是 $T+T_{co}+T_{delay}$，而之前数据建立的时刻是 $T+T_{pd}$。

⑥ 按照保持时间的描述，数据建立后至少要保持 T_h 时间，也就是要 $T+T_{co}+T_{delay}>T+T_{pd}+T_h$。

通过以上分析，得到了两个非常重要的公式。它们说明了当前一级寄存器时序满足要求时，数据正确传输到后一级寄存器需要满足的条件。整理一下两个式子，如下：

- 建立时间：$T_{co}+T_{delay}+T_{setup}<T+T_{pd}$。
- 保持时间：$T_{co}+T_{delay}>T_{pd}+T_h$。

首先来说明这几个量的特征。T_{co}、T_{setup}、T_h 是跟触发器工艺相关的值。对于同一款 FPGA 内的同一种触发器，这里的值是不变的。而且它们都是比较小的值（都不到 1 ns）。T 是时钟周期，跟选择的时钟速度有关，100 MHz 时钟的周期是 10 ns。T_{delay} 是线路和组合逻辑延时，所以跟不同的布局布线结构有关，它通常是 ns 级的。

然后再单独介绍一下 T_{pd}。时钟的间隙 T_{pd} 取决于设计中对于时钟的处理。如果使用的是全局时钟（也叫系统时钟），寄存器的时钟端连接到同一个时钟树上，到达各个寄存器的时钟有效边沿时刻相差极小，可以在全局时钟系统中忽略时钟之间的延时。

于是，建立时间的式子在全局时钟连接方式下变为 $T_{co}+T_{delay}+T_{setup}<T$，保持时间的式

子变为 $T_{co}+T_{delay}>T_h$。注意,对于保持时间来说,$T_{co}+T_{delay}>T_h$ 的要求在布线结果中是全部可以满足的(T_{delay} 远大于 T_h)。因此在这种设计中,通常更关注建立时间是否合乎要求。假若时钟间的延时不可忽略(没有在所有模块使用全局时钟),那么 T_{pd} 的值就可能会很大,以至于出现保持时间的违例,相反这个时候对建立时间的要求就宽松了。

通常使用全局时钟进行同步设计,所以这里主要考虑建立时间的公式:$T_{co}+T_{delay}+T_{setup}<T+T_{pd}$。这个式子如果不满足条件,可以增大 T,减小 T_{co} 和 T_{setup},以及减小 T_{delay}。这些做法都各有其意义。增大 T 意味着设计的模块在降频使用时,时序仍然能够满足要求;减小 T_{co} 和 T_{setup} 意味着更换工艺更先进、更昂贵的器件;减小 T_{delay} 则表示改变布局布线的结果,使不满足时序的路径的延时减小,以能够满足时序的需求。

上述做法需要根据实际情况取舍。设计是否允许降低频率,是否能够承受更换器件的成本上升,以及是否具备优化的潜力,是需要工程师仔细斟酌的。时序分析主要是指以上分析,而对设计进行时序的优化则主要是对 T_{delay} 进行优化。

以上是对 FPGA 内部寄存器之间传输数据的分析。对于输入输出 FPGA 的端口与 FPGA 的寄存器之间的连接,与上述分析大致相同。要分析所有的寄存器,既包括从 FPGA 的寄存器到外部器件的寄存器的路径,也包括从外部器件的寄存器到 FPGA 内寄存器的路径,只是线路上的延时包括其他器件内部的延时以及电路板上布线的延时。器件内部的延时可以通过查外部器件的手册得知,而电路板上的延时需要设计者自行估计。通常经验值是 10 cm 的信号线带来 1 ns 的信号延时。这些延时在计算时序时不必要意义提供给时序分析工具。需要设计者指定出一个 FPGA 时钟管脚和 IO 管脚的时序关系即可,比如,告诉 FPGA 工具连接到某数据总线的管脚与指定时钟有效边沿的延时为 2 ns,FPGA 内部各信号的延时是工具自己了然的,因此这个 2 ns 的信号已经足够工具计算输入 FPGA 触发器的时序了。所以这种时序约束也叫做偏移约束或者 IO 约束。

3. 时序分析的基本路径

(1) 寄存器到寄存器

路径 2,FPGA 内部的一个寄存器到另一个寄存器,即 reg2reg(寄存器到寄存器),需要对其进行约束以满足 FPGA 端寄存器的建立时间和保持时间要求。路径 2 约束的是 FPGA 内部源寄存器(起点)和 FPGA 内部目的寄存器(终点)的数据路径,其目的是要通过提供要求的方式来使得综合工具 Vivado 满足所有 FPGA 内部寄存器的建立时间和保持时间要求。

(2) 管脚到寄存器

路径 1,上游器件通过 FPGA 管脚到 FPGA 的寄存器的时序路径,即 pin2reg(管脚到寄存器),需要对其进行约束以满足 FPGA 端寄存器的建立时间和保持时间要求。路径 1 约束的是上游器件的源寄存器(起点)和 FPGA 内部的目的寄存器(终点)的数据路径,其目的是要满足后端即 FPGA 内部寄存器的建立时间和保持时间要求。路径 1 可以视为路径 2 的一种,只不过路径 1 的源寄存器和目的寄存器都在 FPGA 内部,而路径 2 的源寄存器在上游器件中。

(3) 寄存器到管脚

路径 3,FPGA 管脚到下游器件的寄存器的时序路径,即 reg2pin(寄存器到管脚),需要对其进行约束以满足下游器件的寄存器的建立时间和保持时间要求。路径 3 约束的是

FPGA 内部的源寄存器（起点）和下游器件的目的寄存器（终点）的数据路径，其目的是要满足前端即 FPGA 内部寄存器的建立时间和保持时间要求。路径 3 同样可以视为路径 2 的一种，只不过路径 1 的源寄存器和目的寄存器都在 FPGA 内部，而路径 3 的目的寄存器在下游器件中。

（4）管脚到管脚

路径 4，FPGA 管脚到 FPGA 管脚的时序路径（不通过任何寄存器），其本质上是纯组合逻辑电路，仅仅需要将其值约束在一个指定范围内，不需要满足建立时间和保持时间要求。路径 4 中不存在任何寄存器，通常都是纯组合逻辑或者走线延迟等，所以也就不需要满足寄存器的建立时间和保持时间要求，需要的仅仅是根据开发需求约束其延迟的最小值和最大值。

4. Vivado 中的时序分析报告

工程新建完成后，单击综合、实现（完成布局布线）。然后单击"IMPLEMENTATION"下的"Report Timing Summary"，弹出的界面如图 3.24 所示，可以选择展示的路径数量和每个终端的路径数量，然后单击"OK"，会弹出时序报告界面。

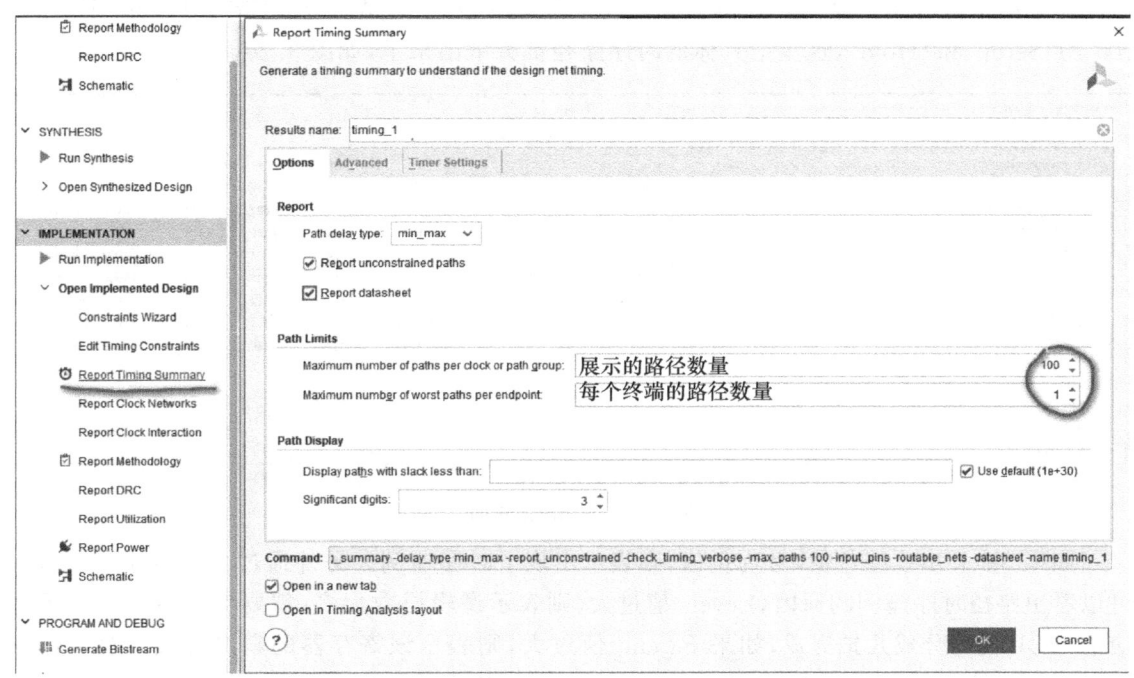

图 3.24　时序报告界面

Timing 界面如图 3.25 所示，左侧是时序路径分类，右侧是时序的一个总览，其中一些参数的含义如 WNS 以及 TNS、WHS 以及 THS 是需要着重关注的。

- WNS：最差负时序裕量（Worst Negative Slack）。
- TNS：总的负时序裕量（Total Negative Slack），也就是负时序裕量路径之和。
- WHS：最差保持时序裕量（Worst Hold Slack）。
- THS：总的保持时序裕量（Total Hold Slack），也就是负保持时序裕量路径之和。

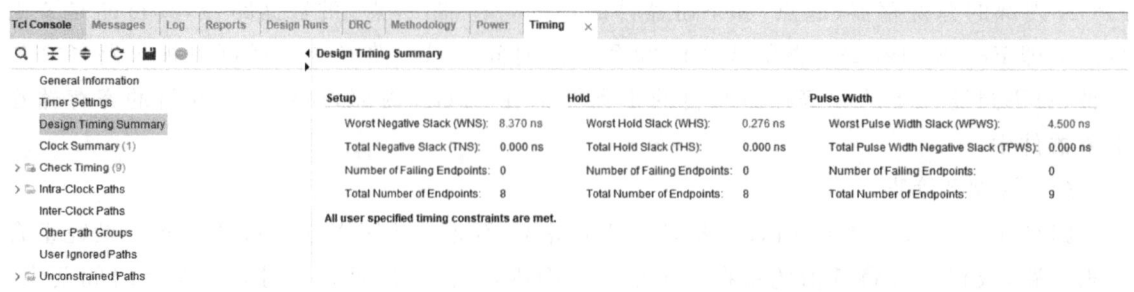

图 3.25　Timing 界面 1

可以看到 WNS 为 8.370 ns,这表示这个工程中最差的那条时序路径的建立时间裕量是 8.370 ns,所以该设计是时序收敛的。如果该设计是时序不收敛的,那么肯定是有 WNS 为负。而 TNS 为 0 代表不存在建立时间裕量为负的时序路径,这也表示设计是收敛的。如果设计不收敛,那么必然存在 1 条或多条建立时间裕量为负的时序路径,作为路径之和的 TNS 也就一定是一个负数。

所以 WNS 描述设计中最差的时序路径的裕量情况,而 TNS 则描述设计中所有不收敛的时序路径的裕量情况。保持路径的分析类似。最需要关注的是"Intra-Clock Paths"下"sys_clk"的"Setup"和"Hold",这里把具体的时序路径都穷举出来了,如图 3.26 所示。

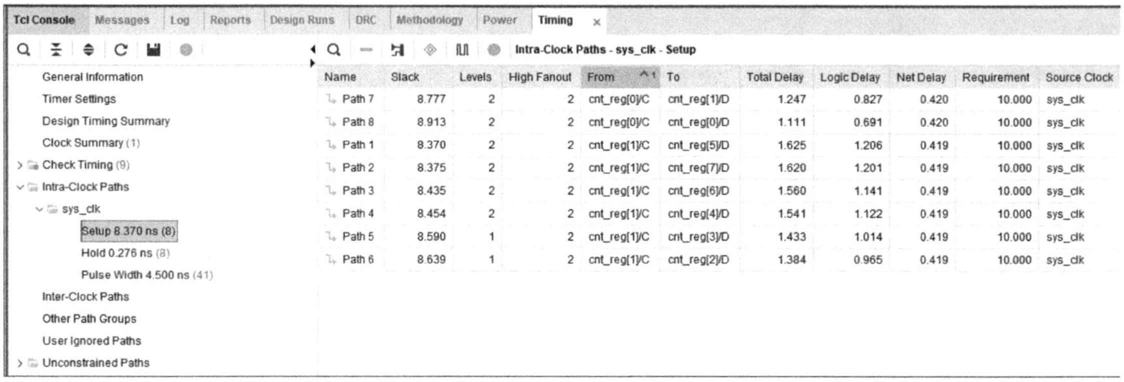

图 3.26　Timing 界面 2

如果 Slack 出现红色值,且为负值,则表示出现了时序违例。另外通过 Levels 和 Fanout,可以看出路径时序违例的原因,Levels 值过大,则表示逻辑层数太多,需要考虑将这条路径对应的 HDL 代码分成几拍完成;如果 Fanout 值过大,则表示该寄存器的扇出过大。双击任意一条时序路径,以"Path 1"为例,即可看到该路径的时序具体信息,主要包括 Summary(总览)、Source Clock Path(源时钟路径)、Data Path(数据路径)、Destination Clock Path(目的时钟路径)。其中一些参数的意义如下。

Slack:建立时间裕量。

Levels:逻辑级数,这里"1"表示在两个寄存器之间仅存在 1 个组合逻辑器件。

Fanout:表示从这一点连接到了几个目的端点,Fanout=1 表示连接了 1 个目的端点。

From To:表示是哪两者之间的时序。

单击"Schematic"就会出现设计的原理图,如图 3.27 所示。

单击某条路径,就会在原理图上高亮显示该条路径,如图 3.28 所示。

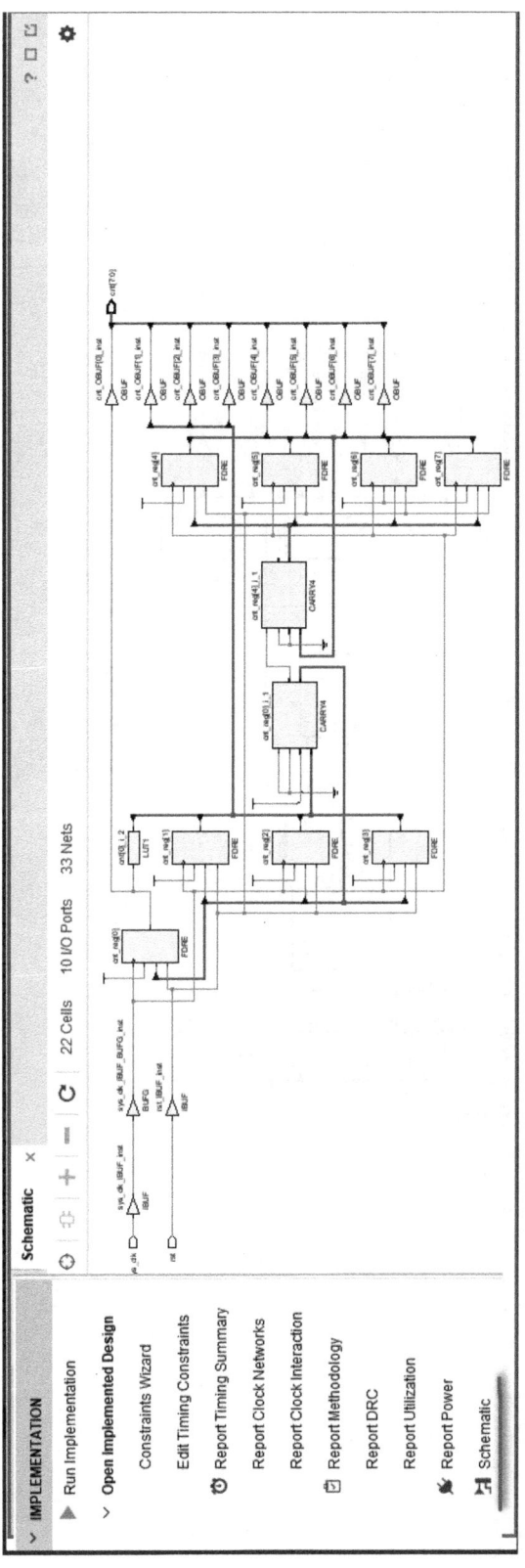

图 3.27 设计原理图

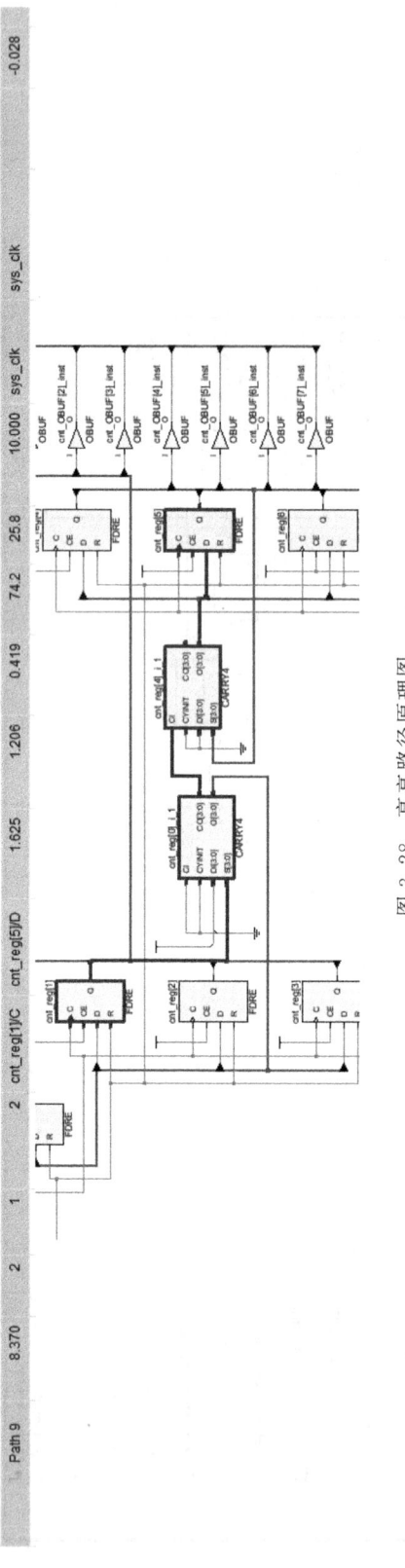

图 3.28 高亮路径原理图

第 3 章 FPGA 实现密码算法的基础

图 3.28 以路径 9 为例,源端是 cnt_reg[1],目的端则是 cnt_reg[5],中间的数据路径经过了 2 个 CARRY4,所以逻辑级数 Levels 为 2。双击某条路径,则可以打开其具体的路径分析(仍以路径 9 为例),时序报告简要总结信息如图 3.29 所示。

Summary	
Name	Path 9
Slack	8.370ns
Source	cnt_reg[1]/C (rising edge-triggered cell FDRE clocked by sys_clk {rise@0.000ns fall@5.000ns period=10.000ns})
Destination	cnt_reg[5]/D (rising edge-triggered cell FDRE clocked by sys_clk {rise@0.000ns fall@5.000ns period=10.000ns})
Path Group	sys_clk
Path Type	Setup (Max at Slow Process Corner)
Requirement	10.000ns (sys_clk rise@10.000ns - sys_clk rise@0.000ns)
Data Path Delay	1.625ns (logic 1.206ns (74.198%) route 0.419ns (25.802%))
Logic Levels	2 (CARRY4=2)
Clock Path Skew	-0.028ns
Clock Un...rtainty	0.035ns

图 3.29 时序报告总结界面

(1) 时序报告第一部分:总览

Slack:裕量,具体到这条路径就是建立时间裕量,裕量为 8.370 ns,表示这条路径是满足时序要求的。

Source:源端寄存器,即时序分析的起点,发射沿(launch edge)。

Destination:目的端寄存器,即时序分析的终点,锁存沿(latch edge)。

Path Group:时序分析的时钟来源。

Path Type:路径类型,此路径为建立时间的分析。

Requirement:时序要求,设定为 100 MHz,所以就是 10 ns。

Data Path Delay:组合路径的数据延时,包括组合逻辑器件的延时(logic)和布线延时(route)。

Logic Levels:逻辑级数,即两个寄存器之间存在多少级组合逻辑。

Clock Path Skew:时钟到达目的寄存器和源寄存器之间的时间差值。

Clock Uncertainty:时钟的不确定度,包括 skew 和 jitter。

(2) 时序报告第二部分:由源端的时钟路径和数据路径组成

时钟路径就是时钟从起点到达源端寄存器时钟端口的路径,也就是 T_{clk1},映射到路径 9 的具体路线则是:FPGA 的时钟管脚—布线—IBUF(这个是缓冲的,每个管脚都会自动添加,增加驱动能力)—布线—BUFG(全局时钟网络,可以减少时钟到不同寄存器之间的 Skew,一般时钟管脚都会添加)—布线—源端寄存器时钟端口。从图 3.29 中可以看出,把每一条细小的路径叠加后,时钟从 IO 口到源端寄存器的时间是 4.392 ns。

数据路径则是数据从源端寄存器的 D 端到目的寄存器的 D 端的路径,也就是 $T_{co}+T_{data}$。T_{co} 等于 0.379 ns,接下来的所有 net+2 个 CARRY4 则是组合逻辑的延迟,即 T_{data},计算得到 $T_{co}+T_{data}=1.625$ ns。

那么 $T_{clk1}+T_{co}+T_{data}$ 就是数据的到达时间，总时间为 6.017 ns，如图 3.30 所示。

Source Clock Path

Delay Type	Incr (ns)	Path (ns)	Location	Netlist Resource(s)
(clock sys_clk rise edge)	(r) 0.000	0.000		
	(r) 0.000	0.000	Site: U20	sys_clk
net (fo=0)	0.000	0.000		sys_clk
			Site: U20	sys_clk_IBUF_inst/I
IBUF (Prop_ibuf_I_O)	(r) 0.915	0.915	Site: U20	sys_clk_IBUF_inst/O
net (fo=1, routed)	1.827	2.742		sys_clk_IBUF
			Site: BUF...TRL_X0Y0	sys_clk_IBUF_BUFG_inst/I
BUFG (Prop_bufg_I_O)	(r) 0.081	2.823	Site: BUF...TRL_X0Y0	sys_clk_IBUF_BUFG_inst/O
net (fo=8, routed)	1.569	4.392		sys_clk_IBUF_BUFG
FDRE			Site: SLICE_X0Y103	cnt_reg[1]/C

T_{clk1}

Data Path

Delay Type	Incr (ns)	Path ...	Location	Netlist Resource(s)
FDRE (Prop_fdre_C_Q)	(r) 0.379	4.771	Site: SLICE_X0Y103	cnt_reg[1]/Q
net (fo=2, routed)	0.419	5.190		cnt_OBUF[1]
			Site: SLICE_X0Y103	cnt_reg[0]_i_1/S[1]
CARRY4 (Prop_c...4_S[1]_CO[3])	(r) 0.562	5.752	Site: SLICE_X0Y103	cnt_reg[0]_i_1/CO[3]
net (fo=1, routed)	0.000	5.752		cnt_reg[0]_i_1_n_0
			Site: SLICE_X0Y104	cnt_reg[4]_i_1/CI
CARRY4 (Prop_carry4_CI_O[1])	(r) 0.265	6.017	Site: SLICE_X0Y104	cnt_reg[4]_i_1/O[1]
net (fo=1, routed)	0.000	6.017		cnt_reg[4]_i_1_n_6
FDRE			Site: SLICE_X0Y104	cnt_reg[5]/D
Arrival Time		6.017		

$T_{co}+T_{data}$

Destination Clock Path

图 3.30　时序报告路径信息

(3) 时序报告第三部分：目的端的时钟路径（T_{clk2}）

时钟路径就是时钟从起点到达目的端寄存器时钟端口的路径，也就是 T_{clk2}，映射到路径 9 的具体路线则是：FPGA 的时钟管脚—布线—IBUF—布线—BUFG—布线—目的寄存器。这些时间参数统统加起来就构成了数据的要求到达时间，即 14.387 ns，如图 3.31 所示。

Destination Clock Path

Delay Type	Incr (ns)	Path (...	Location	Netlist Resource(s)
(clock sys_clk rise edge)	(r) 10.000	10.000		
	(r) 0.000	10.000	Site: U20	sys_clk
net (fo=0)	0.000	10.000		sys_clk
			Site: U20	sys_clk_IBUF_inst/I
IBUF (Prop_ibuf_I_O)	(r) 0.784	10.784	Site: U20	sys_clk_IBUF_inst/O
net (fo=1, routed)	1.734	12.518		sys_clk_IBUF
			Site: BUF...TRL_X0Y0	sys_clk_IBUF_BUFG_inst/I
BUFG (Prop_bufg_I_O)	(r) 0.077	12.595	Site: BUF...TRL_X0Y0	sys_clk_IBUF_BUFG_inst/O
net (fo=8, routed)	1.461	14.056		sys_clk_IBUF_BUFG
FDRE			Site: SLICE_X0Y104	cnt_reg[5]/C
clock pessimism	0.308	14.364		
clock uncertainty	-0.035	14.328		
FDRE (Setup_fdre_C_D)	0.059	14.387	Site: SLICE_X0Y104	cnt_reg[5]
Required Time		14.387		

T_{clk2}

图 3.31　时序报告目的端的时钟路径信息

最后就可以算出建立时间裕量(Slack)=数据要求到达时间(Data Required Time)—数据实际到达时间(Data Arrival Time)=14.387 ns−6.017 ns=8.370 ns。

如果想查看某一条路径在 FPGA 内部的具体分布，可以按图 3.32 所示进行操作。

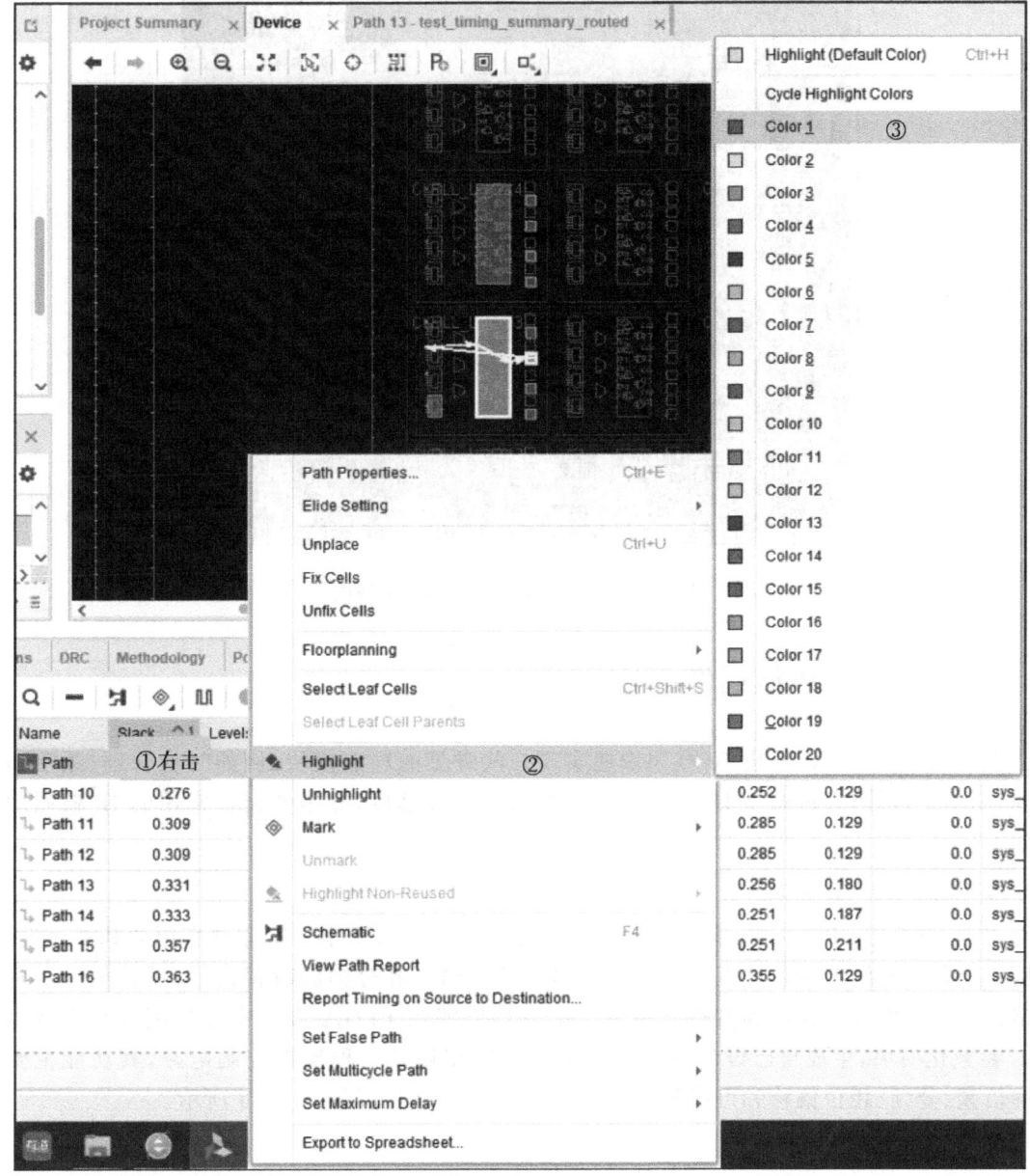

图 3.32　查看路径分布

把该路径标成了紫色高亮，然后在 Device 视图下很快就可以找到，具体操作步骤如图 3.33 所示。

时序报告是 Vivado 中必不可少的工具，它可以帮助我们了解电路的时序性能，并找出潜在的时序问题。通过分析时序报告，可以确定关键路径延迟、Slack 和每个信号路径的延迟等信息，并找到需要优化和调整的地方。如果存在时序问题，可以通过修改代码、时序约束或重新布局/重分配电路来进行优化。

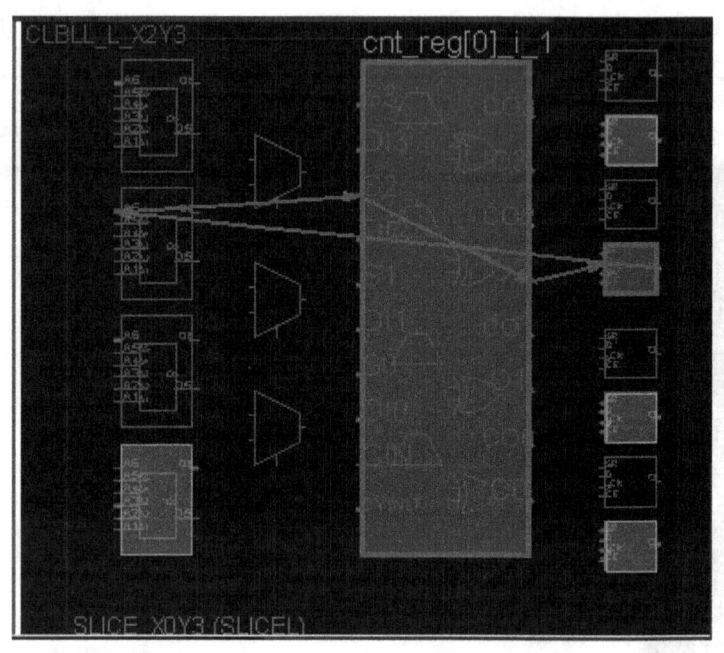

图 3.33　Device 视图高亮路径原理图

3.1.7　FPGA IP 核组件调用

在 Vivado 中，可以使用 IP 核来快速实现一些常见的功能模块，例如时钟管理、数字信号处理、图像处理等，通过调用 IP 核可以大大地加快开发速度，非常便捷。常用的 IP 核调用举例如下。

1. 锁相环 IP 核调用

PLL(锁相环，Phase Locked Loop)模块是参数化模块库中一个非常有用的基本元件，可以用一个外来时钟产生系统设计所需要的多个若干倍频和分频的时钟信号，并且可以随意地调整各个时钟之间的相位和占空比关系。本节将讲解在 FPGA 设计中如何配置和实例引用 PLL 参数化模块，生成自己设计中的时钟电路。锁相环是一种反馈控制电路，其功能主要是时钟倍频、分频、相位偏移和可编程占空比。PLL 工作流程图如图 3.34 所示。

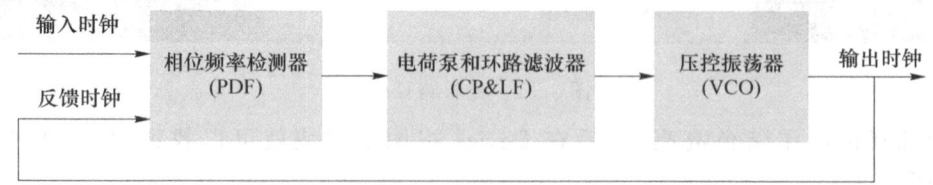

图 3.34　PLL 工作流程图

(1) 创建锁相环 IP 核

① 打开 Vivado 2018.3 软件，在工程界面的左侧单击"IP Catalog"，所有的 IP 核调用时都是在 IP Catalog 选项中搜索，单击"IP Catalog"选项在软件右侧会出现 IP Catalog 的搜索框，可以搜索到想要的 IP 核的名称。IP 核搜索界面如图 3.35 所示。

|第 3 章| FPGA 实现密码算法的基础

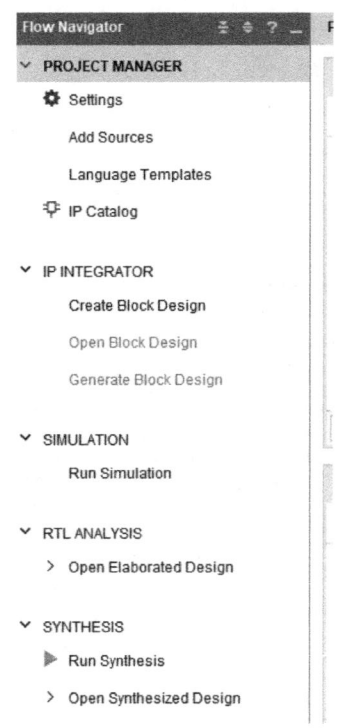

图 3.35　IP 核搜索界面

② 在搜索框中输入"clock",底下会出现很多 IP 的选项,找到"Clocking Wizard",这个就是下面需要被调用的锁相环 IP 核,如图 3.36 所示,双击"Clocking Wizard",等待软件自动弹出锁相环的各个参数设置界面。

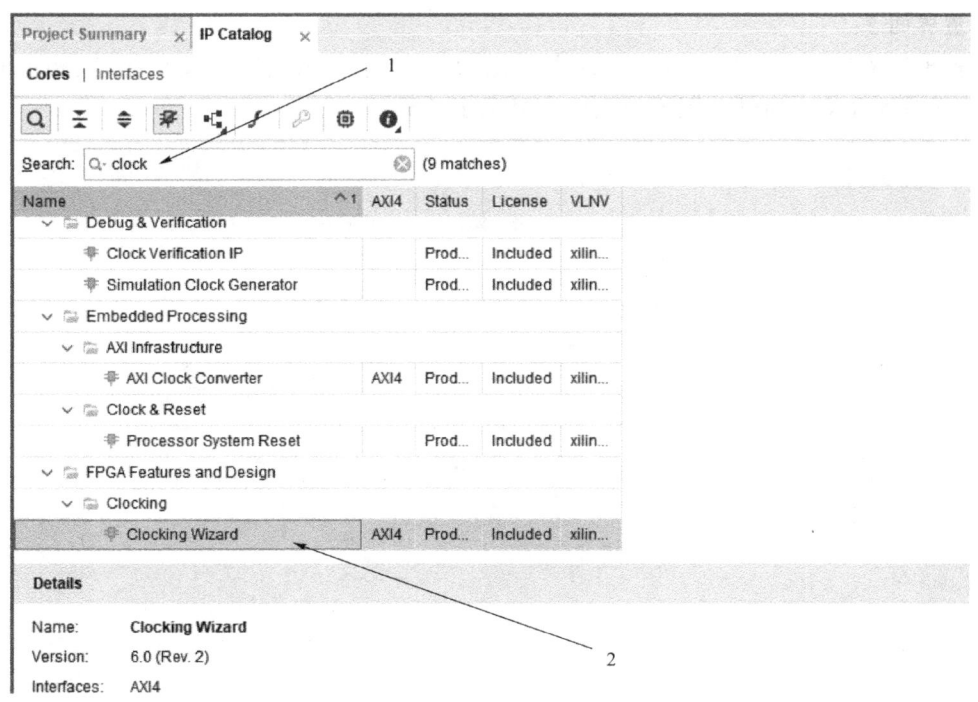

图 3.36　PLL IP 核调用界面

（2）锁相环 IP 核配置界面说明

锁相环 IP 核配置流程如图 3.37～图 3.40 所示。

配置界面 1：

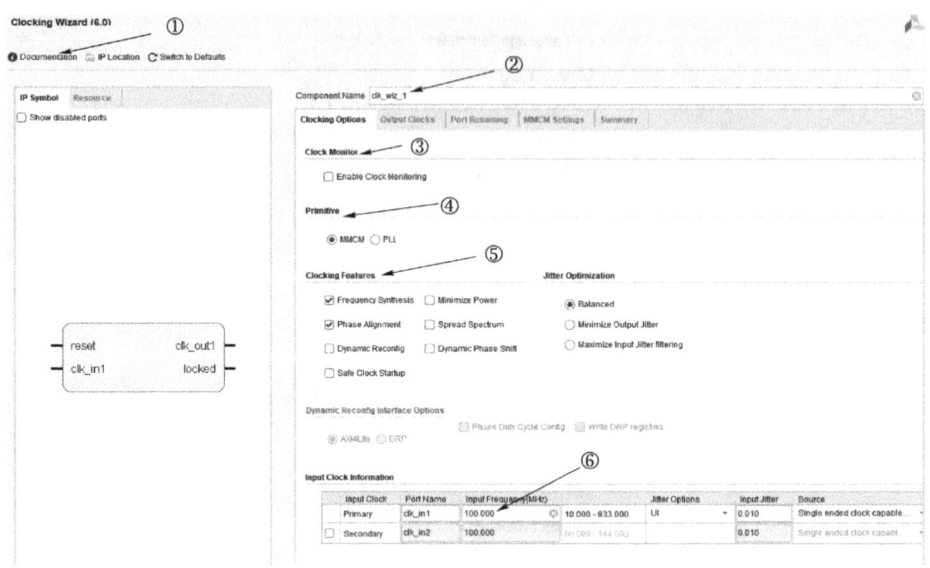

图 3.37　PLL IP 核配置界面 1

①：选中输出时钟的选项，可以选择输出一路时钟或者两路频率不一样的时钟或者三路时钟。

②：设置输出时钟的频率，可以输出 100 MHz、50 MHz，时钟频率可以自己设置。

③：设置输入复位信号，复位信号可以设置高复位或者低复位有效，设置输出 locked 信号，当 locked 信号拉高时代表锁相环可以稳定地输出时钟信号，达到稳定状态。

配置界面 2：

设置理论输出频率、理论相位、理论占空比，锁相环会显示实际的输出频率、相位和占空比，在输入时钟和输出时钟差距比较大时会显示出差异。

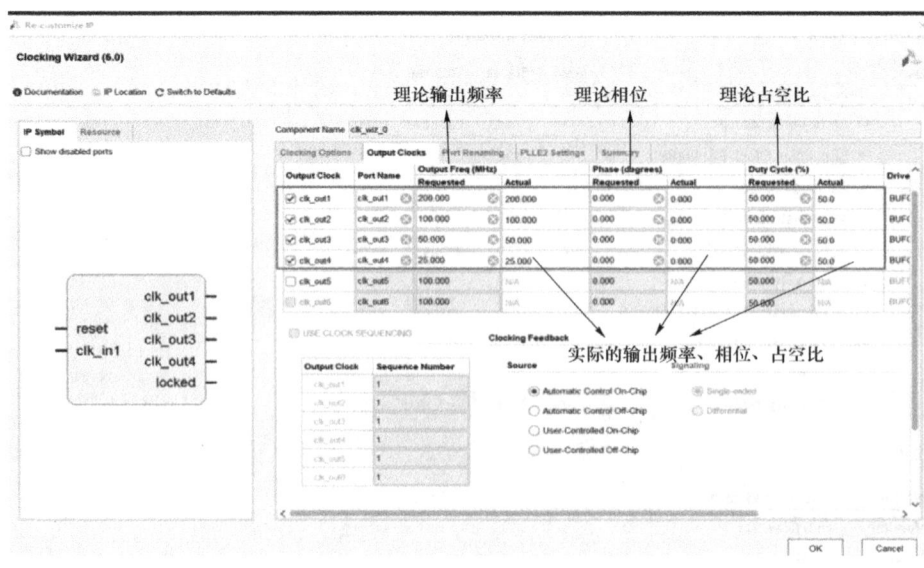

图 3.38　PLL IP 核配置界面 2

配置界面 3:

设置 locked 信号的名字,此选项一般选择默认不修改,locked 信号用来观察 PLL 输出时钟是否和输入时钟锁定。当锁定时,locked 信号就变为高电平。锁相环此时输出的时钟进入稳定状态。

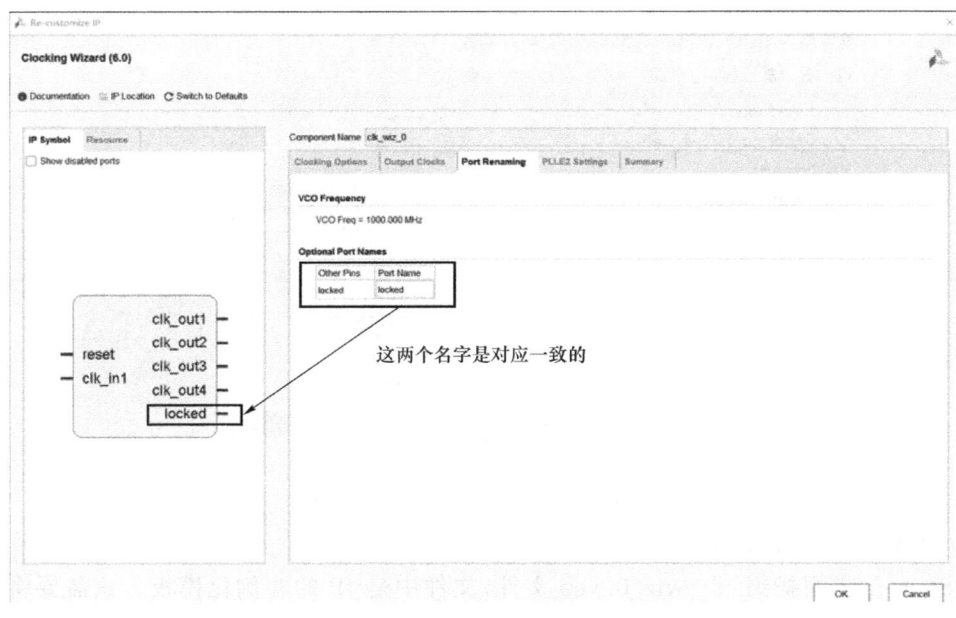

图 3.39　PLL IP 核配置界面 3

配置界面 4:

此选项一般默认不修改,如果需要,可以在此对之前的设置进行修改并覆盖,Summary 选项是生成 IP 核的汇总,此选项默认选择,然后直接单击"OK"。

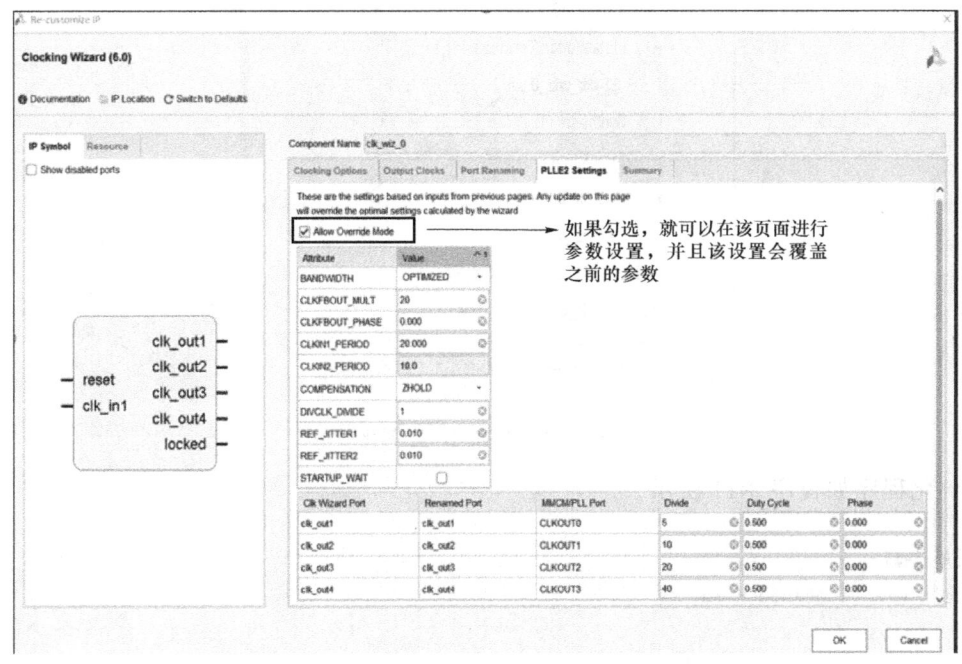

图 3.40　PLL IP 核配置界面 4

（3）完成调用

在弹出的对话框中单击"Generate"按钮生成 PLL IP 的设计文件。然后等待再单击"OK",软件会自动生成 IP 核的文件。在工程中自动生成一个 clk_wiz_0.xci,双击可以修改 IP 的配置。PLL IP 核调用完成界面如图 3.41 所示。

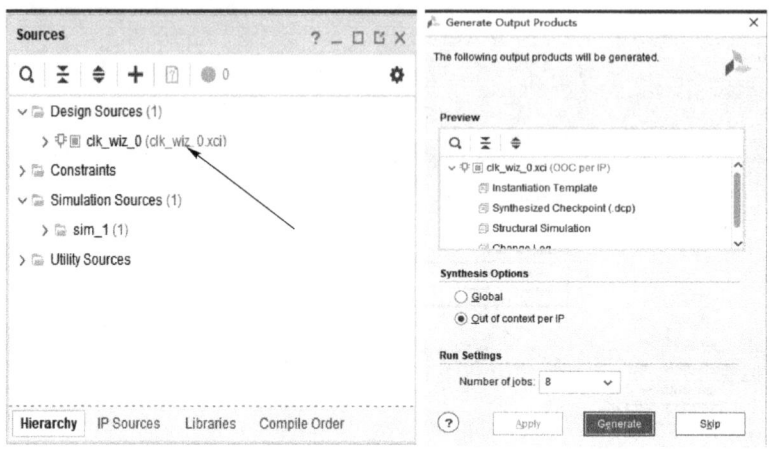

图 3.41　PLL IP 核调用完成界面

（4）PLL IP 实例化调用

在 Sources 界面找到 clk_wiz_0.veo 文件,文件中是 IP 的实例化模板。只需要将文件中内容复制粘贴到 Verilog 程序中,对 IP 进行实例化,如图 3.42 所示。

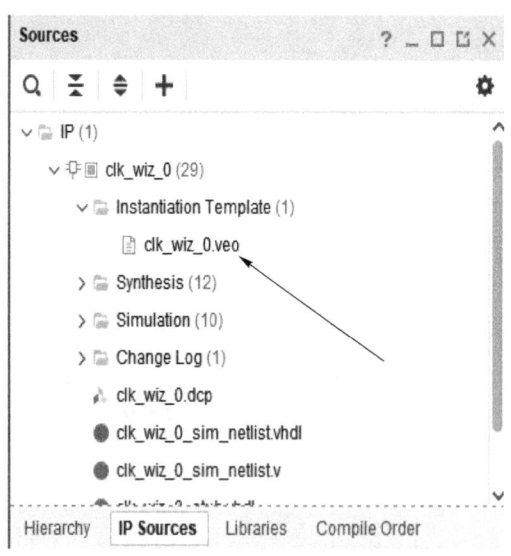

图 3.42　PLL IP 实例化

实例化程序如程序 3-11 所示。

程序 3-11:
```
clk_wiz_0instance_name
 (
 // Clock out ports
```

```
    .clk_out1(clk_out1),        // output clk_out1
    .clk_out2(clk_out2),        // output clk_out2
    .clk_out3(clk_out3),        // output clk_out3
    .clk_out4(clk_out4),        // output clk_out4
    // Status and control signals
    .reset(reset),              // input reset
    .locked(locked),            // output locked
    // Clock in ports
    .clk_in1(clk_in1));         // input clk_in1
```

2. FIFO IP 核调用

FIFO(先入先出,First In First Out)是一种数据缓冲器,用来实现数据先入先出的读写方式。FIFO 存储器主要是作为缓存,应用在同步时钟系统、核异步时钟系统中,在很多设计中都会用到,如多比特数据做跨时钟域处理、前后带宽不同步等都用到了 FIFO。

根据读写时钟 FIFO 可以分为同步 FIFO(SCFIFO)、异步 FIFO(DCFIFO),如图 3.43 所示。

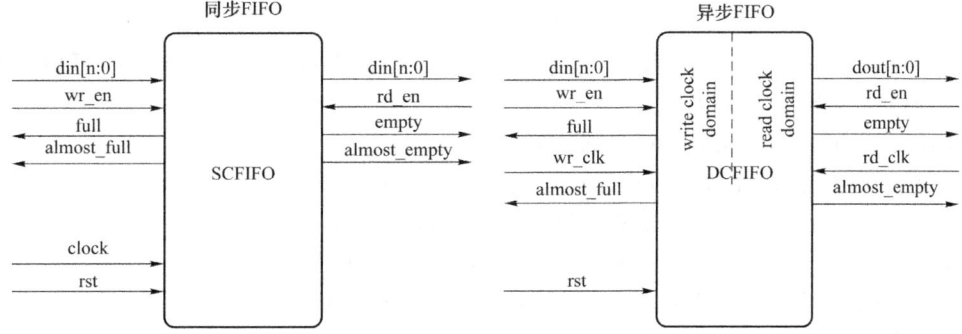

图 3.43 FIFO 接口

(1) 创建 FIFO IP 核

和实例化调用 PLL 一样,先在 IP-Catalog 选项中找到 FIFO-IP 核,双击"FIFO Generator"选项,软件自动弹出 FIFO 设置选项,如图 3.44 所示。

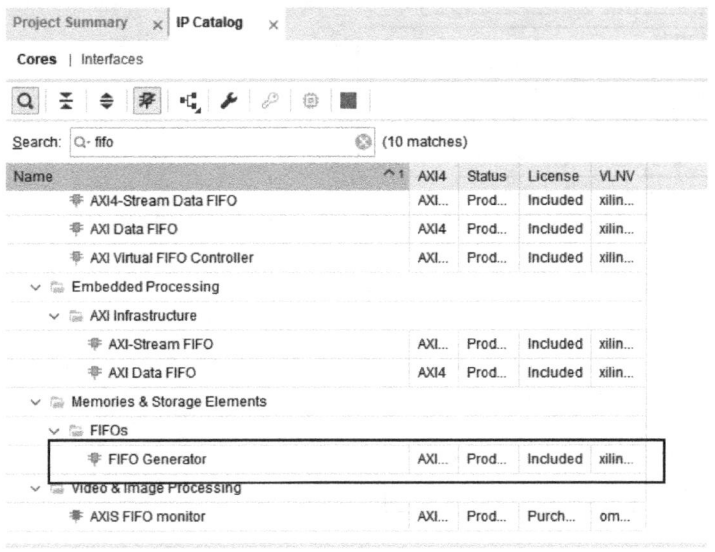

图 3.44 FIFO IP 核调用

（2）FIFO IP 核配置界面说明

FIFO IP 核配置流程如图 3.45～图 3.47 所示。

配置界面 1（Basic）：

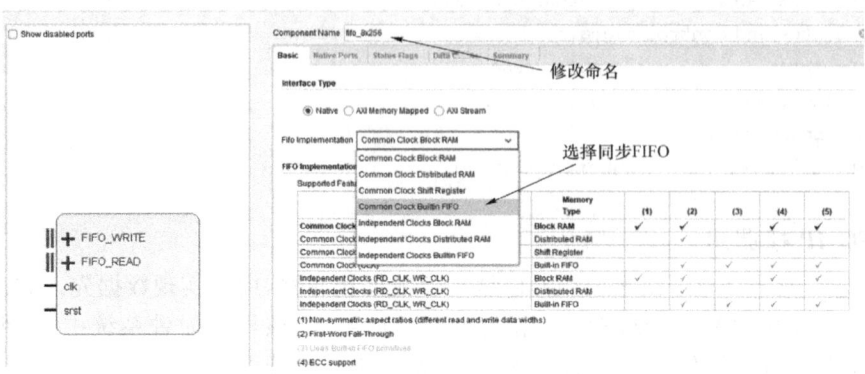

图 3.45　FIFO IP 核配置界面 1

其中：
- Component Name 修改 FIFO 的命名，在"Fifo Implementation"选项中可以选择同步 FIFO 或者异步 FIFO。
- Common Clock Block RAM：同步时钟块 RAM。
- Common Clock Distributed RAM：同步时钟分布式 RAM。
- Independent Clocks Block RAM：异步时钟块 RAM。
- Independent Clocks Distributed RAM：异步时钟分布式 RAM。

块 RAM 的资源在 FPGA 中比分布式 RAM 的资源更少一些。

配置界面 2（Native Ports）：

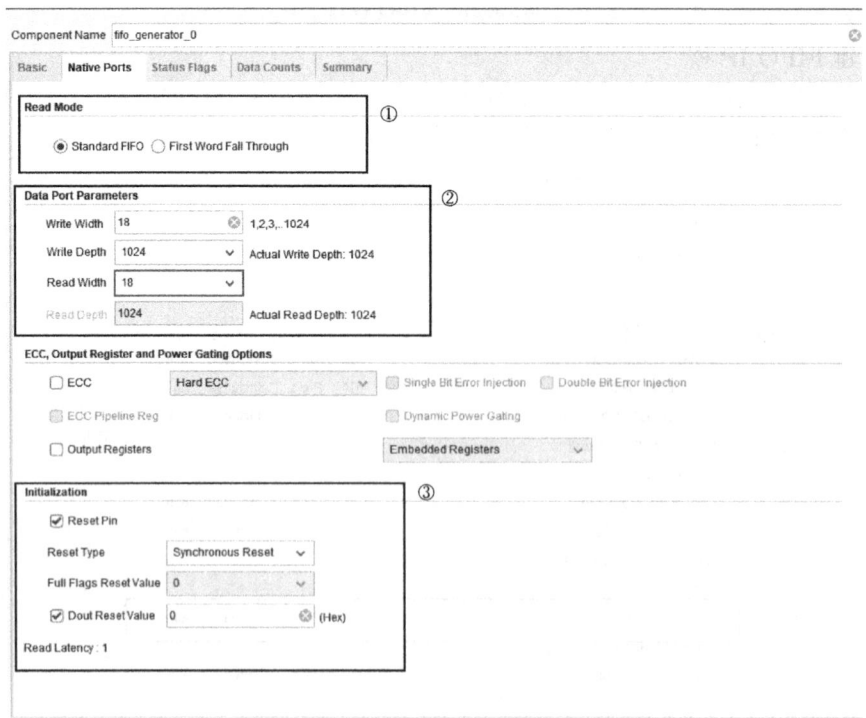

图 3.46　FIFO IP 核配置界面 2

其中：

①：选择 FIFO 的模式，选择标准模式或者 Frist Word Full 模式，标准模式是数据延时一个时钟周期进入或者输出；Frist Word Full 模式是数据直接随时钟同步进入或者输出。

②：设置输入、输出数据的位宽和读写的深度。

③：设置输入复位信号，FIFO 的复位信号高电平复位。

配置界面 3(Status Flags)：

这个选项一般默认不设置，可以自主设置满、空标志位的阈值，为保证 FIFO 运行的可靠性，尽量多留些阈值。

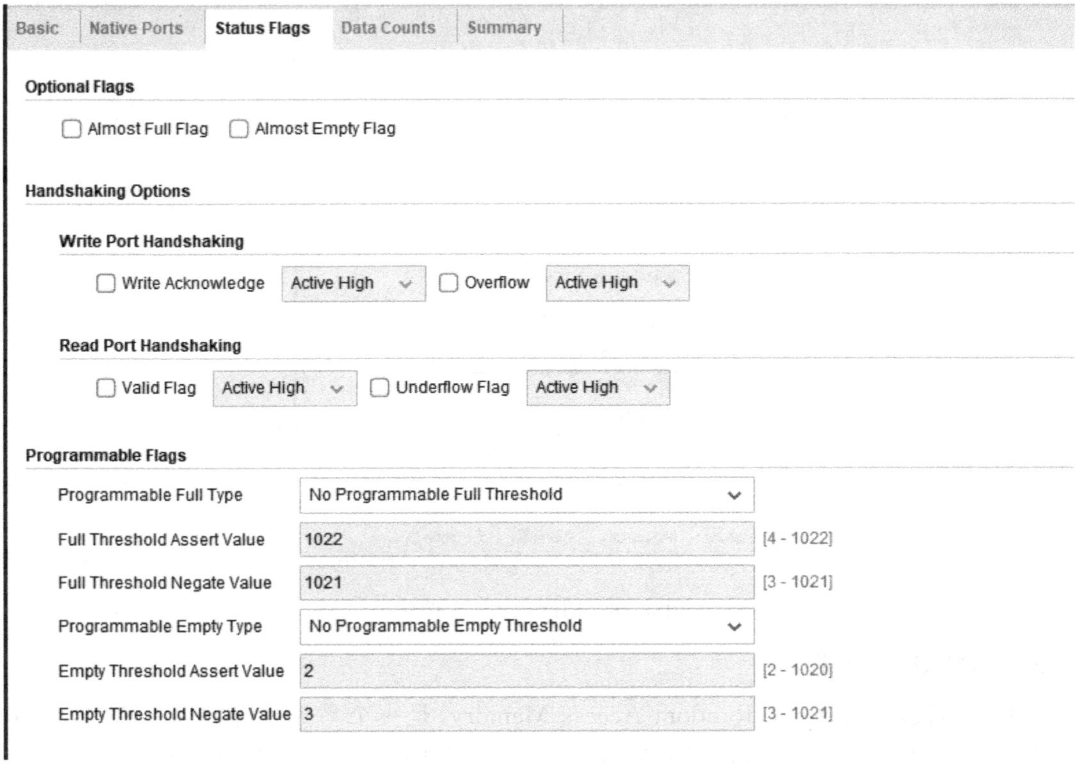

图 3.47　FIFO IP 核配置界面 3

其余配置保持默认即可。

（3）FIFO IP 核实例化调用

在 IP Sources 界面找到 fifo_generator_0.veo 文件，文件中是 IP 的实例化模板，如图 3.48 所示。只需要将文件中内容复制粘贴到 Verilog 程序中，对 IP 进行实例化。

实例化程序如程序 3-12 所示。

程序 3-12：
```
fifo_8x256your_instance_name (
    .clk(clk),          // input wire clk
    .rst(rst),          // input wire rst
    .din(din),          // input wire [17 : 0] din
    .wr_en(wr_en),      // input wire wr_en
    .rd_en(rd_en),      // input wire rd_en
    .dout(dout),        // output wire [17 : 0] dout
    .full(full),        // output wire full
    .empty(empty)       // output wire empty
);
```

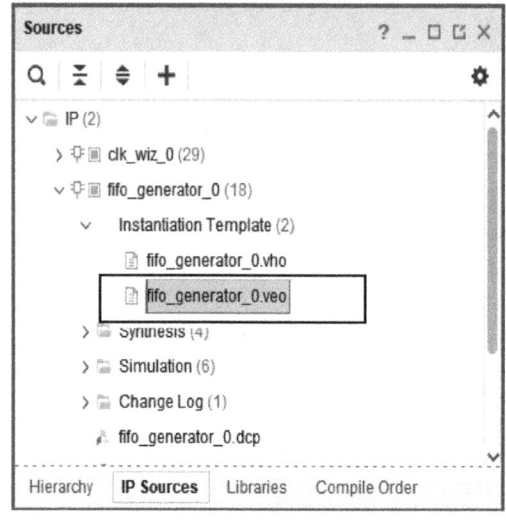

图 3.48　FIFO IP 核实例化

3. RAM IP 核调用

RAM(随机存取存储器,Random Access Memory)是一个易失性存储器。RAM 工作时可以随时从任何一个指定的地址写入或读出数据,同时还能修改其存储的数据,即写入新的数据,这是 ROM 所不具备的功能。在 FPGA 中这也是其与 ROM 的最大区别。ROM 是只读存储器,而 RAM 是可写可读存储器,在 FPGA 中使用这两个存储器主要也是要区分这一点,因为这两个存储器使用的都是 FPGA 内部的 RAM 资源,不同的是 ROM 只用到了 RAM 资源的读数据端口。RAM 也可以提前添加数据文件(.coe 格式)。

Xilinx 推出的 RAM IP 核分为两种类型:单端口 RAM 和双端口 RAM。其中双端口 RAM 又分为简单双端口 RAM 和真正双端口 RAM。对于单端口 RAM,读写操作共用一组地址线,读写操作不能同时进行;对于简单双端口 RAM,读操作和写操作有专用地址端口(一个读端口和一个写端口),即写端口只能写不能读,而读端口只能读不能写;对于真正双端口 RAM,有两个地址端口用于读写操作(两个读/写端口),即两个端口都可以进行读写。

(1) RAM IP 核调用方法

在 Vivado 中调用 RAM 单击"IP Catalog"选项，在"IP Catalog"搜索框中输入"ram"，双击"Block Memory Generator"选项，会弹出 RAM IP 核的各个选项的设置界面，如图 3.49 所示。

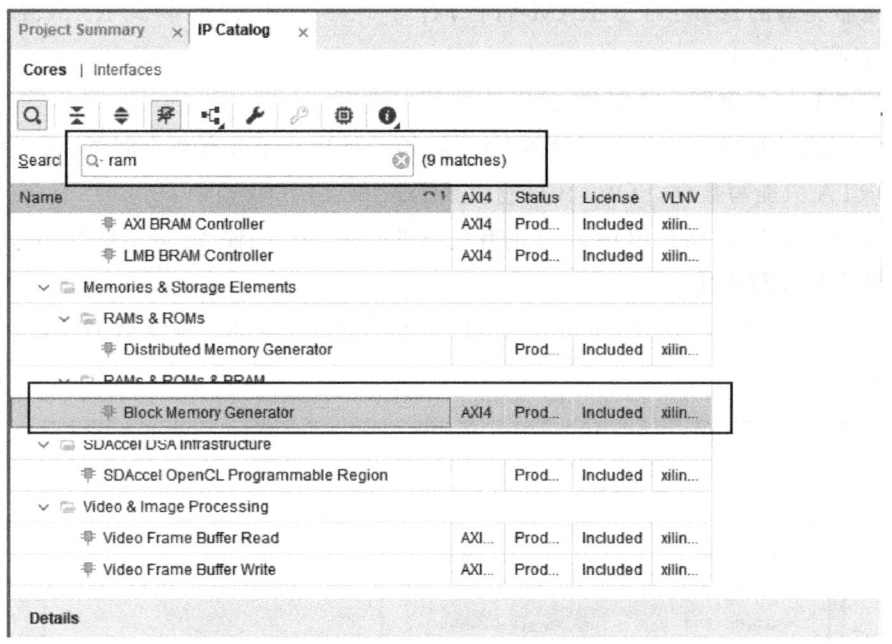

图 3.49　RAM IP 核调用

(2) RAM IP 核配置界面说明

RAM IP 核配置流程如图 3.50～图 3.52 所示。

配置界面 1：

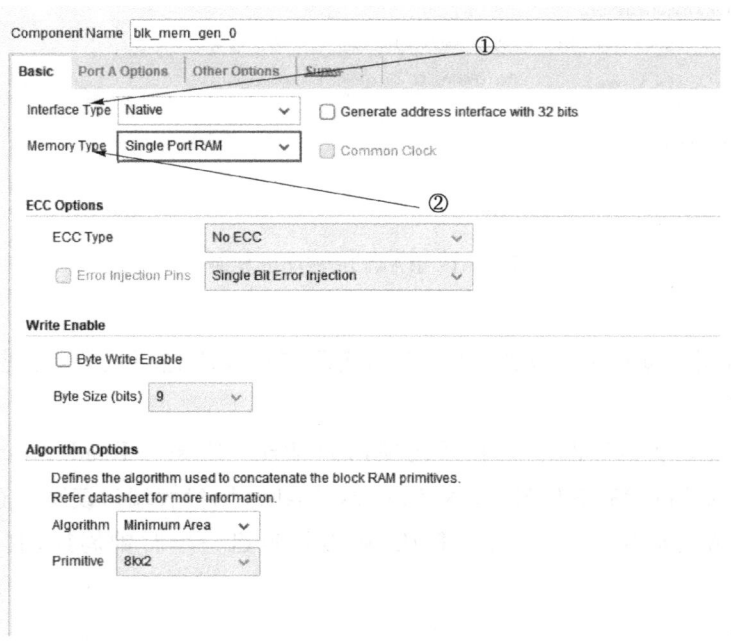

图 3.50　RAM IP 核配置界面 1

其中：

① 端口类型的选择：Xilinx 的很多 IP 一般都提供两种接口，一种是常规接口，另一种是 AXI 接口，这里选择常规接口"Native"。

② 存储器类型的选择：对于 RAM 而言，有 3 个可选项，即单端口 RAM、简单双端口 RAM 和真双端口 RAM。

- 单端口 RAM：读写一个时钟，读写不能同时进行。
- 简单双端口 RAM：相较单端口 RAM，多出一个 PORTB，有两个时钟，可以同时读写，PORTA 只能写数据，PORTB 只能读数据。
- 真双端口 RAM：两个 PORT，分别有自己的时钟、地址、输入/输出数据端口，两个端口均可进行读写操作。

这里选择简单双端口 RAM(Simple Dual Port RAM)。其他选项默认不设置。

配置界面 2：

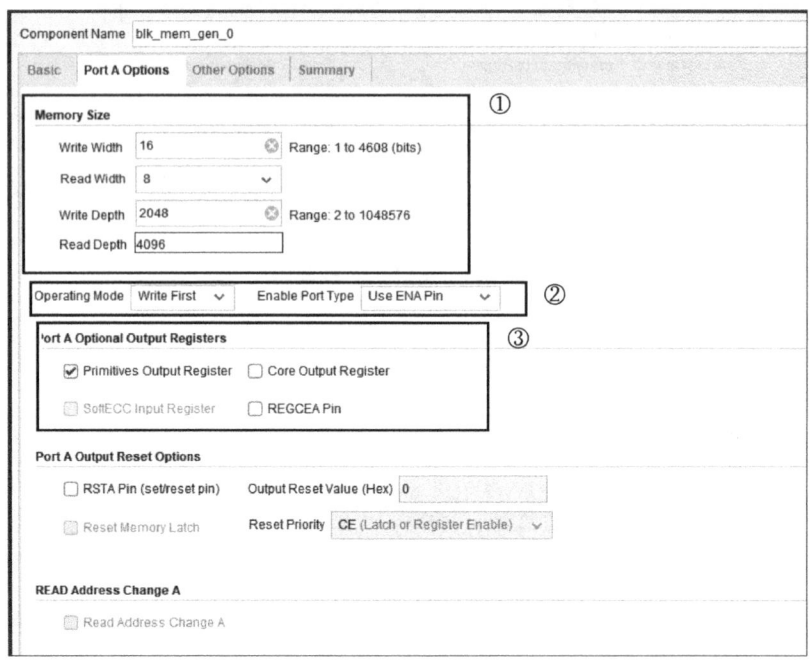

图 3.51　RAM IP 核配置界面 2

其中：

①：RAM 数据位宽和深度设置，这个根据实际应用需求进行设置，这里设置数据位宽为 8 bit，深度为 256。

②：操作模式设置，这里有 3 个可选项，即"Write First""Read First""No Change"。"Enable Port Type"设置有效信号，设置 Always Enable 则代表端口读写一直有效。

③：端口 B 输出寄存器配置，选择默认，输出将延迟一个时钟周期，其他选项选择默认即可。

配置界面 3：

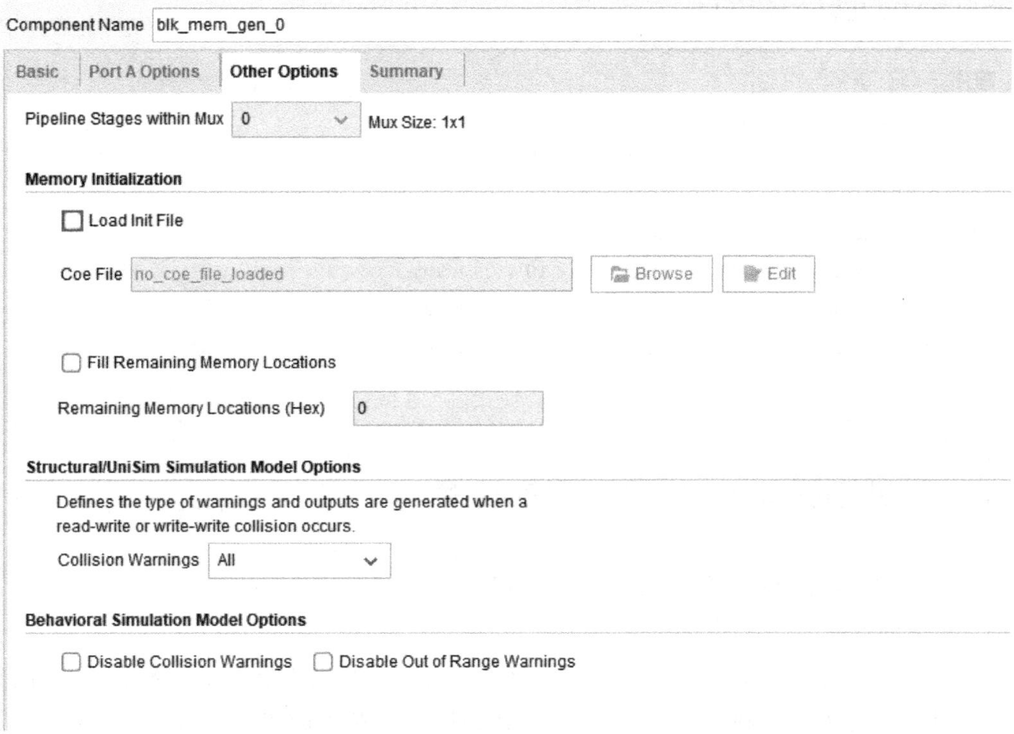

图 3.52 RAM IP 核配置界面 3

其中：
- Other Options 选项是默认不做设置，RAM 中也可以提前加入 coe 文件读出，这里不做设置。
- Summary 选项默认不设置，汇总最后使用的资源大小，不做设置。到这完成 RAM IP 核的设置，单击"OK"直接选择生成 IP 核。

（3）RAM IP 核实例化

在 IP Sources 界面找到 blk_mem_gen_0.veo 文件，文件中是 IP 的实例化模板，如图 3.53 所示。只需要将文件中内容复制粘贴到 Verilog 程序中，对 IP 进行实例化。

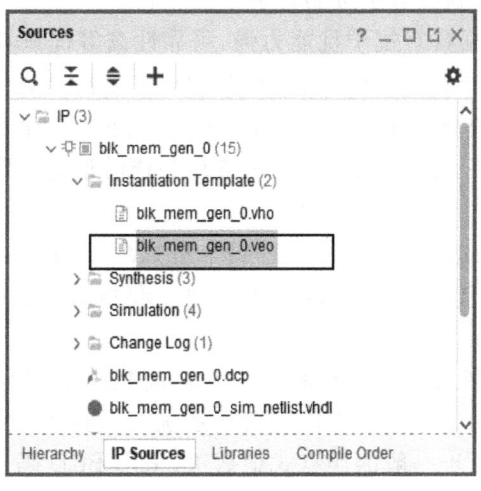

图 3.53 RAM IP 核实例化

实例化程序如程序 3-13 所示。

```
程序 3-13：
blk_mem_gen_0 your_instance_name (
    .clka(clka),        // input wire clka
    .ena(ena),          // input wire ena
    .wea(wea),          // input wire [0 : 0] wea
    .addra(addra),      // input wire [10 : 0] addra
    .dina(dina),        // input wire [15 : 0] dina
    .douta(douta)       // output wire [7 : 0] douta
);
```

3.1.8 二进制码与 BCD 码之间的转换

1. 二进制码与 BCD 码及它们之间的区别

（1）二进制介绍

二进制是由 1 和 0 两个数字组成的,它可以表示两种状态,即开和关。所有输入计算机的信息最终都要转化为二进制。目前通用的是 ASCII 码,最基本的单位为 bit。

二进制编码是用预先规定的方法将文字、数字或其他对象编成二进制的数码,或将信息、数据转换成规定的二进制电脉冲信号。

二进制编码的优点如下。

① 技术实现简单:计算机是由逻辑电路组成的,逻辑电路通常只有两种状态,即开关的接通与断开,这两种状态正好可以用"1"和"0"表示。

② 简化运算规则:两个二进制数和、积运算组合各有 3 种,运算规则简单,有利于简化计算机内部结构,提高运算速度。

③ 适合逻辑运算:逻辑代数是逻辑运算的理论依据,二进制只有两个数码,正好与逻辑代数中的"真"和"假"吻合。

④ 易于进行转换:二进制数与十进制数易于互相转换。

⑤ 用二进制表示的数据具有抗干扰能力强、可靠性高等优点:因为每位数据只有高、低两个状态,当受到一定程度的干扰时,仍能可靠地分辨出它是高还是低。

一位二进制代码叫做一个码元,它有 0 和 1 两种状态。N 个码元可以有 2^N 种不同的组合。每种组合称为一个码字。用不同码字表示各种各样的信息,就是二进制编码。

（2）BCD 码介绍

BCD(Binary-Coded Decimal)码亦称二进码十进数或二-十进制代码,用 4 位二进制数来表示,1 位十进制数中的 0～9 这 10 个数码,是一种二进制的数字编码形式,即用二进制编码的十进制代码。

BCD 码这种编码形式利用 4 个位元来储存一个十进制的数码,使二进制和十进制之间的转换得以快捷地进行。这种编码技巧常用于会计系统的设计里,因为会计经常需要对很长的数字串作准确的计算。相对于一般的浮点式记数法,采用 BCD 码,既可保证数值的精确度,又可省去使计算机作浮点运算所耗费的时间。此外,对于其他需要高精确度的计算,BCD 编码亦很常用。

由于十进制数共有 0,1,2,…,9 十个数码,因此,至少需要 4 位二进制码来表示 1 位十进制数。4 位二进制码共有 $2^4=16$ 种码组,在这 16 种码组中,可以任选 10 种来表示 10 个十进制数码,共有 $N=16!/[10!\times(16-10)!]=8\,008$ 种方案。

(3) BCD 码与二进制码的区别

当表示十进制数字 0～9 时,用二进制码与 8421BCD 码表示完全相同。而当表示的十进制数字大于 9 时,用二进制码与 8421BCD 码表示就完全不同了。用二进制码表示就是二进制数字按权重求和,其值为十进制数字;用 8421BCD 码表示则每一位十进制数字都用 4 位 8421BCD 码表示。如十进制数字 15,转化为二进制码为 1111,用 8421BCD 码表示为 0001 0101。

2. 二进制码转换为 BCD 码的算法

(1) 二进制数到 BCD 码的转换

根据输入的不同位数的二进制数,求对应的 BCD 码。

假设输入 1 位二进制数 1,则对应的 BCD 码为 0001,对应的十进制数为 1。

若输入 2 位二进制数 11,则对应的 BCD 码为 0011,对应的十进制数为 3。

若输入 3 位二进制数 111,则对应的 BCD 码为 0111,对应的十进制数为 7。

若输入 4 位二进制数 1110,那么问题来了,BCD 码的范围在 0000～1001 之间,是满 10 进位的,它只能表示十进制数 0～9,而 1110 对应的十进制数为 14,理应转换为 0001_0100 才对!

那怎么才能转换成 0001_0100 呢? 需要对进位的时机做一些处理,先看看以下的分析。

1110(十进制 14,BCD 码需要表示十位和个位)是 111(十进制 7)左移一位的结果,其大小等于二倍的 111,同理:

1100(十进制 12,BCD 码需要表示十位和个位)是 110(十进制 6)左移一位的结果,其大小等于二倍的 110。

1010(十进制 10,BCD 码需要表示十位和个位)是 101(十进制 5)左移一位的结果,其大小等于二倍的 101。

1000(十进制 8,BCD 码只需要表示个位)是 100(十进制 4)左移一位的结果,其大小等于二倍的 100。

左移相当于乘 2,那么当二进制数大于等于 0101B,即大于等于 5(或大于 0100B,即大于 4)的时候,左移以后就大于等于 1010B,即大于等于 10,对应的 BCD 码就需要表示个位和十位了,那么对于一个 4 位的二进制数,先输入的高 3 位在大于等于 5(或大于 4)的时候,要对它们进行处理,使得最低位输入进来后,表示十位的 BCD 码为 0001。这个处理过程称为加 3 移位法。

举例说明一下,先设输入一个 4 位二进制数,记作 $abcd$,输出为其对应的 8421BCD 码,在最低位输入前,如果高 3 位的 $abc \geqslant 0101$(或 $abc > 0100$),对其加上 3(即 0011),最低位 d 输入,使得加过 3 的高 3 位整体左移一位。这相当于 $(abc+0011)\times 2+d$,即 $abc\times 2+6+d$,$abc\times 2+6$ 就直接大于等于 16 了,超过了 4 位二进制数表示的范围,向更高位进一位。那么此时表示十位的 BCD 码为 0001。

举两个实例,以使读者更容易理解。

例 1:以输入为 4 位二进制数 1110(十进制 14)为例。

- 送入最高位得到 0001。
- 送入第二位得到 0011。
- 送入第三位得到 0111＞0100，在 0111 的基础上进行修正，即 0111+0011 = 1010。
- 在修正的结果上送入第四位得到 1_0100,0001_0100 即 1110 的 BCD 码(十进制 14)。

例 2：再以输入为 8 位二进制数 10100101(十进制 165)为例，8 位二进制数表示的范围为 0～255，BCD 码需要表示百位、十位、个位，将 10100101B 从高位到低位依次送入：

- 送入最高位 1，得到 0001；
- 送入第二位 0，得到 0010；
- 送入第三位 1，得到 0101，因为 0101＞0100，修正 0101+0011 = 1000；
- 送入第四位 0，得到 0001_0000；
- 送入第五位 0，得到 0010_0000；
- 送入第六位 1，得到 0100_0001；
- 送入第七位 0，得到 1000_0010,1000＞0100，修正 1000+0011 = 1011；
- 送入第八位 1，得到 0001_0110_0101，得到输出结果为 0001_0110_0101(十进制 165)。

归纳为：每次当新的一位输入前，都需要对表示百位/十位/个位的连续 4 bit 数据判断大小，如果大于 4，则进行加 3 移位处理。

(2) 用 Verilog 实现二进制码转 BCD 码

设计一个 8 位无符号二进制数(取值范围为 0 ～ 255)到 10 位 BCD 码的转换组合逻辑电路。

用 Verilog 代码实现二进制数转 BCD 码数据，使用 for 循环语句实现，代码如程序 3-14 所示。

程序 3-14：
```verilog
module bin_to_bcd(
input   [7:0]  bin_in,
output  [9:0]  bcd_out
    );
    reg [3:0] ones;
    reg [3:0] tens;
    reg [1:0] hundreds;
    integer i;
    always@(*) begin
        ones     = 4'd0;
        tens     = 4'd0;
        hundreds = 2'd0;

        for(i = 7; i >= 0; i = i - 1) begin
            if (ones >= 4'd5)      ones = ones + 4'd3;
            if (tens >= 4'd5)      tens = tens + 4'd3;
            if (hundreds >= 4'd5)  hundreds = hundreds + 4'd3;
            hundreds = {hundreds[0],tens[3]};
```

```
                tens = {tens[2:0],ones[3]};
                ones = {ones[2:0],bin_in[i]};
            end
        end
        assign bcd_out = {hundreds, tens, ones};
    endmodule
```

仿真代码如程序 3-15 所示。

程序 3-15：
```
module tb_binary_bcd();
reg    [7:0] bin_in;
wire   [9:0] bcd_out;
initial begin
    bin_in = 8'b1011_1101;
    #100
    bin_in = 8'b1101_0111;
    #100
    bin_in = 8'b1110_0001;
end
```

仿真波形如图 3.54 所示。

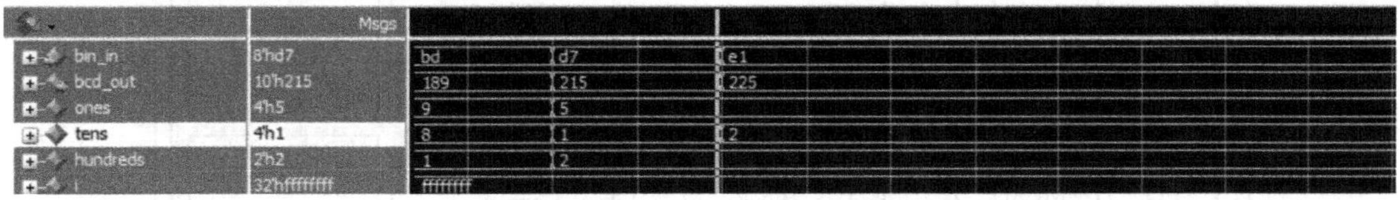

图 3.54 仿真波形

3.2 FPGA 接口基础

3.2.1 FPGA 高速接口测试与验证

1. FPGA 高速接口简介

FPGA（现场可编程门阵列）的高速接口设计用于实现高速数据传输和通信。

在 Xilinx 的 7 系列 FPGA 中，GTX 和 GTH 系列收发器（transceiver）是常用的高速接口，支持线速率从 500 Mbit/s 到 12.5 Gbit/s(GTX)，有时甚至高达 13.1 Gbit/s(GTH)。这些收发器提供了丰富的功能和配置选项，以满足不同应用的需求。

GTX 和 GTH 系列收发器支持多种协议，包括 PCI Express、XAUI、10GBASE-R 等，并且支持 8B/10B、64B/66B 等编码方式。它们还包括强大的功能，如动态速率改变、自动协商、自适应均衡和时钟数据恢复(CDR),以优化信号完整性和传输效率。

GTX 和 GTH 系列收发器还支持多种电源管理功能,允许用户根据应用需求对收发器进行细致的功耗控制。通过动态改变收发器的电源状态,可以在实现高性能数据传输的同时最大限度地降低功耗。

FPGA 高速接口提供了灵活的配置选项和强大的功能,使 FPGA 能够支持广泛的应用场景,包括高速串行通信、背板互联、存储接口等。

在 K7 系列 FPGA 中,每 4 个 GTXE2_CHANNEL 单元和 1 个 GTXE1_COMMON 单元形成 1 个 Quad,每个 GTXE2_CHANNEL 由一路 PLL、一个发射机和一个接收机组成。其结构图如图 3.55 所示。

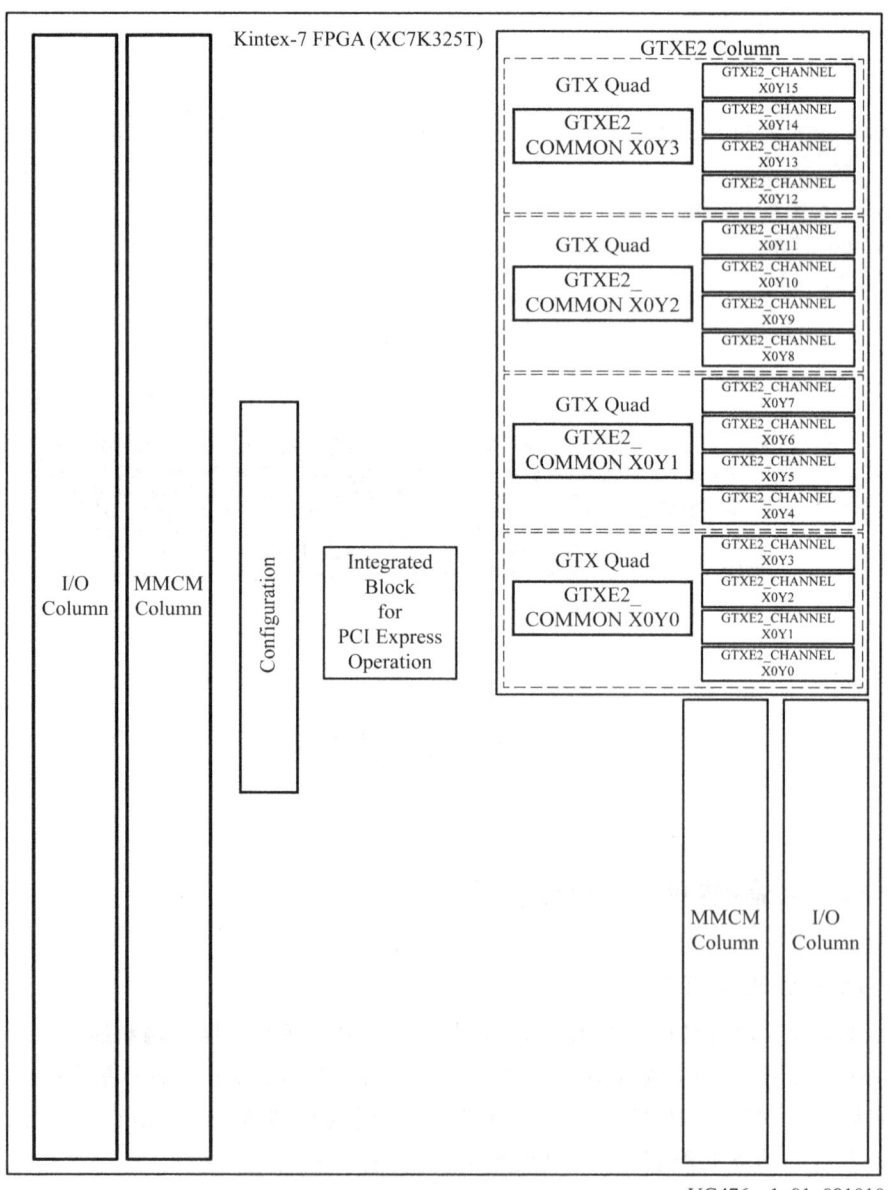

图 3.55 结构图

PGA 的高速发送器(TX)是每个收发器的一部分,它负责将并行数据转换为高速串行数据。TX 包括多个功能块,如 TX 8B/10B 编码器、TX 变速箱、TX 缓冲器和 TX 极性控制等,它们协同工作以实现高速串行数据的传输。其结果图如图 3.56 所示。

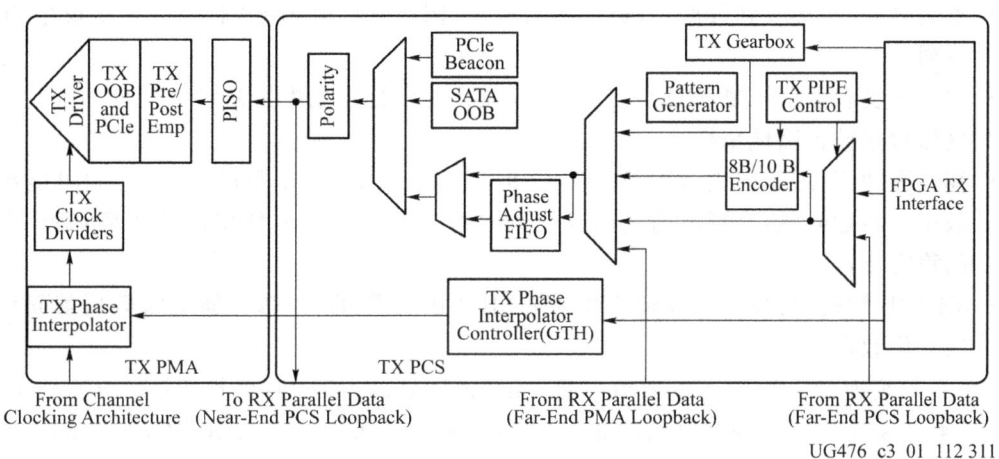

图 3.56 FPGA 高速发送器工作流程

其中:

- TX 8B/10B 编码器:负责将 8 位并行数据编码为 10 位串行数据,以实现 DC 平衡和有限差异,便于时钟恢复。
- TX 变速箱:支持 64B/66B 和 64B/67B 编码,用于合并标头和有效载荷数据。
- TX 缓冲器:用于解决 PISO 并行时钟域和 TX XCLK 域之间的相位差异,确保数据从 PCS 传输到 PISO。
- TX 极性控制:如果 TXP 和 TXN 差分线在 PCB 上交换,TX 极性控制可用于反转输出数据的极性。
- TX 时钟输出控制:通过 TXOUTCLKSEL 和 TXRATE 端口控制 TX 输出时钟的分频器和选择器,以满足不同的时钟需求。

FPGA 的高速接收器通过 GTX/GTH 收发器实现,这些收发器提供了高速串行数据接收的能力。接收器(RX)包括模拟前端(AFE)、解码电路、时钟恢复和数据恢复(CDR)、弹性缓冲区,以及用于处理 8B/10B 编码数据的解码器等功能模块。其结构图如图 3.57 所示。

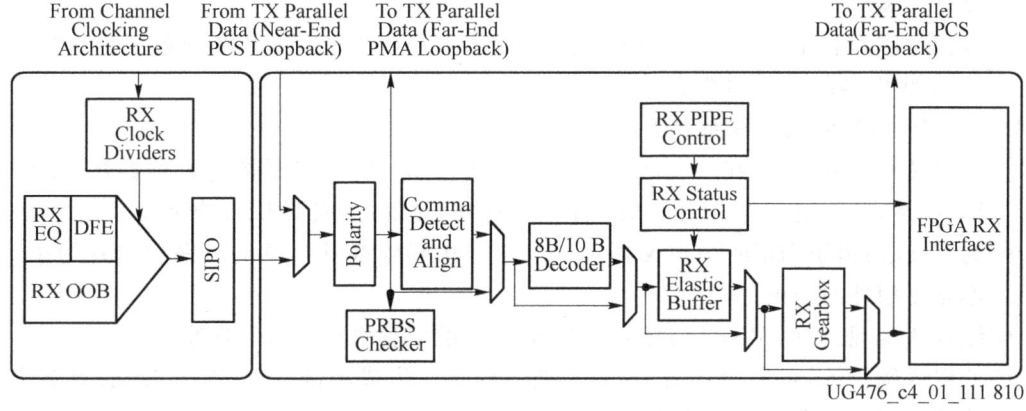

图 3.57 FPGA 高速接收器工作流程

其中：
- 模拟前端（AFE）：负责将差分的高速串行信号转换为适合内部处理的信号，具有可编程的端接电压和校准电阻。
- 解码电路：在接收到数据后，进行解码操作，例如支持解码 SATA/SAS 协议中的 OOB 序列。
- 时钟恢复和数据恢复（CDR）：负责从接收到的串行数据中恢复时钟信号，并同步数据，确保数据被正确地采样。
- 弹性缓冲区：用于解决 RXUSRCLK 和 XCLK（从 CDR 恢复的时钟）之间可能出现的频率不匹配问题，它可以通过插入或删除特殊字符来调整数据流的速率，确保数据流的稳定传输。
- 8B/10B 解码器：如果接收到的数据是 8B/10B 编码的，该解码器会将数据解码回原始的 8 位数据。

FPGA 的高速接收器还支持通道绑定（channel bonding）和时钟校正（clock correction），前者用于解决多个通道之间的偏斜问题，后者用于解决 RXUSRCLK 和 XCLK 之间可能存在的频率差异。

2. FPGA IBERT IP 核简介

IBERT(Integrated Bit Error Ratio Tester)IP 核是一个为 7 系列 FPGA GTX 收发器设计的测试核，旨在评估和监控 GTX 收发器的性能。该 IP 核包含 FPGA 逻辑中实现的模式生成器和检查器，以及对 GTX 收发器端口和动态重配置端口属性的访问。它还包含通信逻辑，允许通过 JTAG 在运行时访问设计。IBERT IP 核可以用作独立或开放式设计，具体取决于客户的配置。

其主要功能如下。
- 通信路径：提供与 Vivado 串行 I/O 分析仪的通信接口。
- GTX 收发器选择：支持用户选择一定数量的 7 系列 FPGA GTX 收发器。
- 自定义配置：收发器可定制为所需的线路速率、参考时钟速率、参考时钟源和数据路径宽度。
- 数据模式生成和检查：为每个 GTX 收发器生成数据模式生成器和检查器，支持多种伪随机二进制序列（PRBS）和时钟模式。
- 动态重配置端口（DRP）访问：允许在运行时通过逻辑访问 GTX 收发器的 DRP 端口，以更改属性设置和端口值。
- 运行时监控：Vivado 串行 I/O 分析仪通过 JTAG 与 IBERT 核通信，允许实时监视 GTX 收发器的配置和性能。

IBERT IP 核的使用步骤如下所示。
- 自定义和生成核心：在 Vivado IP 目录中选择 IP；根据需要指定各种参数，如组件名称、版本、协议定义等；审查总结页面并确认设置后，生成 IBERT 核心。
- 约束核心：由于 IBERT GTX 核心基于用户选择生成其自身的时序和位置约束，因此不需要额外的约束。
- 综合和实现：使用 Vivado Design Suite 的标准流程进行综合和实现。
- 使用示例设计：可以为任何 IBERT 核心的定制生成示例设计；打开 IP 示例设计以快速演示定制核心实例在硬件中的操作。

- 调试:使用 Xilinx 网站上提供的资源和工具进行调试,如查看产品文档、答案记录等。

3. 光模块状态及控制信号简介

万兆光模块的硬件原理图如图 3.58 所示。

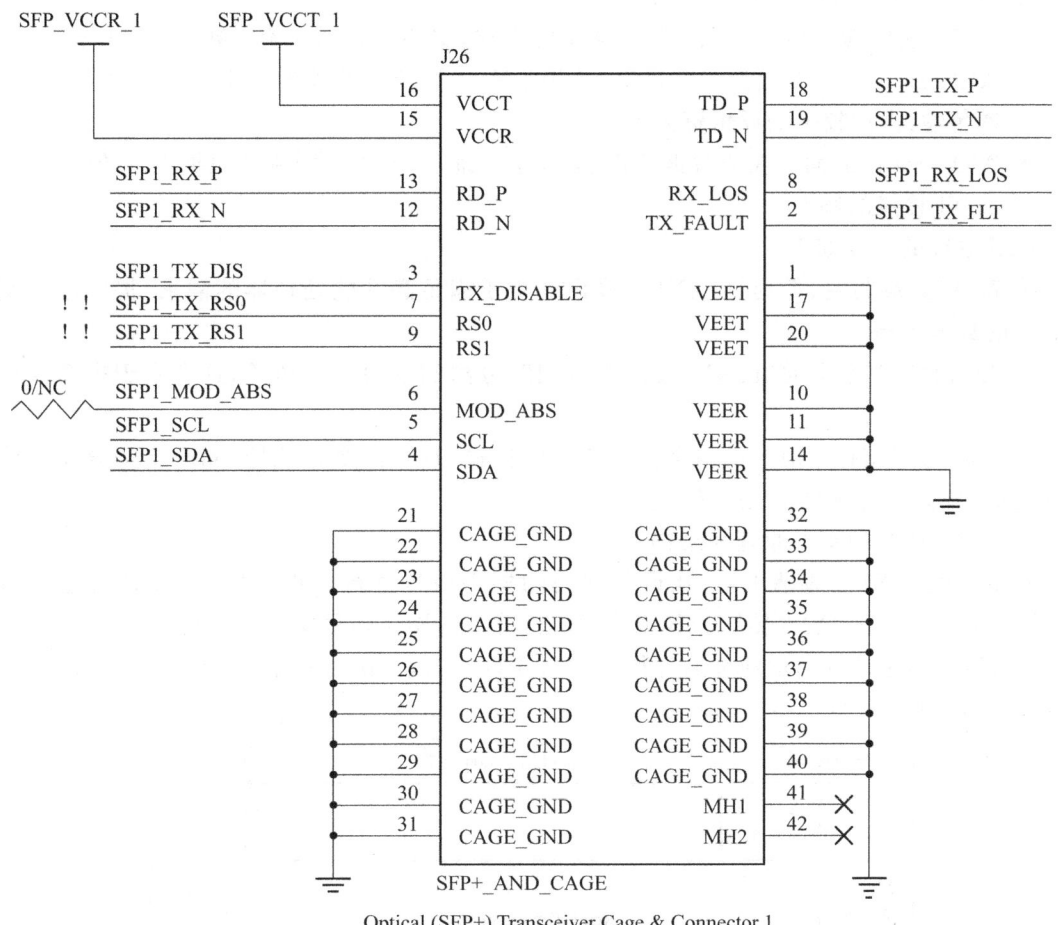

图 3.58 万兆光模块的硬件原理图

其中状态控制管脚主要包括以下几个,它们的状态和功能如下。
- TX_FAULT(发射故障):此管脚用于指示发射部分是否存在故障。
- TX_DISABLE(发射使能/禁用):用于控制光模块的发射功能是否被激活或禁用。
- RX_LOS (Loss of Signal,信号丢失指示):当接收端检测不到有效光信号时,该管脚会发出告警。

在使用 IBERT 测试信号传输质量时需要将 TX_DISABLE 管脚拉低以使能光模块,其他管脚如果不使用可以默认设置为 Pullup 状态。

3.2.2 AXI 总线简介与应用

1. AXI 总线简介

AXI(Advanced eXtensible Interface)总线是 ARM 公司提出的 AMBA 3.0 协议中的重要

部分。随着 ABMA 协议的不断完善和发展，AXI 总线现已成为高性能 SOC 设计、FPGA 设计中采用的总线标准。AXI 总线广泛应用于高性能计算、网络通信、图像处理、视频编解码等领域，为复杂 SoC 设计提供了高效的数据传输解决方案。AXI 总线包括 3 种类型的接口：AXI4、AXI4-Lite 和 AXI4-Stream。其中：

- AXI4：主要面向高性能地址映射通信的需求，支持最大 256 轮的数据突发传输。
- AXI4-Lite：是一个轻量级的接口，适用于吞吐量较小的地址映射通信总线，适用于单次传输，占用较少的逻辑资源。
- AXI4-Stream：面向高速数据传输，去掉了地址项，允许无限制的数据突发传输规模。

（1）AXI 总线的特点

AXI 总线的特点如下。

① 高性能、高带宽、低延时：AXI 总线设计用于满足高性能处理器的需求，提供高带宽和低延时的数据传输。

② 分离的读写数据通道：AXI 总线支持同时分离的读写数据通道，这有利于提高数据传输的效率。

③ AXI 总线支持不对齐的数据传输核突发传输，且只需要首地址，同时支持分离的读写数据通道、显著传输访问和乱序访问。

（2）AXI 总线的基本原理和结构

基本原理：AXI 总线基于主、从设备之间的握手信号进行数据传输，主设备发起读写操作，从设备响应并完成数据传输。其传输时序可分为读操作和写操作，其中：

① 读操作：主机发送读地址后等待从机的读数据响应，其处理流程如图 3.59 所示。读时序如图 3.60 所示。

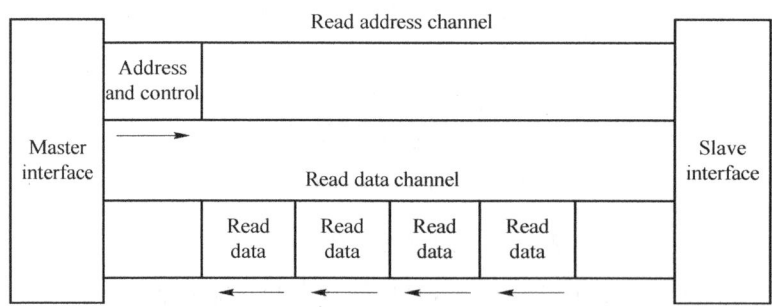

图 3.59　AXI 读操作流程

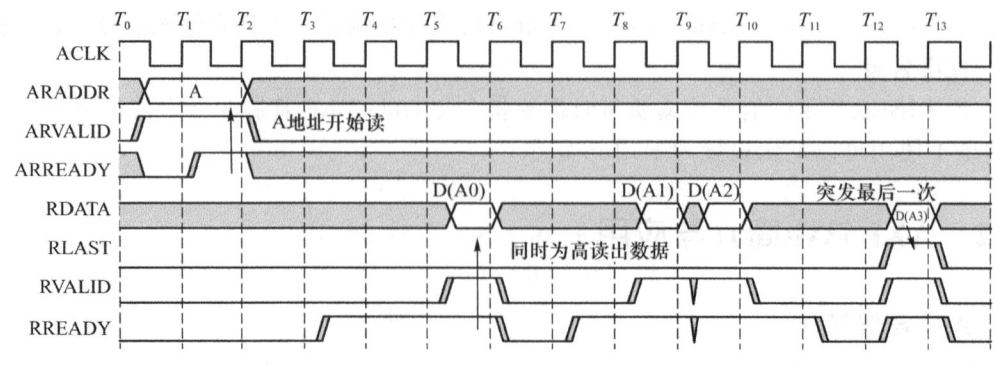

图 3.60　AXI 读时序

② 写操作：主机先发送写地址和写数据，从机在接收到数据后发送写响应，其数据处理流程如图3.61所示，写时序如图3.62所示。

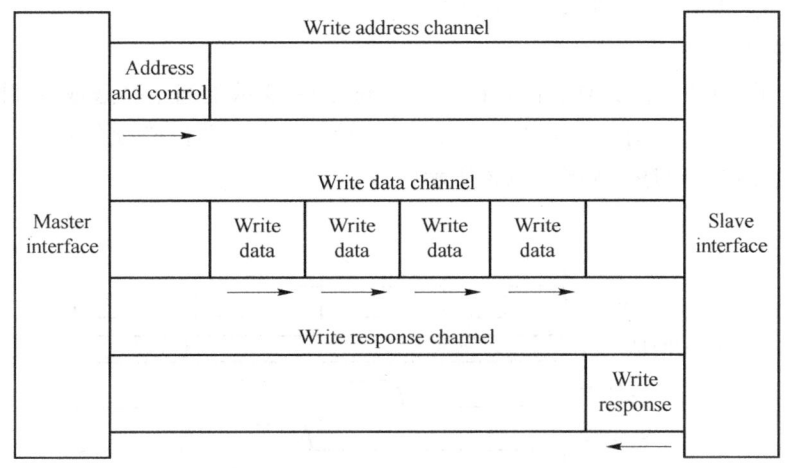

图3.61　AXI写操作流程

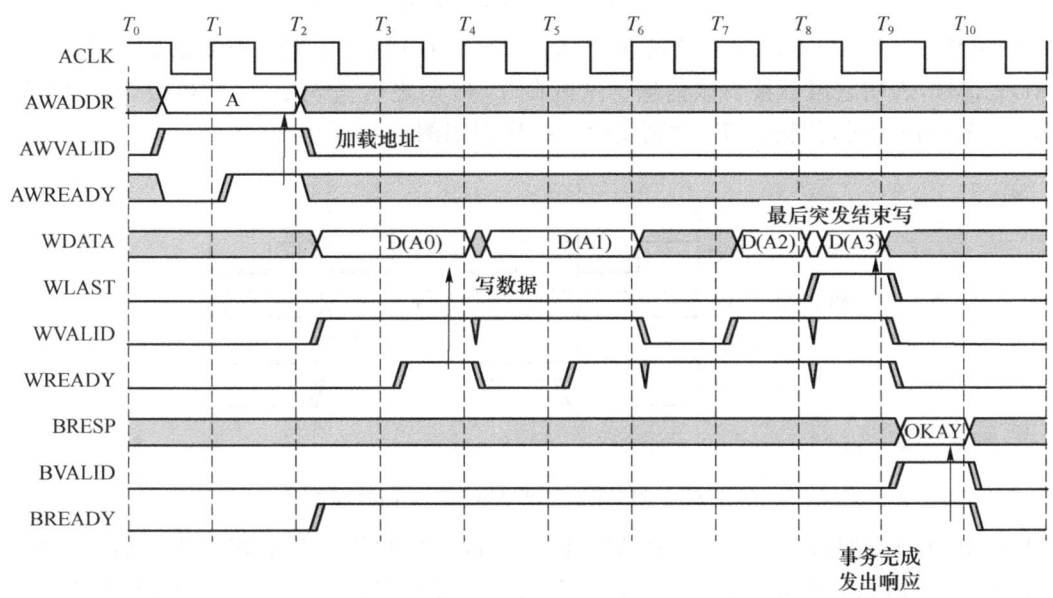

图3.62　AXI写时序

AXI总线的握手协议是通过一系列信号交互来建立的，这种握手协议确保了数据传输的准确性和可靠性。AXI总线的信号构成：
- 全局信号；
- 写地址通道信号；
- 写数据通道信号；
- 写响应通道信号；
- 读地址通道信号；
- 读数据通道信号；

握手情况分为3种：

- 主机先于从机做好发送数据准备；
- 主机后于从机做好发送数据准备；
- 主机和从机同时做好发送/接收数据准备。

（3）AXI 总线握手实例

VALID 先于 READY 变高：主机在 T_1 时刻之后显示地址、数据或控制信息，并生效 VALID 信号。从机在 T_2 时刻之后生效 READY 信号，此时主机必须保持其信息稳定，直到在 T_3 时刻发生传输。时序图如图 3.63 所示。

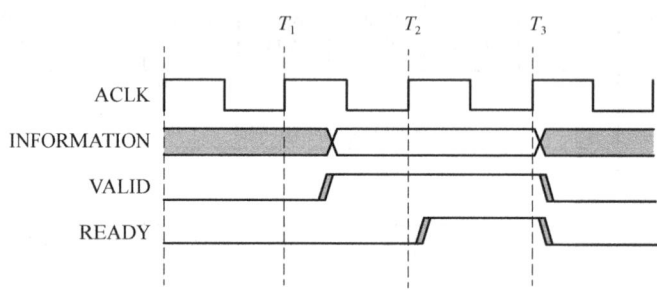

图 3.63　VALID 先于 READY 变高时序图

READY 先于 VALID 变高：从机在 T_1 时刻之后，在地址、数据或控制信息有效之前生效 READY 信号，表明它可以接收该信息。主机在 T_2 时刻之后呈现信息，并生效 VALID 信号。当这个生效被识别时，传输在 T_3 时刻发生。时序图如图 3.64 所示。

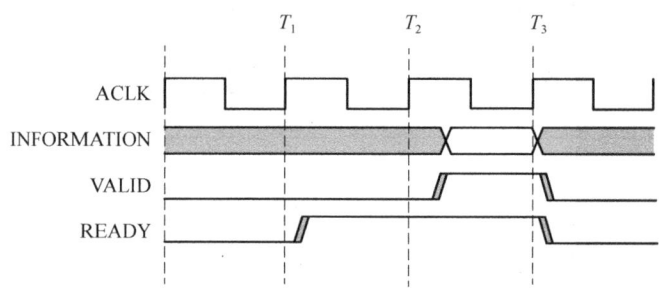

图 3.64　READY 先于 VALID 变高时序图

VALID 和 READY 同时有效：在 T_1 时刻之后，主机和从机都恰好表明它们可以传输地址、数据或控制信息。在这种情况下，当 VALID 和 READY 的生效可以被识别时，传输在 T_2 时刻发生。时序如图 3.65 所示。

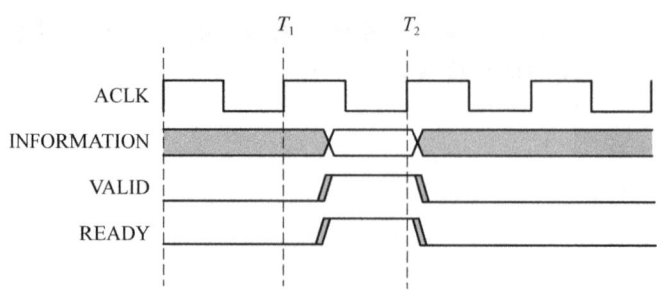

图 3.65　VALID 和 READY 同时有效时序图

2. AXI-Lite 总线简介

AXI-Lite 总线是一种轻量级的通信协议,它是 AXI4 总线协议的一种简化版本,特别适用于嵌入式系统和 FPGA 系统,其基本特征如下:

- 支持读写两种操作,通过地址控制读写过程;
- 采用串行操纵寄存器(SAR)的方式对寄存器进行访问;
- 数据传输可以是单次(single)传输;
- 支持多个从设备(slave)共享一个总线,每个从设备需要有唯一的地址;
- 支持从设备的响应(ACK)和错误(ERROR)信号。

在 FPGA 开发中,AXI-Lite 总线通常被用于以下几个应用场景。

- 外设寄存器映射:FPGA 中的外设通常需要与处理器进行交互,AXI-Lite 可以作为这些寄存器的接口,使得处理器可以直接读写这些寄存器数据。
- 控制信号传输:AXI-Lite 总线可以用于传输处理器控制 FPGA 逻辑的信号。
- 内部寄存器访问:在 FPGA 内部,AXI-Lite 总线也可以被用于访问内部寄存器,以实现对 FPGA 逻辑的配置和调试。

AXI-Lite 信号主要包括以下几个部分。

(1) 全局信号

ACLK:时钟信号,用于同步总线上的所有操作。

ARESETn:复位信号,低电平有效,用于将总线复位到初始状态。

(2) 写数据通道信号

WVALID:写数据有效信号,由主设备驱动,表示数据已经准备好,并有效。

WDATA:写数据信号,包含要写入的数据。

WSTRB:写数据选通信号,指示 WDATA 中哪些字节是有效的。

WREADY:从设备准备好接收写数据信号,由从设备驱动。

(3) 写地址通道信号

AWVALID:写地址有效信号,由主设备驱动,表示地址和数据已经准备好,并有效。

AWADDR:写地址信号,包含要写入的从设备地址。

AWREADY:从设备准备好接收写地址信号,由从设备驱动。

(4) 写响应通道信号

BVALID:写响应有效信号,由从设备驱动,表示写响应已经准备好,并有效。

BRESP:写响应状态信号,表示写操作的结果状态(例如成功或错误)。

BREADY:主设备准备好接收写响应信号,由主设备驱动。

(5) 读地址通道信号

ARVALID:读地址有效信号,由主设备驱动,表示读地址已经准备好,并有效。

ARADDR:读地址信号,包含要读取的从设备地址。

ARREADY:从设备准备好接收读地址信号,由从设备驱动。

(6) 读数据通道信号

RVALID:读数据有效信号,由从设备驱动,表示读数据已经准备好,并有效。

RDATA：读数据信号，包含从从设备读取的数据。

RRESP：读响应状态信号，表示读操作的结果状态（例如成功或错误）。

RREADY：主设备准备好接收读数据信号，由主设备驱动。

3. AXI-Stream 总线简介

AXI-Stream 总线是一种高效、简单的数据传输协议，主要用于高吞吐量的数据流传输场景。

（1）基本特征

其基本特征如下：

- AXI-Stream 总线也被称为 AXI4-Stream 或 AXI-STREAM，是一种基于 AXI 协议的流式数据传输协议；
- AXI-Stream 总线通过无需地址的方式，将数据从一个模块传输到另一个模块，减小了传播时延，提高了传输效率。

（2）应用场景

相比于传统的 AXI 总线，AXI-Stream 总线更加简单和轻量级，适用于需要高速数据传输的应用场景。

AXI-Stream 总线主要应用于数据高速传输场景中，如高速视频处理、高速 AD 转换、PCIe 接口以及 DMA(Direct Memory Access)接口等。在这些场景中，AXI-Stream 总线能够提供连续、高速的数据流传输，满足系统对实时性和吞吐量的需求。

4. AXI 应用实例

按照以下步骤调用 FIFO IP 核。

Basic 界面配置如图 3.66 所示。

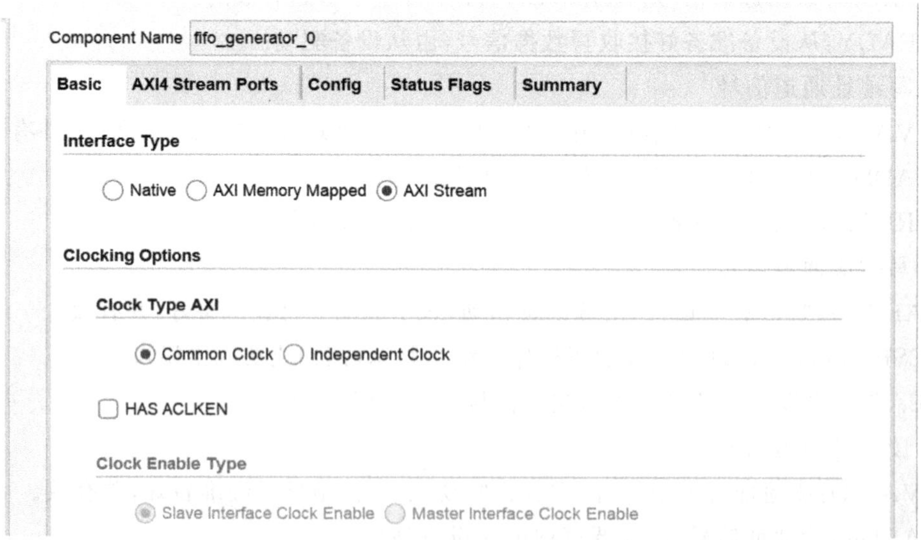

图 3.66　Basic 界面配置

AXI4 Stream Ports 界面配置如图 3.67 所示。

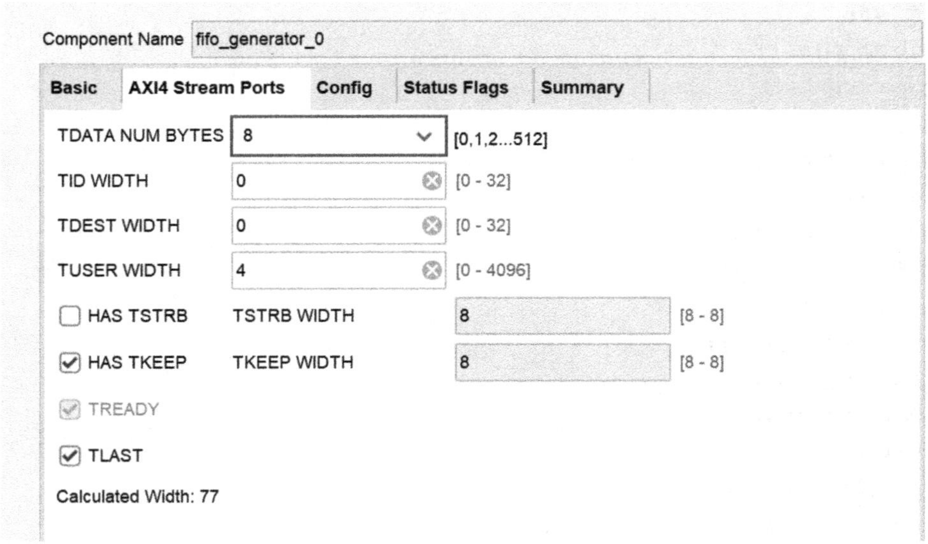

图 3.67　AXI4 Stream Ports 界面配置

Config 界面配置如图 3.68 所示。

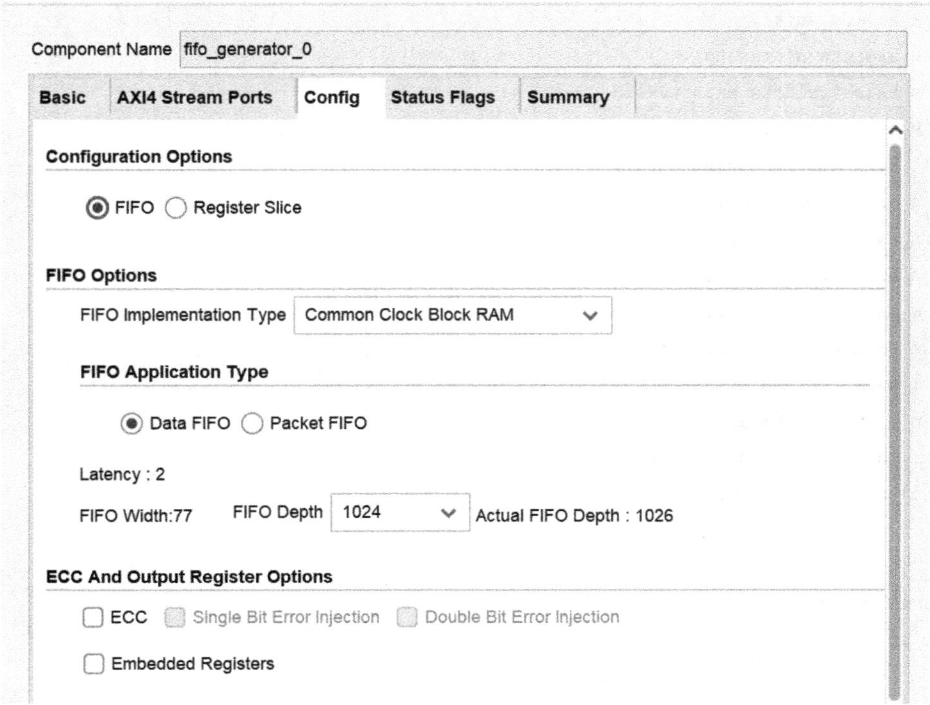

图 3.68　Config 界面配置

其余配置保持默认状态。

激励文件如程序 3-16 所示。

程序 3-16：

```verilog
module tb_fifo;
reg s_aclk;
reg s_aresetn;
reg s_axis_tvalid;
wire s_axis_tready;
reg [63:0]s_axis_tdata;
reg [7:0]s_axis_tkeep;
reg s_axis_tlast;
reg [3:0]s_axis_tuser;
wire m_axis_tvalid;
reg m_axis_tready;
wire [63:0]m_axis_tdata;
wire [7:0]m_axis_tkeep;
wire m_axis_tlast;
wire [3:0] m_axis_tuser;
fifo_generator_0 uut (
   .wr_rst_busy(),
   .rd_rst_busy(),
   .s_aclk(s_aclk),
   .s_aresetn(s_aresetn),
   .s_axis_tvalid(s_axis_tvalid),
   .s_axis_tready(s_axis_tready),
   .s_axis_tdata(s_axis_tdata),
   .s_axis_tkeep(s_axis_tkeep),
   .s_axis_tlast(s_axis_tlast),
   .s_axis_tuser(s_axis_tuser),
   .m_axis_tvalid(m_axis_tvalid),
   .m_axis_tready(m_axis_tready),
   .m_axis_tdata(m_axis_tdata),
   .m_axis_tkeep(m_axis_tkeep),
   .m_axis_tlast(m_axis_tlast),
   .m_axis_tuser(m_axis_tuser)
);

initial begin
   s_aclk = 0;
   forever #5 s_aclk = ~s_aclk;
end

initial begin
   s_aresetn = 1'b0;
   s_axis_tdata<=64'd0;
     s_axis_tkeep<=8'd0;
     s_axis_tuser<=4'd0;
```

```
            s_axis_tlast<=0;
            s_axis_tvalid<=0;
            m_axis_tready<=1;
        #100 s_aresetn = 1'b1;
        @(posedge s_aclk);
        wait(s_axis_tready);
            s_axis_tdata<=64'h123456789ABCDEF0;
            s_axis_tkeep<=8'hFF;
            s_axis_tuser<=4'h1;
            s_axis_tvalid<=1;
        @(posedge s_aclk);
        wait(s_axis_tready);
            s_axis_tdata<=64'hFEDCBA9876543210;
            s_axis_tkeep<=8'hFF;
            s_axis_tuser<=4'h1;
            s_axis_tvalid<=1;
            s_axis_tlast<=1;
        @(posedge s_aclk);
            s_axis_tvalid<=0;
            s_axis_tlast<=0;
        wait(m_axis_tvalid);
        #10;
        if (m_axis_tdata != 64'h123456789ABCDEF0 || m_axis_tkeep != 8'hFF || m_axis_tuser != 4'h1) begin
            $display("First word mismatch!");
        end else $display("First word match!");
        #10;
        if (m_axis_tdata != 64'hFEDCBA9876543210 || m_axis_tkeep != 8'hFF || m_axis_tlast != 1'b1 || m_axis_tuser != 4'h1) begin
            $display("Second word mismatch!");
        end else $display("Second word match!");
        #100 $finish;
    end
endmodule
```

仿真波形如图 3.69 所示。

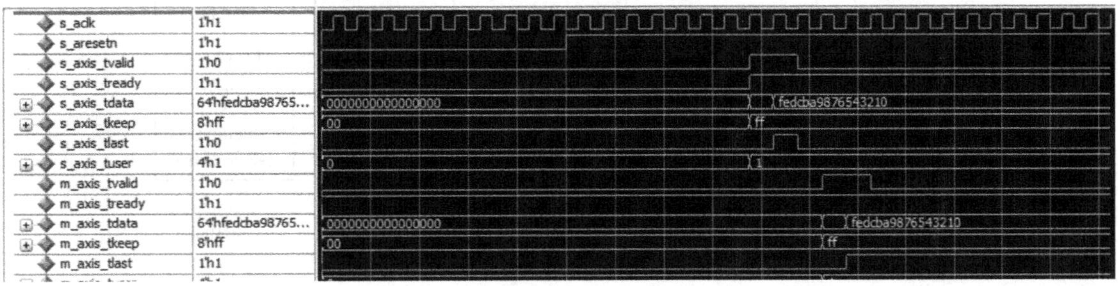

图 3.69 仿真波形

3.2.3　FPGA 网络接口的 PCS/PMA 实现

1. PCS/PMA 简介

（1）PCS

功能：PCS（物理编码子层，Physical Coding Sublayer）主要负责数据信号的编码和解码，以及错误检测和校正。

数据转换：它将逻辑上的数据流转换为物理层面上的数字信号，以确保数据传输的可靠性和正确性。

编码技术：为了实现这一目标，PCS 可能会使用不同的编码技术，如 8B/10B 编码或 128B/130B 编码。

接口角色：在 PCIe 等通信协议中，PCS 还充当 PMA 和上层控制器之间的接口。

（2）PMA

功能：PMA（物理介质子层，Physical Medium Attachment）负责管理电气、时钟和定时等物理层面的信号特性。

高速数据传输：它处理高速数据传输所需的时序控制和信号重建，以确保信号能够正确地传输到远端接收器。

串行化与去串行化：在串行通道上接收和传输高速串行数据，执行串行化/去串行化的功能。

时钟数据恢复：PMA 还具备时钟数据恢复的功能，以及连续时间线性均衡器（CTLE）、判决反馈均衡器（DFE）等模拟前端功能。

PCS 和 PMA 在 OSI 模型中的位置如图 3.70 所示。

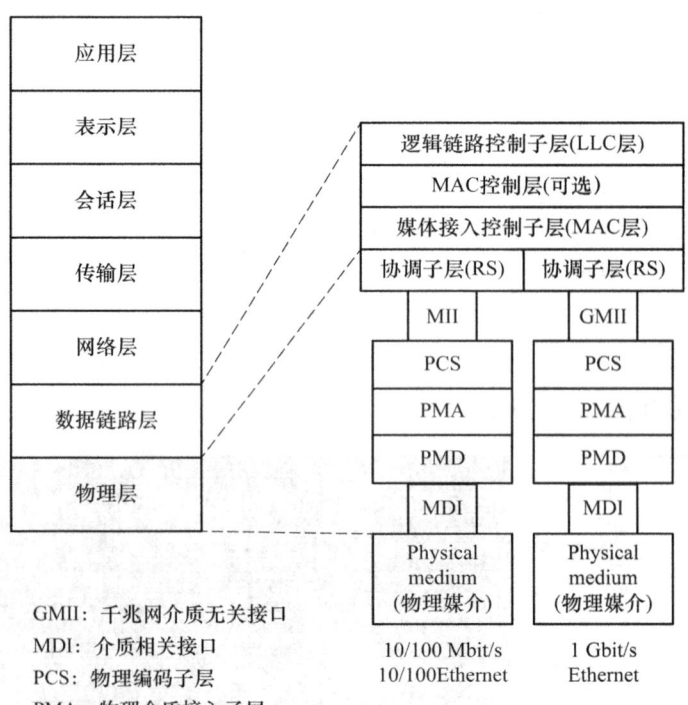

图 3.70　OSI 模型

PCS 和 PMA 在网络通信中协同工作,以确保数据的可靠和高速传输。PCS 关注数据的编码和解码,以及错误检测与校正;而 PMA 则聚焦于物理层面的信号管理和高速数据传输的时序控制,其以太网框架如图 3.71 所示。

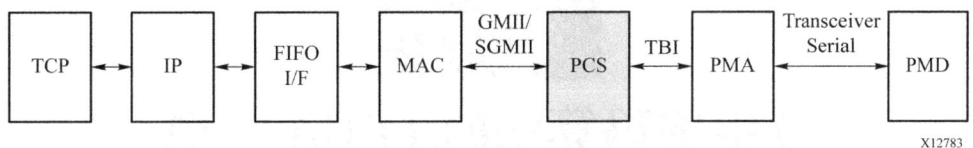

图 3.71 PMA 以太网框架

2. FPGA 中的 PCS/PMA 实现

在 FPGA 中,PCS/PMA 实现通常用于连接 MAC(Media Access Controller)和 PMD (Physical Medium Dependent)子层,以支持以太网通信。PCS/PMA 子层负责数据的编码和解码,以及数据的序列化和反序列化,以确保数据在物理层上正确传输。

在 FPGA 设计中,通常使用 LogiCORE IP(Intellectual Property)产品,如 1G/2.5G Ethernet PCS/PMA 或 SGMII(Serial Gigabit Media Independent Interface)核心,来简化 PCS/PMA 子层的实现。这些 IP 核提供了灵活的解决方案,支持多种以太网标准,包括 1000BASE-X 和 2500BASE-X,以及 SGMII。

使用这些 IP 核时,用户可以通过配置寄存器来设置所需的以太网标准,以及启用或禁用自动协商功能。此外,用户还可以选择使用设备特定的收发器接口,或者使用 TBI(Ten-Bit Interface)接口,以便与外部 PMA SerDes 设备连接。

在 FPGA 设计中,PCS/PMA 子层的实现通常涉及以下步骤:
① 选择合适的 LogiCORE IP 核,并根据需要配置其参数;
② 将 IP 核连接到 MCA 和 PMD 子层,以确保数据在物理层上正确传输;
③ 编写必要的控制逻辑,以处理数据的编码、解码、序列化和反序列化;
④ 进行仿真和硬件测试,以确保 PCS/PMA 子层的正确性和性能。

通过使用 LogiCORE IP 核,用户可以快速、高效地实现 PCS/PMA 子层,从而简化 FPGA 设计过程,提高设计质量和可靠性。

PCS/PMA 工作原理图如图 3.72 所示。

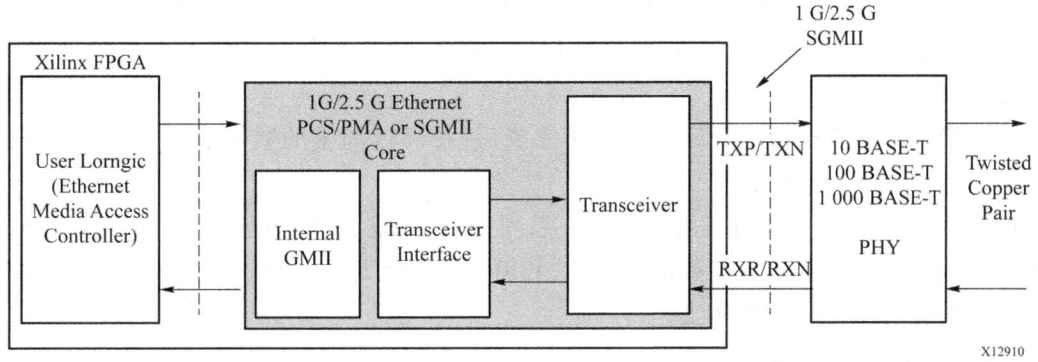

图 3.72 PCS/PMA 工作原理图

第 4 章

分组密码算法的 FPGA 实现

4.1 DES 算法的 FPGA 实现

4.1.1 算法模块设计

1. DES 算法流程

当输入了一条 64 位的数据之后,DES 将通过初始置换、加密轮次等步骤进行加密。具体流程如图 4.1 所示。

① 初始置换(IP 置换):将输入的 64 位明文块进行置换和重新排列,生成新的 64 位数据块。

② 加密轮次:DES 算法共有 16 个轮次,每个轮次都包括 4 个步骤。

a. 将 64 位数据块分为左右两个 32 位块。

b. 将右侧 32 位块作为输入,经过扩展、异或、置换等操作生成一个 48 位的数据块。这个 48 位的数据块被称为"轮密钥",它是根据加密算法的主密钥生成的子密钥。

c. 将左侧 32 位块和轮密钥进行异或运算,将结果作为新的右侧 32 位块。

d. 将右侧 32 位块与原来的左侧 32 位块进行连接,生成一个新的 64 位数据块,作为下一轮的输入。

③ 末置换(FP 置换):在最后一个轮次完成后,将经过加密的数据块进行置换和重新排列,得到加密后的 64 位密文。

总的来说,DES 加密的过程就是通过一系列置换、异或、扩展等运算,将明文分成若干个小块,然后根据主密钥生成一系列的轮密钥,利用轮密钥对每个小块进行加密,最终将加密结果重新组合成一个整体,得到密文。

2. DES 算法步骤详解

(1) 初始置换

P 置换是指将输入的 64 位明文块进行置换和重新排列,生成新的 64 位数据块。

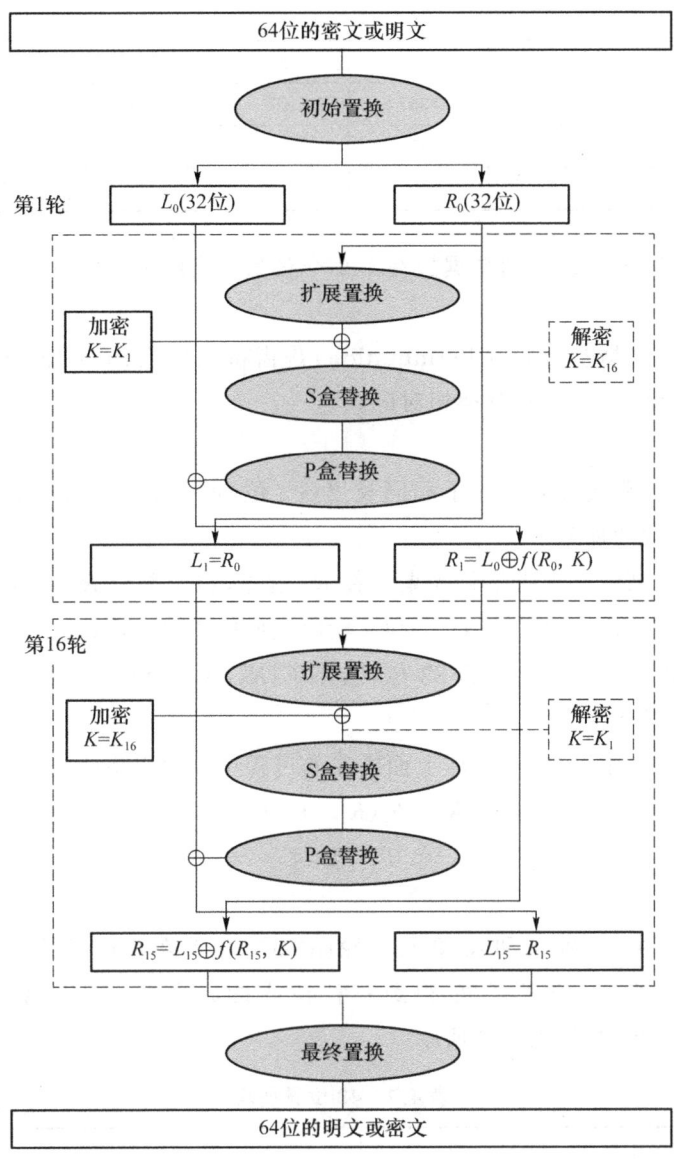

图 4.1 DES 加密整体流程

目的：增加加密的混乱程度，使明文中的每一位都能够对后面的加密过程产生影响，提高加密强度。

把 64 位明文按表 4.1 规定的顺序放置，表中的数字表示在 64 位明文中每个比特的索引位置。注意，在 DES 算法中，这个置放规则是固定的。

表 4.1 64 位明文数据块

58	50	42	34	26	18	10	2
60	52	44	36	28	20	12	4
62	54	46	38	30	22	14	6
64	56	48	40	32	24	16	8

续 表

57	49	41	33	25	17	9	1
59	51	43	35	27	19	11	3
61	53	45	37	29	21	13	5
63	55	47	39	31	23	15	7

即将原来位于第 58 个位置的数据放在第 1 个位置,原来位于第 50 个位置的数据放在第 2 个位置,依此类推……

初始置换的 FP(逆置换,Final Permutation)是指将加密后的数据块进行置换和重新排列,得到最终的加密结果,与初始置换相对应。

(2) 加密轮次

初始置换完成后,明文被划分成了相同长度(32 位)的左右两部分,记作 L_0,R_0。接下来就可以进行 16 个轮次的加密了。

从单独一个轮次来看。首先把目光聚焦在 R_0 这里,右半部分 R_0 会作为下一轮次的左半部分 L_1 的输入。其次 R_0 会补位到 48 位和本轮次生成的 48 位 K_0(马上讲 K_0 的生成)输入 F 轮函数中去。F 轮函数的输出结果为 32 位,结果 $F(R_0, K_0)$ 会和 L_0 进行异或运算作为下一轮次右半部分 R_1 的输入。

依此类推,重复 16 轮运算。所以,上面描述的过程可以用以下公式表述:

$$R_i = F_i(R_{i-1}) + L_{i-1}$$
$$L_i = R_{i-1}$$

(3) F 轮函数

讲到在每轮加密中,会将 R 和 K 输入 F 轮函数中,接下来看看 F 轮函数做了哪些处理。

将 32 位的 R_0 右半部分进行扩展,得到一个 48 位的数据块。同样地,数据拓展也是根据一个固定的置换表进行的,如表 4.2 所示。

表 4.2 48 位置换表

32	1	2	3	4	5
4	5	6	7	8	9
8	9	10	11	12	13
12	13	14	15	16	17
16	17	18	19	20	21
20	21	22	23	24	25
24	25	26	27	28	29
28	29	30	31	32	1

由此可见,扩展过程的每一位都是根据上述的置换表从输入的 32 位数据块中提取出来的。原始数据的第 32 位被补充到了新增列的第一个,第 5 位被补充到了第二个新增列的第一个,依此类推……

(4) 层次子密钥 K 的生成

DES 算法采用每轮子密钥生成的方式来增加密钥的复杂性和安全性。每轮子密钥都是由主密钥(64 位)通过密钥调度算法(Key Schedule Algorithm)生成的。DES 算法的密钥调度算法可以将 64 位的主密钥分成 16 个子密钥,每个子密钥 48 位,用于每轮加密中与输入数据进行异或运算。

通过子密钥生成的流程图如图 4.2 所示,下面分析整个过程。

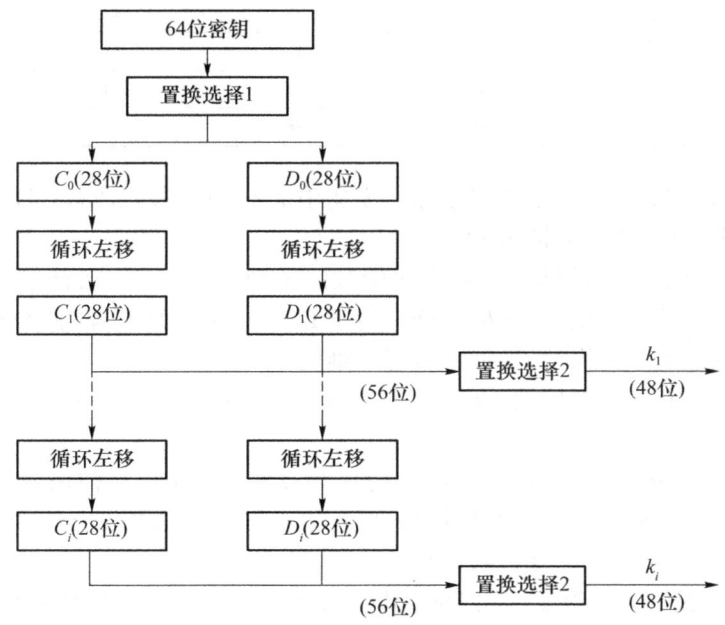

图 4.2 子密钥生成流程

将 64 位主密钥经过 PC-1(置换选择 1,Permuted Choice 1)后输出了 56 位的数据块,将其分为左右两个 28 位的数据块,分别记为 C_0 和 D_0。同上面讲过的置换规则一样,PC-1 置换函数也是按照一个固定的置换表进行的,如表 4.3 所示。

表 4.3 PC-1 置换表

57	49	41	33	25	17	9	1	58	50	42	34	26	18
10	2	59	51	43	35	27	19	11	3	60	52	44	36
63	55	47	39	31	23	15	7	62	54	46	38	30	22
14	6	61	53	45	37	29	21	13	5	28	20	12	4

从 PC-1 置换表中可以看出,舍弃的 8 位数据是原始数据中每 8 位数据的最后一位,也就是所熟知的奇偶检验位。这 8 位数据被丢弃是因为它们对于密钥的安全性没有贡献,而且能够使 DES 算法的计算速度更快。

对 C_0 和 D_0 进行循环左移操作。循环左移完成后生成 C_1 和 D_1。因此,在 16 个轮次的计算当中会得到 16 个 32 位的数据块 $C_1 \sim C_{16}$ 和 $D_1 \sim D_{16}$。在 DES 算法中循环左移也有固定的规则。

对于 C_i 和 D_i,若 i 为 1,2,9 或 16,则循环左移一位,否则循环左移两位。

对于 C_1,D_1,经过 PC-2(置换选择 2,Permuted Choice 2)后,得到 48 位的子密钥 K_1,用于每轮加密中与输入数据进行异或运算。PC-2 置换的输入是由 PC-1 置换生成的 56 位密钥,而它的输出是 48 位的子密钥。PC-2 置换将 56 位的密钥重新排列,丢弃了 8 位并选取了其中的

48 位作为子密钥。PC-2 的置换规则如表 4.4 所示。

表 4.4 PC-2 置换表

14	17	11	24	1	5
3	28	15	6	21	10
23	19	12	4	26	8
16	7	27	20	13	2
41	52	31	37	47	55
30	40	51	45	33	48
44	49	39	56	34	53
46	42	50	36	29	32

即 PC-2 置换表的第一行表示选择了输入密钥中的第 14,17,11,24,1 和 5 位,并将它们作为输出子密钥的前 6 位,依此类推……

至此,经过 PC-2 置换后的结果就是当前轮次的子密钥 K_1 了。在整个 DES 算法加密过程中会生成 16 个 48 位子密钥 $K_1 \sim K_{16}$,分别用于 DES 算法中的 16 轮加密过程,从而保证每轮加密所使用的密钥都是不同的,增加了破解的难度。

当前轮次的子密钥 K_i 与拓展的 48 位 R_i 进行异或运算。运算结果作为接下来 S 盒替换的输入。

S 盒替换(substitution box substitution)是一种在密码学中广泛使用的加密技术,是将明文中的一组比特映射到密文中的一组比特的过程,用于增强密码的安全性。DES 算法中 S 盒替换用于将上一轮异或运算的 48 位结果映射到 32 位输出中去。

同样地,S 盒也是一种置换表。在 DES 算法的每一轮计算中 S 盒都是不一样的。这里以第一轮计算中的 S 盒为例。从图 4.3 中可以看出,S 盒内部有 8 个 S 块,记作 $S_1 \sim S_8$。每个 S 块都会接收 6 位字符作为输入并输出 4 位字符。这里以第一个 S 盒 S_1 为例,它是一个 4×16 的置换表,如表 4.5 所示。

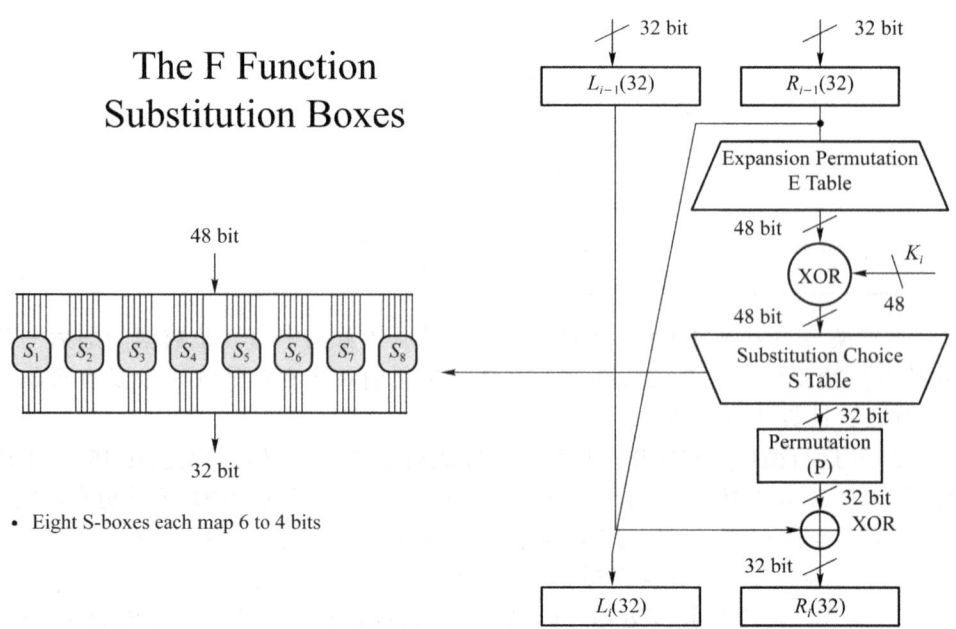

图 4.3 S 盒替换

表 4.5 S_1 置换表

14	4	13	1	2	15	11	8	3	10	6	12	5	9	0	7
0	15	7	4	14	2	13	1	10	6	12	11	9	5	3	6
4	1	14	8	13	6	2	11	15	12	9	7	3	10	5	0
15	12	8	2	4	9	1	7	5	11	3	14	10	0	6	13

例如输入 101010 到 S_1 中。S_1 会将这 6 位的第一位和第六位"10"拿出来作为 S_1 的行,中间 4 位"0101"拿出来作为 S_1 的列。转换成十进制,此时映射到这个 S 盒的位置就是(2,5),对应 S 盒的第 3 行第 6 列(索引都从 0 开始数),如表 4.6 所示。

表 4.6 置换过程

	0	1	2	3	4	5	6	7	8	9	10	11	12	13	14	15
0	14	4	13	1	2	15	11	8	3	10	6	12	5	9	0	7
1	0	15	7	5	25	3	14	2	20	6	23	12	6	5	3	8
2	4	1	14	8	13	6	2	11	15	12	9	7	3	10	5	0
3	15	12	8	2	4	9	1	7	5	11	3	14	10	0	6	13

所以这个输入的结果是 6,将 6 转化为二进制 110,S 盒的输出是 4 位,所以得 S(101010) = 0110。

因此,可以看出 S 盒其实是一种非线性的加密技术,它能够抵御许多传统的密码分析攻击,如差分攻击和线性攻击。

(5)P 盒替换

P 盒替换将 S 盒替换的 32 位输出作为输入,经过固定的替换表(即表 4.7)进行替换后即最后 F 轮函数的结果。

表 4.7 P 盒替换表

16	7	20	21	29	12	28	17
1	15	23	26	5	18	31	10
2	8	24	14	32	27	3	9
19	13	30	6	22	11	4	25

该结果 $F(R_0, K_0)$ 与 L_0 进行异或运算得到下一轮的右半部分 R_1 逆置换,如图 4.4 所示。

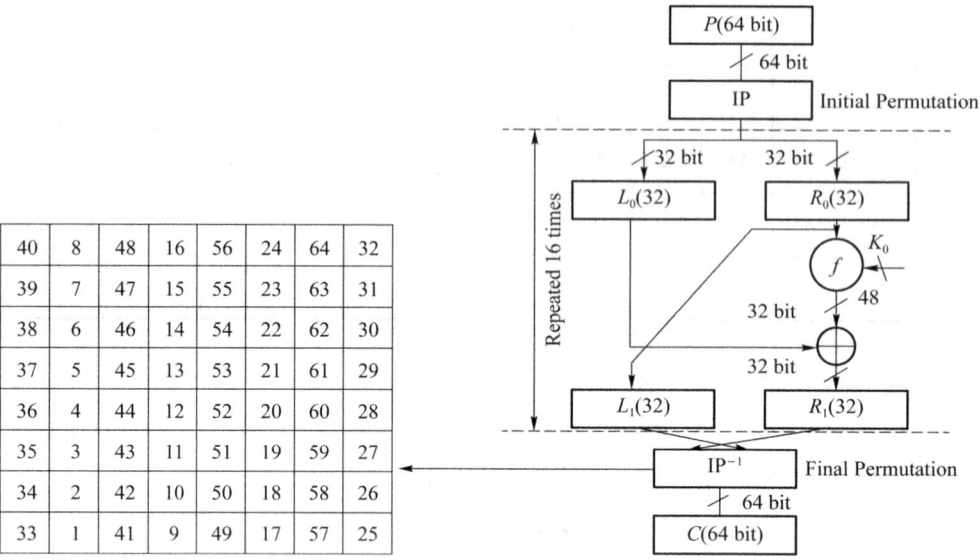

40	8	48	16	56	24	64	32
39	7	47	15	55	23	63	31
38	6	46	14	54	22	62	30
37	5	45	13	53	21	61	29
36	4	44	12	52	20	60	28
35	3	43	11	51	19	59	27
34	2	42	10	50	18	58	26
33	1	41	9	49	17	57	25

图 4.4 P 盒替换

在经过 16 轮次计算后，DES 算法会对最后的结果进行最后一次置换，置换结果即最后的输出结果。

4.1.2 工程实现与测试

整体框架顶层示例代码如程序 4-1 所示。

程序 4-1：
```verilog
module des_top(
input clk,
input des_enable,
input reset,
input des_mode,
input [1:64] data_i,
input [1:64] key_i,
output wire [1:64] data_o,
output ready_o
);

IP IP1(
.in(data_i),
.L_i_var(L_i_var),
.R_i_var(R_i_var)
);

IP_ni IP_ni(
```

```verilog
    .in(data_o_var_t),
    .out(data_o)
    );

    pc_1 pc_1(
    .key_i(key_i),
    .C0(C0),
    .D0(D0)
    );
    des_f des_f1(
    .clk(clk),
    .reset(reset),
    .des_mode(des_mode),
    .inter_num_i(inter_num_curr),
    .R_i(R_i),
    .L_i(L_i),
    .Key_i(Key_i_var_out),
    .R_o(R_o),
    .L_o(L_o),
    .Key_o(Key_o)
    );
    contrl contrl1(
    .data_o_var_t(data_o_var_t),
    .inter_num_curr(inter_num_curr),
    .Key_i_var_out(Key_i_var_out),
    .R_i(R_i),
    .L_i(L_i),
    .ready_o(ready_o),
    .L_o(L_o),
    .R_o(R_o),
    .R_i_var(R_i_var),
    .L_i_var(L_i_var),
    .Key_o(Key_o),
    .C0(C0),
    .D0(D0),
    .clk(clk),
    .reset(reset),
    .des_enable(des_enable)
    );
endmodule
```

圈子密钥的生成示例代码如程序 4-2 所示。

程序 4-2：
```verilog
module key_get(
input [1:56]      pre_key,
input             des_mode,
input [3:0]       inter_num,
output wire[1:48] new_key,
output reg [1:56] out_key
);
reg pre_key_0, pre_key_1;
reg [1:56] pre_key_var;

always@(*)
    begin
        if(des_mode == 1'b0)
        begin
            case(inter_num)
            4'd0, 4'd1, 4'd8, 4'd15:
            begin
                pre_key_var <= pre_key;
                pre_key_0    <= pre_key_var[1];
                pre_key_var[1:28] <= pre_key_var[1:28] << 1;
                pre_key_var[28] <= pre_key_0;
                pre_key_0 <= pre_key_var[29];
                pre_key_var[29:56] <= pre_key_var[29:56] << 1;
                pre_key_var[56]    <= pre_key_0;
            end
            4'd2, 4'd3, 4'd4, 4'd5, 4'd6, 4'd7, 4'd9, 4'd10, 4'd11, 4'd12, 4'd13, 4'd14:
            begin
                pre_key_var = pre_key;
                {pre_key_1,pre_key_0} = pre_key_var[1:2];
                pre_key_var[1:28]     = pre_key_var[1:28] << 2;
                pre_key_var[27:28]    = {pre_key_1, pre_key_0};
                {pre_key_1, pre_key_0} = pre_key_var[29:30];
                pre_key_var[29:56]    = pre_key_var[29:56] << 2;
                pre_key_var[55:56]    = {pre_key_1, pre_key_0};
            end
            endcase
        end
        else
        begin
            case(inter_num)
                4'd0: pre_key_var = pre_key;
                4'd1, 4'd8, 4'd15:
```

```verilog
                begin
                    pre_key_var = pre_key;
                    pre_key_0 = pre_key_var[28];
                    pre_key_var[1:28] = pre_key_var[1:28] >> 1;
                    pre_key_var[1] = pre_key_0;
                    pre_key_0 = pre_key_var[56];
                    pre_key_var[29:56] = pre_key_var[29:56] >> 1;
                    pre_key_var[29] = pre_key_0;
                end
                default:
                begin
                    pre_key_var = pre_key;
                    {pre_key_1, pre_key_0 } = pre_key_var[27:28];
                    pre_key_var[1:28] = pre_key_var[1:28] >> 2;
                    pre_key_var[1:2] = {pre_key_1, pre_key_0};
                    {pre_key_1, pre_key_0} = pre_key_var[55:56];
                    pre_key_var[29:56] = pre_key_var[29:56] >> 2;
                    pre_key_var[29:30] = {pre_key_1, pre_key_0};
                end
            endcase
        end
            out_key = pre_key_var;
    end
    assign new_key = {pre_key_var[14],pre_key_var[17],pre_key_var[11],pre_key_var[24],pre_key_var[1],pre_key_var[5],pre_key_var[3],pre_key_var[28],
        pre_key_var[15],pre_key_var[6],pre_key_var[21],pre_key_var[10],pre_key_var[23],pre_key_var[19],pre_key_var[12],pre_key_var[4],
        pre_key_var[26],pre_key_var[8],pre_key_var[16],pre_key_var[7],pre_key_var[27],pre_key_var[20],pre_key_var[13],pre_key_var[2],
        pre_key_var[41],pre_key_var[52],pre_key_var[31],pre_key_var[37],pre_key_var[47],pre_key_var[55],pre_key_var[30],pre_key_var[40],
        pre_key_var[51],pre_key_var[45],pre_key_var[33],pre_key_var[48],pre_key_var[44],pre_key_var[49],pre_key_var[39],pre_key_var[56],
        pre_key_var[34],pre_key_var[53],pre_key_var[46],pre_key_var[42],pre_key_var[50],pre_key_var[36],pre_key_var[29],pre_key_var[32]};
endmodule
```

f 函数实现的示例代码如程序 4-3 所示。

程序 4-3:
```verilog
module des_f(
    input clk,
    input reset,
    input des_mode,
```

```verilog
        input [3:0] inter_num_i,
        input [1:32] R_i,
        input [1:32] L_i,
        input [1:56] Key_i,
        output reg [1:32] R_o,
        output reg [1:32] L_o,
        output reg [1:56] Key_o
);
reg  [1:32] next_R;
wire [1:48] expandedR;
reg  [1:56] pre_key;
reg  [1:48] new_key_tmp;
reg  [3:0]  inter_num;
wire [1:32] p;
reg  [1:48] address_s;
reg  [1:32] Soutput;
wire [1:32] Soutput_wire;
wire [1:48] new_key;
wire [1:56] out_key;

key_get key_get(
.pre_key(pre_key),
.des_mode(des_mode),
.inter_num(inter_num),
.new_key(new_key),
.out_key(out_key)
);

s1 sbox1(.stage1_input(address_s[1:6]),   .stage1_output(Soutput_wire[1:4]));
s2 sbox2(.stage1_input(address_s[7:12]),  .stage1_output(Soutput_wire[5:8]));
s3 sbox3(.stage1_input(address_s[13:18]), .stage1_output(Soutput_wire[9:12]));
s4 sbox4(.stage1_input(address_s[19:24]), .stage1_output(Soutput_wire[13:16]));
s5 sbox5(.stage1_input(address_s[25:30]), .stage1_output(Soutput_wire[17:20]));
s6 sbox6(.stage1_input(address_s[31:36]), .stage1_output(Soutput_wire[21:24]));
s7 sbox7(.stage1_input(address_s[37:42]), .stage1_output(Soutput_wire[25:28]));
s8 sbox8(.stage1_input(address_s[43:48]), .stage1_output(Soutput_wire[29:32]));

always@(posedge clk or negedge reset)begin
    if(reset == 1'b0)begin
        R_o <= 32'd0;
        L_o <= 32'd0;
        Key_o <= 56'd0;
    end
```

```verilog
        else begin
            Key_o <= out_key;
            if(inter_num == 4'b1111)begin
                R_o <= R_i;
                L_o <= next_R;
            end
            else begin
                R_o <= next_R;
                L_o <= R_i;
            end
        end
    end
end

assign expandedR = {R_i[32],R_i[1],R_i[2],R_i[3],R_i[4],R_i[5],
                    R_i[4] ,R_i[5],R_i[6],R_i[7],R_i[8],R_i[9],
                    R_i[8] ,R_i[9],R_i[10],R_i[11],R_i[12],R_i[13],
                    R_i[12],R_i[13],R_i[14],R_i[15],R_i[16],R_i[17],
                    R_i[16],R_i[17],R_i[18],R_i[19],R_i[20],R_i[21],
                    R_i[20],R_i[21],R_i[22],R_i[23],R_i[24],R_i[25],
                    R_i[24],R_i[25],R_i[26],R_i[27],R_i[28],R_i[29],
                    R_i[28],R_i[29],R_i[30],R_i[31],R_i[32],R_i[1]};

assign  p = {Soutput[16],Soutput[7] ,Soutput[20],Soutput[21],
             Soutput[29],Soutput[12],Soutput[28],Soutput[17],
             Soutput[1] ,Soutput[15],Soutput[23],Soutput[26],
             Soutput[5] ,Soutput[18],Soutput[31],Soutput[10],
             Soutput[2] ,Soutput[8] ,Soutput[24],Soutput[14],
             Soutput[32],Soutput[27],Soutput[3] ,Soutput[9],
             Soutput[19],Soutput[13],Soutput[30],Soutput[6],
             Soutput[22],Soutput[11],Soutput[4] ,Soutput[25]};
always@(*)
    begin
        pre_key     <= Key_i;
        inter_num   <= inter_num_i;
        new_key_tmp <= new_key;
        address_s   <= new_key_tmp ^ expandedR;
        Soutput     <= Soutput_wire;
        next_R      <= (L_i^p);
    end
endmodule
```

S 盒实现的示例代码如程序 4-4 所示。

程序 4-4：

```verilog
module s1(
stage1_input,stage1_output);
input [5:0] stage1_input;
output [3:0] stage1_output;
reg [3:0] stage1_output;

always@(stage1_input)
    begin
        case(stage1_input)
            0: stage1_output = 4'd14;
            1: stage1_output = 4'd0;
            2: stage1_output = 4'd4;
            3: stage1_output = 4'd15;
            4: stage1_output = 4'd13;
            5: stage1_output = 4'd7;
            6: stage1_output = 4'd1;
            7: stage1_output = 4'd4;
            8: stage1_output = 4'd2;
            9: stage1_output = 4'd14;
            10:stage1_output = 4'd15;
            11:stage1_output = 4'd2;
            12:stage1_output = 4'd11;
            13:stage1_output = 4'd13;
            14:stage1_output = 4'd8;
            15:stage1_output = 4'd1;
            16:stage1_output = 4'd3;
            17:stage1_output = 4'd10;
            18:stage1_output = 4'd10;
            19:stage1_output = 4'd6;
            20:stage1_output = 4'd6;
            21:stage1_output = 4'd12;
            22:stage1_output = 4'd12;
            23:stage1_output = 4'd11;
            24:stage1_output = 4'd5;
            25:stage1_output = 4'd9;
            26:stage1_output = 4'd9;
            27:stage1_output = 4'd5;
            28:stage1_output = 4'd0;
            29:stage1_output = 4'd3;
            30:stage1_output = 4'd7;
            31:stage1_output = 4'd8;
            32:stage1_output = 4'd4;
```

```
                    33:stage1_output = 4'd15;
                    34:stage1_output = 4'd1;
                    35:stage1_output = 4'd12;
                    36:stage1_output = 4'd14;
                    37:stage1_output = 4'd8;
                    38:stage1_output = 4'd8;
                    39:stage1_output = 4'd2;
                    40:stage1_output = 4'd13;
                    41:stage1_output = 4'd4;
                    42:stage1_output = 4'd6;
                    43:stage1_output = 4'd9;
                    44:stage1_output = 4'd2;
                    45:stage1_output = 4'd1;
                    46:stage1_output = 4'd11;
                    47:stage1_output = 4'd7;
                    48:stage1_output = 4'd15;
                    49:stage1_output = 4'd5;
                    50:stage1_output = 4'd12;
                    51:stage1_output = 4'd11;
                    52:stage1_output = 4'd9;
                    53:stage1_output = 4'd3;
                    54:stage1_output = 4'd7;
                    55:stage1_output = 4'd14;
                    56:stage1_output = 4'd3;
                    57:stage1_output = 4'd10;
                    58:stage1_output = 4'd10;
                    59:stage1_output = 4'd0;
                    60:stage1_output = 4'd5;
                    61:stage1_output = 4'd6;
                    62:stage1_output = 4'd0;
                    63:stage1_output = 4'd13;
                endcase
            end
        endmodule
```

使用 Modsim 进行仿真的结果如图 4.5 所示。

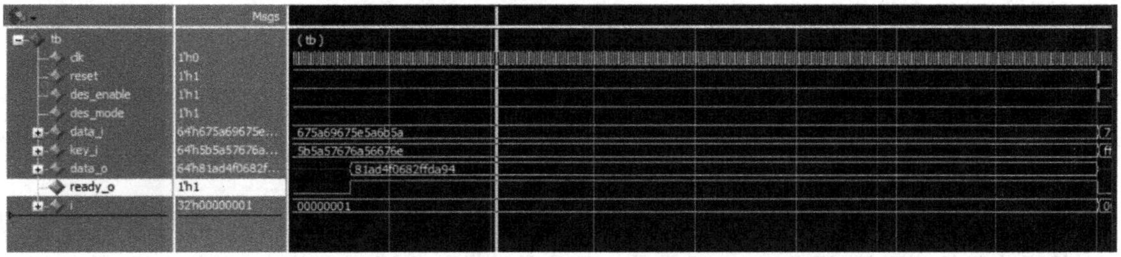

图 4.5 仿真结果示意图

4.2 AES 算法的 FPGA 实现

4.2.1 算法模块设计

AES 算法是目前最常见的一种对称算法,是一种分组算法,所有的数据都按块进行加密,AES 算法的数据块大小为 16 字节(128 bit),但是 AES 算法的密钥有 128/192/256 bit 3 种,密钥的长度不同的话,加密的轮数也会有差异。比如 AES128 算法,会进行 10 次轮运算,也就是一个分组数据会被加密 10 次。AES 算法每个分组的长度为 128 bit,即 16 字节。这 16 字节组成一个 4×4 的矩阵。在算法的每一轮加密中,矩阵的内容都在变化,直到得到最后的结果作为密文。其过程如图 4.6 所示。

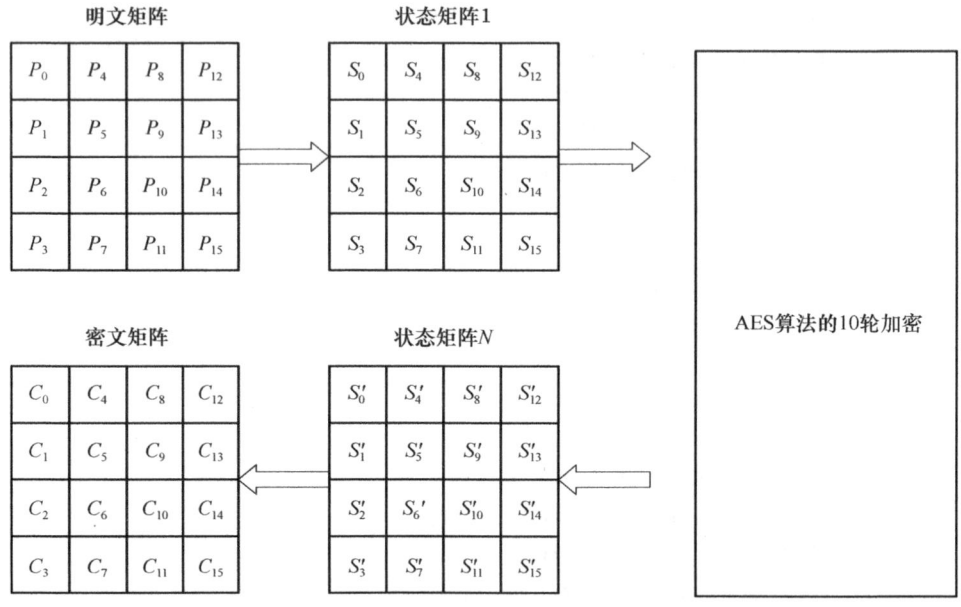

图 4.6 加密矩阵

类似地,128 bit 的密钥也用字节表示成矩阵,通过密钥的编排函数矩阵扩展为一个 44 个字的序列 $W[0-43]$。前 4 个字是原始的密钥,后面的 40 个字分别为每一轮运算的密钥,如图 4.7 所示。

AES 算法的整体流程如下。

① 在第一轮之前,使用原始密钥对明文进行一次异或操作。
② 第 1~9 轮的处理一样,包括 4 个操作:字节代换、行移位、列混合和轮密钥加。
③ 第 10 轮:字节代换、行位移、轮密钥加。

AES 算法的解密过程仍为 10 轮,每一轮操作都是加密操作的逆操作。由于 AES 算法的 4 个轮操作都是可逆的,因此,解密操作的一轮就是顺序执行逆行移位、逆字节代换、轮密钥加和逆列混合。同加密操作类似,最后一轮不执行逆列混合,在第 1 轮解密之前,要执行 1 次密钥加操作。

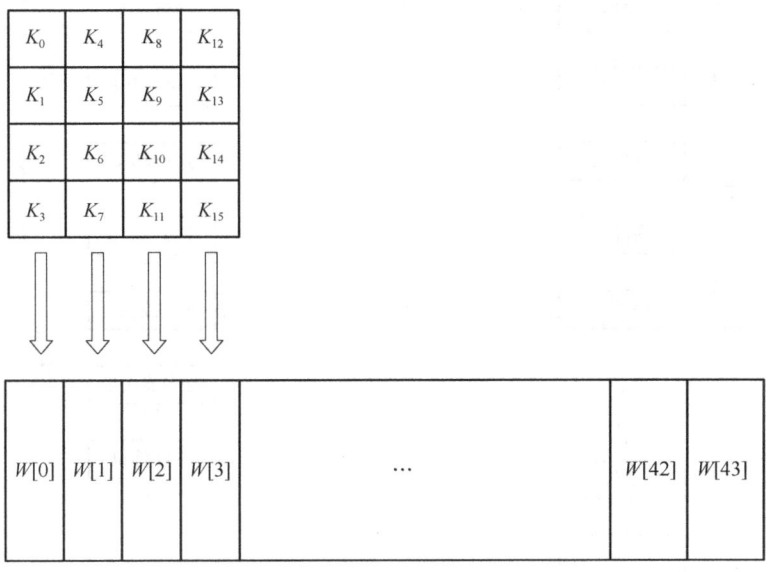

图 4.7　密钥分析

AES 算法整体流程如图 4.8 所示。

① 密钥扩展:根据 AES 密钥长度进行密钥扩展,生成多个轮密钥。

② 初始轮:将明文数据分成 128 位块,并与第一个轮密钥进行异或操作。

③ 多轮加密:重复进行多轮加密操作,每轮操作都包括 4 个步骤。

- 字节代换:将每个字节映射到另一个字节,使用 S-Box 进行替换。
- 行移位:对每个 128 位块的行进行循环左移,第一行不移动,第二行左移 1 字节,第三行左移 2 字节,第四行左移 3 字节。
- 列混淆:对每个 128 位块的列进行混淆,使用固定矩阵进行乘法运算。
- 轮密钥加:将每个 128 位块与下一个轮密钥进行异或操作。

④ 最终轮:最后一轮加密后,将 128 位块与最后一个轮密钥进行异或操作。

⑤ 输出:输出所有块的加密结果作为密文。

1. 字节代换

(1) 字节代换操作

AES 算法的字节代换其实就是一个简单的查表操作。AES 算法定义了一个 S 盒和一个逆 S 盒。

AES 的 S 盒:状态矩阵中的元素按照下面的方式映射为一个新的字节。把该字节的高 4 位作为行值,低 4 位作为列值,取出 S 盒或者逆 S 盒中对应的行元素作为输出。例如,加密时,输出的字节 S_1 为 0x12,则查 S 盒的第 0x01 行和 0x02 列,得到值 0xc9,然后替换 S_1 原有的 0x12 为 0xc9。状态矩阵经字节代换后的图如图 4.9 所示。AES 的 S 盒如表 4.8 所示。

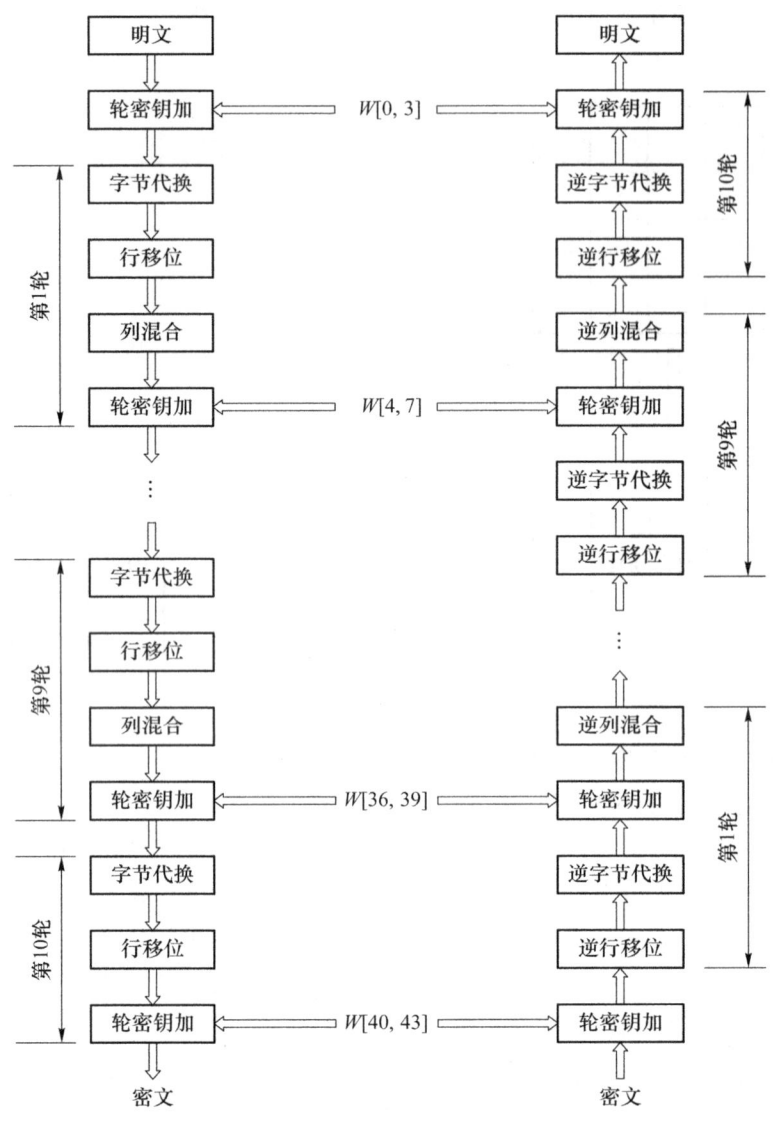

图 4.8 AES 算法整体流程

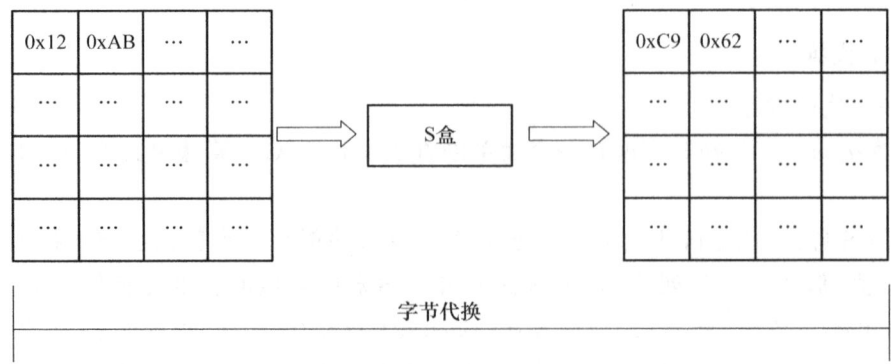

图 4.9 S 盒

表 4.8 S 盒

行/列	0	1	2	3	4	5	6	7	8	9	A	B	C	D	E	F
0	0x63	0x7c	0x77	0x7b	0xf2	0x6b	0x6f	0xc5	0x30	0x01	0x67	0x2b	0xfe	0xd7	0xab	0x76
1	0xca	0x82	0xc9	0x7d	0xfa	0x59	0x47	0xf0	0xad	0xd4	0xa2	0xaf	0x9c	0xa4	0x72	0xc0
2	0xb7	0xfd	0x93	0x26	0x36	0x3f	0xf7	0xcc	0x34	0xa5	0xe5	0xf1	0x71	0xd8	0x31	0x15
3	0x04	0xc7	0x23	0xc3	0x18	0x96	0x05	0x9a	0x07	0x12	0x80	0xe2	0xeb	0x27	0xb2	0x75
4	0x09	0x83	0x2c	0x1a	0x1b	0x6e	0x5a	0xa0	0x52	0x3b	0xd6	0xb3	0x29	0xe3	0x2f	0x84
5	0x53	0xd1	0x00	0xed	0x20	0xfc	0xb1	0x5b	0x6a	0xcb	0xbe	0x39	0x4a	0x4c	0x58	0xcf
6	0xd0	0xef	0xaa	0xfb	0x43	0x4d	0x33	0x85	0x45	0xf9	0x02	0x7f	0x50	0x3c	0x9f	0xa8
7	0x51	0xa3	0x40	0x8f	0x92	0x9d	0x38	0xf5	0xbc	0xb6	0xda	0x21	0x10	0xff	0xf3	0xd2
8	0xcd	0x0c	0x13	0xec	0x5f	0x97	0x44	0x17	0xc4	0xa7	0x7e	0x3d	0x64	0x5d	0x19	0x73
9	0x60	0x81	0x4f	0xdc	0x22	0x2a	0x90	0x88	0x46	0xee	0xb8	0x14	0xde	0x5e	0x0b	0xdb
A	0xe0	0x32	0x3a	0x0a	0x49	0x06	0x24	0x5c	0xc2	0xd3	0xac	0x62	0x91	0x95	0xe4	0x79
B	0xe7	0xc8	0x37	0x6d	0x8d	0xd5	0x4e	0xa9	0x6c	0x56	0xf4	0xea	0x65	0x7a	0xae	0x08
C	0xba	0x78	0x25	0x2e	0x1c	0xa6	0xb4	0xc6	0xe8	0xdd	0x74	0x1f	0x4b	0xbd	0x8b	0x8a
D	0x70	0x3e	0xb5	0x66	0x48	0x03	0xf6	0x0e	0x61	0x35	0x57	0xb9	0x86	0xc1	0x1d	0x9e
E	0xe1	0xf8	0x98	0x11	0x69	0xd9	0x8e	0x94	0x9b	0x1e	0x87	0xe9	0xce	0x55	0x28	0xdf
F	0x8c	0xa1	0x89	0x0d	0xbf	0xe6	0x42	0x68	0x41	0x99	0x2d	0x0f	0xb0	0x54	0xbb	0x16

(2) 逆字节代换操作

逆字节代换操作也就是通过查逆 S 盒来变换，逆 S 盒如表 4.9 所示。

表 4.9 逆 S 盒

行/列	0	1	2	3	4	5	6	7	8	9	A	B	C	D	E	F
0	0x52	0x09	0x6a	0xd5	0x30	0x36	0xa5	0x38	0xbf	0x40	0xa3	0x9e	0x81	0xf3	0xd7	0xfb
1	0x7c	0xe3	0x39	0x82	0x9b	0x2f	0xff	0x87	0x34	0x8e	0x43	0x44	0xc4	0xde	0xe9	0xcb
2	0x54	0x7b	0x94	0x32	0xa6	0xc2	0x23	0x3d	0xee	0x4c	0x95	0x0b	0x42	0xfa	0xc3	0x4e
3	0x08	0x2e	0xa1	0x66	0x28	0xd9	0x24	0xb2	0x76	0x5b	0xa2	0x49	0x6d	0x8b	0xd1	0x25
4	0x72	0xf8	0xf6	0x64	0x86	0x68	0x98	0x16	0xd4	0xa4	0x5c	0xcc	0x5d	0x65	0xb6	0x92
5	0x6c	0x70	0x48	0x50	0xfd	0xed	0xb9	0xda	0x5e	0x15	0x46	0x57	0xa7	0x8d	0x9d	0x84
6	0x90	0xd8	0xab	0x00	0x8c	0xbc	0xd3	0x0a	0xf7	0xe4	0x58	0x05	0xb8	0xb3	0x45	0x06
7	0xd0	0x2c	0x1e	0x8f	0xca	0x3f	0x0f	0x02	0xc1	0xaf	0xbd	0x03	0x01	0x13	0x8a	0x6b
8	0x3a	0x91	0x11	0x41	0x4f	0x67	0xdc	0xea	0x97	0xf2	0xcf	0xce	0xf0	0xb4	0xe6	0x73
9	0x96	0xac	0x74	0x22	0xe7	0xad	0x35	0x85	0xe2	0xf9	0x37	0xe8	0x1c	0x75	0xdf	0x6e
A	0x47	0xf1	0x1a	0x71	0x1d	0x29	0xc5	0x89	0x6f	0xb7	0x62	0x0e	0xaa	0x18	0xbe	0x1b
B	0xfc	0x56	0x3e	0x4b	0xc6	0xd2	0x79	0x20	0x9a	0xdb	0xc0	0xfe	0x78	0xcd	0x5a	0xf4
C	0x1f	0xdd	0xa8	0x33	0x88	0x07	0xc7	0x31	0xb1	0x12	0x10	0x59	0x27	0x80	0xec	0x5f
D	0x60	0x51	0x7f	0xa9	0x19	0xb5	0x4a	0x0d	0x2d	0xe5	0x7a	0x9f	0x93	0xc9	0x9c	0xef
E	0xa0	0xe0	0x3b	0x4d	0xae	0x2a	0xf5	0xb0	0xc8	0xeb	0xbb	0x3c	0x83	0x53	0x99	0x61
F	0x17	0x2b	0x04	0x7e	0xba	0x77	0xd6	0x26	0xe1	0x69	0x14	0x63	0x55	0x21	0x0c	0x7d

2. 行移位

(1) 行移位操作

行移位是一个简单的左循环移位操作。当密钥长度为 128 bit 时，状态矩阵的第 0 行左移 0 字节，第 1 行左移 1 字节，第 2 行左移 2 字节，第 3 行左移 3 字节，如图 4.10 所示。

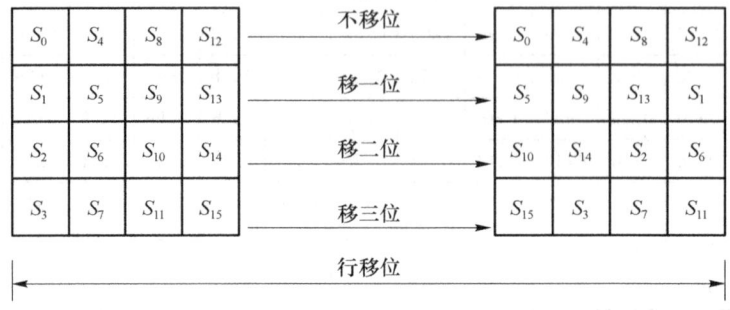

图 4.10 行移位

(2) 行移位的逆变换

行移位的逆变换是指将状态矩阵中的每一行执行相反的移位操作，例如在 AES128 算法中，状态矩阵的第 0 行右移 0 字节，第 1 行右移 1 字节，第 2 行右移 2 字节，第 3 行右移 3 字节。

3. 列混合

(1) 列混合操作

列混合操作是通过矩阵相乘来实现的，经行移位后的状态矩阵与固定的矩阵相乘，得到混淆后的状态矩阵，如下：

$$\begin{bmatrix} s'_{0,0} & s'_{0,1} & s'_{0,2} & s'_{0,3} \\ s'_{1,0} & s'_{1,1} & s'_{1,2} & s'_{1,3} \\ s'_{2,0} & s'_{2,1} & s'_{2,2} & s'_{2,3} \\ s'_{3,0} & s'_{3,1} & s'_{3,2} & s'_{3,3} \end{bmatrix} \begin{bmatrix} 02 & 03 & 01 & 01 \\ 01 & 02 & 03 & 01 \\ 01 & 01 & 02 & 03 \\ 03 & 01 & 01 & 02 \end{bmatrix} \begin{bmatrix} s_{0,0} & s_{0,1} & s_{0,2} & s_{0,3} \\ s_{1,0} & s_{1,1} & s_{1,2} & s_{1,3} \\ s_{2,0} & s_{2,1} & s_{2,2} & s_{2,3} \\ s_{3,0} & s_{3,1} & s_{3,2} & s_{3,3} \end{bmatrix}$$

状态矩阵中的第 j 列 $(0 \leqslant j \leqslant 3)$ 的列混合可以表示为

$$s'_{0,j} = (2 * s_{0,j}) \oplus (3 * s_{1,j}) \oplus s_{2,j} \oplus s_{3,j}$$
$$s'_{1,j} = s_{0,j} \oplus (2 * s_{1,j}) \oplus (3 * s_{2,j}) \oplus s_{3,j}$$
$$s'_{2,j} = s_{0,j} \oplus s_{1,j} \oplus (2 * s_{2,j}) \oplus (3 * s_{3,j})$$
$$s'_{3,j} = (3 * s_{0,j}) \oplus s_{1,j} \oplus s_{2,j} \oplus (2 * s_{3,j})$$

其中，矩阵元素的乘法和加法是基于 GF(2^8) 上的二元运算，并不是通常意义上的乘法和加法。这里涉及一些信息安全上的数学知识，不过不懂这些知识也行。其实这种二元运算的加法等价于两个字节的异或，乘法则复杂一点。对于一个 8 位的二进制数来说，使用域上的乘法乘以 00000010 等价于左移 1 位(低位补 0)后，再根据情况同 00011011 进行异或运算，设 $S_1 = (a_7 a_6 a_5 a_4 a_3 a_2 a_1 a_0)$，则 0x02 * S_1 如下：

$$(00000010) * (a_7 a_6 a_5 a_4 a_3 a_2 a_1 a_0) = \begin{cases} (a_6 a_5 a_4 a_3 a_2 a_1 a_0 0), & a_7 = 0 \\ (a_6 a_5 a_4 a_3 a_2 a_1 a_0 0) \oplus (00011011), & a_7 = 1 \end{cases}$$

也就是说，如果 a_7 为 1，则进行异或运算，否则不进行。

类似地,乘以 00000100 可以拆分成两次乘以 00000010 的运算:

$$(00000100)*(a_7a_6a_5a_4a_3a_2a_1a_0)=(00000010)*(00000010)*(a_7a_6a_5a_4a_3a_2a_1a_0)$$

乘以 00000011 可以拆分成先分别乘以 00000001 和 00000010,再将两个乘积异或:

$$(00000011)*(a_7a_6a_5a_4a_3a_2a_1a_0)=[(00000010)\oplus(00000001)]*(a_7a_6a_5a_4a_3a_2a_1a_0)$$
$$=[(00000010)*(a_7a_6a_5a_4a_3a_2a_1a_0)]\oplus(a_7a_6a_5a_4a_3a_2a_1a_0)$$

$$(00000011)*(a_7a_6a_5a_4a_3a_2a_1a_0)=[(00000010)\oplus(00000001)]*(a_7a_6a_5a_4a_3a_2a_1a_0)$$
$$=[(00000010)*(a_7a_6a_5a_4a_3a_2a_1a_0)]\oplus(a_7a_6a_5a_4a_3a_2a_1a_0)$$

因此,只需要实现乘以 2 的函数,其他数值的乘法都可以通过组合来实现。

下面举个具体的例子,输入的状态矩阵如图 4.11 所示。

			C9			E5	FD	2B
			7A			F2	78	6E
			63			9C	26	67
			B0			A7	82	E5
		下面,进行列混合运算:						
		以第一列的运算为例:						

$$s'_{0,0} = (2*0xC9)\oplus(3*0x7A)\oplus 0x63\oplus 0xB0 = 0xD4$$
$$s'_{1,0} = 0xC9\oplus(2*0x7A)\oplus(3*0x63)\oplus 0xB0 = 0x28$$
$$s'_{2,0} = 0xC9\oplus 0x7A\oplus(2*0x63)\oplus(3*0xB0) = 0xBE$$
$$s'_{3,0} = (3*0xC9)\oplus 0x7A\oplus 0x63\oplus(2*0xB0) = 0x22$$

图 4.11 输入的状态矩阵

(2) 列混合逆运算

逆向列混合变换可由图 4.12 所示的矩阵乘法定义。

逆向列混合变换可由下面的矩阵乘法定义(可以验证,逆变换矩阵同正变换矩阵的乘积恰好为单位矩阵):

$$\begin{bmatrix} s'_{0,0} & s'_{0,1} & s'_{0,2} & s'_{0,3} \\ s'_{1,0} & s'_{1,1} & s'_{1,2} & s'_{1,3} \\ s'_{2,0} & s'_{2,1} & s'_{2,2} & s'_{2,3} \\ s'_{3,0} & s'_{3,1} & s'_{3,2} & s'_{3,3} \end{bmatrix} \begin{bmatrix} 0E & 0B & 0D & 09 \\ 09 & 0E & 0B & 0D \\ 0D & 09 & 0E & 0B \\ 0B & 0D & 09 & 0E \end{bmatrix} \begin{bmatrix} s_{0,0} & s_{0,1} & s_{0,2} & s_{0,3} \\ s_{1,0} & s_{1,1} & s_{1,2} & s_{1,3} \\ s_{2,0} & s_{2,1} & s_{2,2} & s_{2,3} \\ s_{3,0} & s_{3,1} & s_{3,2} & s_{3,3} \end{bmatrix}$$

4. 轮密钥加

轮密钥加是指将 128 位轮密钥 K_i 同状态矩阵中的数据进行逐位异或操作,如图 4.13 所示。其中,密钥 K_i 中每个字 $W[4i]$,$W[4i+1]$,$W[4i+2]$,$W[4i+3]$ 为 32 位比特字,包含 4 字节,它们的生成算法在后文介绍。轮密钥加过程可以看成字逐位异或的结果,也可以看成字节级别或者位级别的操作,也就是说,可以看成由 S_0,S_1,S_2,S_3 组成的 32 位字与 $W[4i]$ 的异或运算。

		C9		E5	FD	2B
		7A		F2	78	6E
		63		9C	26	67
		B0		A7	82	E5
下面，进行列混合运算：						
以第一列的运算为例：						
$s'_{0,0} = (2 * 0xC9) \oplus (3 * 0x7A) \oplus 0x63 \oplus 0xB0 = 0xD4$ $s'_{1,0} = 0xC9 \oplus (2 * 0x7A) \oplus (3 * 0x63) \oplus 0xB0 = 0x28$ $s'_{2,0} = 0xC9 \oplus 0x7A \oplus (2 * 0x63) \oplus (3 * 0xB0) = 0xBE$ $s'_{3,0} = (3 * 0xC9) \oplus 0x7A \oplus 0x63 \oplus (2 * 0xB0) = 0x22$						
其它列的计算就不列举了，列混合后生成的新状态矩阵如下：						
		-		-	-	-
		D4		E7	CD	66
		28		02	E5	BB
		BE		C6	D6	BF
		22		0F	DF	A5

图 4.12 逆向列混合变换

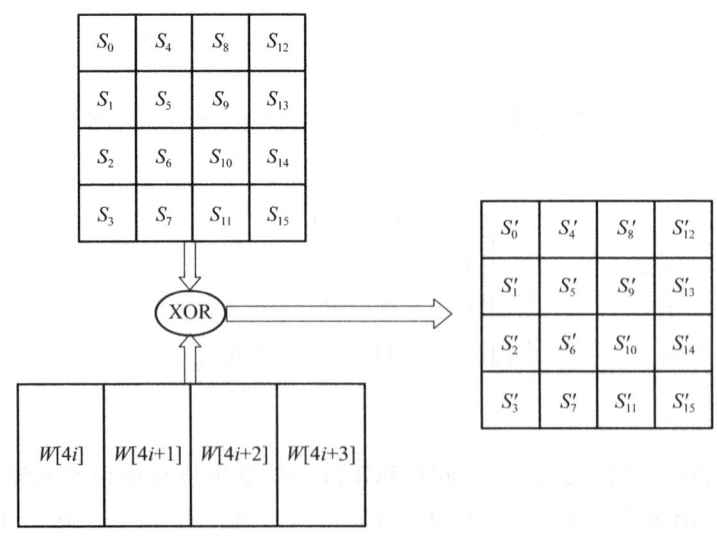

图 4.13 轮密钥加

轮密钥加的逆运算同正向的轮密钥加运算完全一致，这是因为异或的逆操作是其自身。

轮密钥加非常简单,但却能够影响 S 数组中的每一位。

5. 密钥扩展

AES 算法首先将初始密钥输入一个 4×4 的状态矩阵中,如图 4.14 所示。

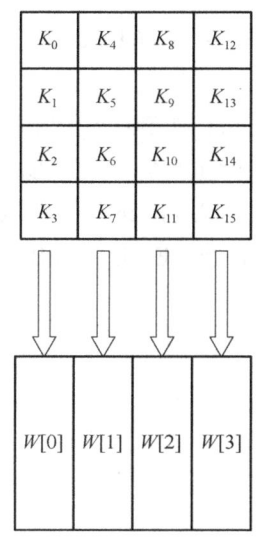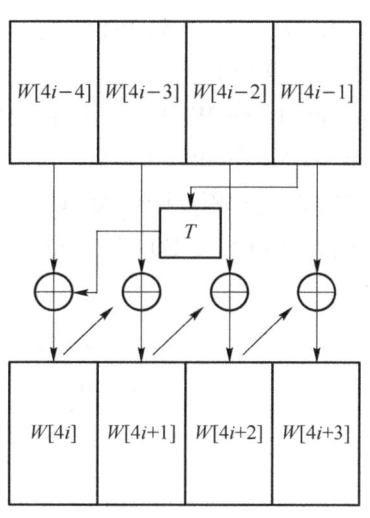

图 4.14 密钥扩展

这个 4×4 矩阵的每一列的 4 字节组成一个字,矩阵 4 列的 4 个字依次命名为 $W[0]$,$W[1]$,$W[2]$ 和 $W[3]$,它们构成一个以字为单位的数组 W。例如,设密钥 K 为 "abcdefghijklmnop",则 K_0='a',K_1='b',K_2='c',K_3='d',$W[0]$="abcd"。

接着,对 W 数组扩充 40 个新列,构成总共 44 列的扩展密钥数组。新列以如下的递归方式产生:

① 如果 i 不是 4 的倍数,那么第 i 列由如下等式确定:
$$W[i]=W[i-4]\oplus W[i-1]$$
② 如果 i 是 4 的倍数,那么第 i 列由如下等式确定:
$$W[i]=W[i-4]\oplus T(W[i-1])$$
其中,T 是一个有点复杂的函数。

函数 T 由 3 部分组成:字循环、字节代换和轮常量异或。这 3 部分的作用分别如下。

a. 字循环:将 1 个字中的 4 字节循环左移 1 字节,即将输入字 $[b_0,b_1,b_2,b_3]$ 变换成 $[b_1,b_2,b_3,b_0]$。

b. 字节代换:对字循环的结果使用 S 盒进行字节代换。

c. 轮常量异或:将前两步的结果同轮常量 $Rcon[j]$ 进行异或,其中 j 表示轮数。

轮常量 $Rcon[j]$ 是一个字,其值见表 4.10。

表 4.10 轮常量

j	1	2	3	4	5	6	7	8	9	10
$Rcon[j]$	01 00 00 00	02 00 00 00	04 00 00 00	08 00 00 00	10 00 00 00	20 00 00 00	40 00 00 00	80 00 00 00	1B 00 00 00	36 00 00 00

循环地将 $W[3]$ 的元素移位：AC C1 07 BD 变成 C1 07 BD AC。

将 C1 07 BD AC 作为 S 盒的输入，输出为 78 C5 7A 91。

将 78 C5 7A 91 与第一轮轮常量 Rcon[1]进行异或运算，将得到 79 C5 7A 91，因此，$T(W[3])$=79 C5 7A 91，故

$$W[4] = \text{3C A1 0B 21} \oplus \text{79 C5 7A 91} = \text{45 64 71 B0}$$

其余 3 个子密钥段的计算如下：

$$W[5] = W[1] \oplus W[4] = \text{57 F0 19 16} \oplus \text{45 64 71 B0} = \text{12 94 68 A6}$$

$$W[6] = W[2] \oplus W[5] = \text{90 2E 13 80} \oplus \text{12 94 68 A6} = \text{82 BA 7B 26}$$

$$W[7] = W[3] \oplus W[6] = \text{AC C1 07 BD} \oplus \text{82 BA 7B 26} = \text{2E 7B 7C 9B}$$

所以，第一轮的密钥为 45 64 71 B0 12 94 68 A6 82 BA 7B 26 2E 7B 7C 9B。密钥扩展过程如图 4.15 所示。

设初始的128位密钥为：
3C A1 0B 21 57 F0 19 16 90 2E 13 80 AC C1 07 BD
那么4个初始值为：
W[0] = 3C A1 0B 21
W[1] = 57 F0 19 16
W[2] = 90 2E 13 80
W[3] = AC C1 07 BD
下面求扩展的第1轮的子密钥(W[4],W[5],W[6],W[7])。
由于4是4的倍数，所以：
W[4] = W[0] ⊕ T(W[3])
T(W[3])的计算步骤如下：

图 4.15 密钥扩展过程

6. DES 解密

在本章的开始，有 DES 解密的流程图，可以对应那个流程图来进行解密。下面介绍的是另一种等价的解密模式，流程图如图 4.16 所示。这种等价的解密模式使得解密过程各个变换的使用顺序同加密过程的顺序一致，只是用逆变换取代原来的变换。

4.2.2 工程实现与测试

顶层模块接口代码如下所示，在对应的接口输入时钟信号、复位信号，复位信号是高电平复位，输入的 data_ready 代表的是输入的明文数据或者输入的密文数据已经准备好，data 是输入的明文数据或者密文数据，位宽为 128 bit，key_ready 代表的是密钥已经准备好了，可以输入密钥数据，keyexpand_finish 代表的是密钥扩展已经完成，在完成密钥扩展时输出一个时钟周期的高电平。key_in 是输入密钥数据的接口，位宽为 256 bit，在启动 AES 算法之后，首先要进行的就是密钥扩展功能的完成。data_out 是密文数据输出的接口，经过加密或者解密

的数据输出,done 是输出加密完成信号,在完成加密或者解密的流程后输出一个周期的高电平,此时的数据为加密完成数据,下级模块可以使用此数据。

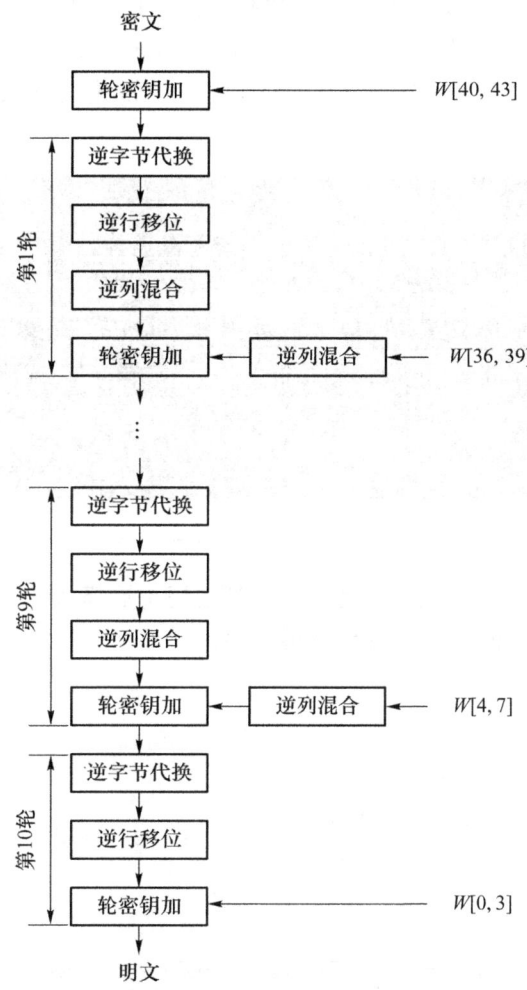

图 4.16 解密流程

```
module aes_enc(
    input           clk         ,
    input           rst         ,
    input           data_ready  ,
    Input [127:0]   data_in     ,
    input           key_ready   ,
    Output reg      keyexpand_finish,
    input [255:0]   key_in      ,
    Output [127:0]  regdata_out ,
    output          reg done
);
```

图 4.17 是 AES 顶层模块仿真的波形图,可以看出在复位完成之后,启动 AES 算法的第一步就是准备好密钥数据,然后输入 key_ready 信号,等待 keyexpand_finish 拉高之后,此时代表完成了密钥扩展功能,就可以进行后续的操作了。以图 4.17 为例,输入密钥为 0,第一次加密的数据为 1,输出的加密数据为 128'h530f8afbc74536b9a963b4f1c4cb738b,第二次加密的数据为 128'h530f8afbc74536b9a963b4f1c4cb738b,第二次加密的密文数据为 128'h9194910c357ec37059642fd435443caa。

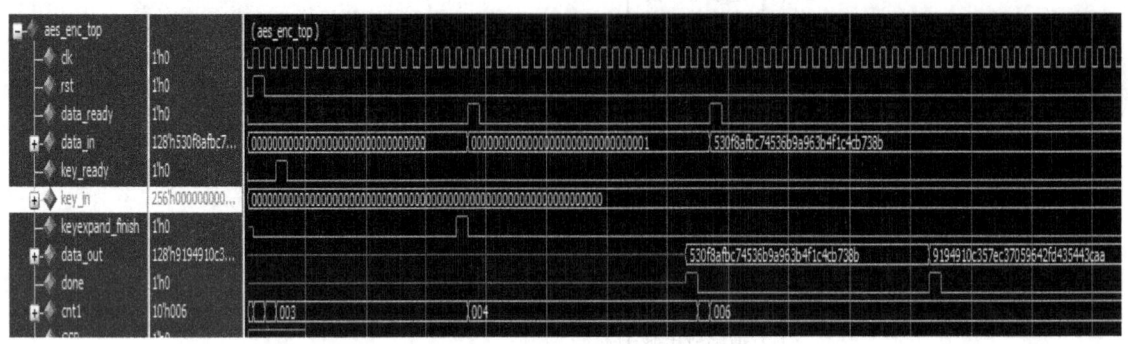

图 4.17 AES 加密

输入密钥,经过密钥扩展输出密钥,程序 4-5 是密钥扩展模块的 Verilog 代码,将密钥输入 S 盒,输出,新的密钥和输入的密钥经过异或再输出。

程序 4-5:
```verilog
module Key_Expand(
        input           [7:0]       rcon,
        input           [255:0]     key_in,
        output          [255:0]     key_out
    );
    wire [31:0] w0,w1;
    assign key_out[255:248] = key_in[255:248] ^ w0[31:24] ^ rcon;
    assign key_out[247:224] = key_in[247:224] ^ w0[23:0];
    assign key_out[223:192] = key_in[223:192] ^ key_out[255:224];
    assign key_out[191:160] = key_in[191:160] ^ key_out[223:192];
    assign key_out[159:128] = key_in[159:128] ^ key_out[191:160];

    assign key_out[127:96] = key_in[127:96] ^ w1;
    assign key_out[95:64] = key_in[95:64] ^ key_out[127:96];
    assign key_out[63:32] = key_in[63:32] ^ key_out[95:64];
    assign key_out[31:0] = key_in[31:0] ^ key_out[63:32];

    SBOX sbox0_inst(
      .sbox_i(key_in[23:16]),
      .sbox_o(w0[31:24])
      );
      SBOX sbox1_inst(
```

```
            .sbox_i(key_in[15:8]),
            .sbox_o(w0[23:16])
        );
        SBOX sbox2_inst(
            .sbox_i(key_in[7:0]),
            .sbox_o(w0[15:8])
        );
        SBOX sbox3_inst(
            .sbox_i(key_in[31:24]),
            .sbox_o(w0[7:0])
        );
        SBOX sbox4_inst(
            .sbox_i(key_out[159:152]),
            .sbox_o(w1[31:24])
        );
        SBOX sbox5_inst(
            .sbox_i(key_out[151:144]),
            .sbox_o(w1[23:16])
        );
        SBOX sbox6_inst(
            .sbox_i(key_out[143:136]),
            .sbox_o(w1[15:8])
        );
        SBOX sbox7_inst(
            .sbox_i(key_out[135:128]),
            .sbox_o(w1[7:0])
        );
endmodule
```

图 4.18 是使用 ModelSim 做密钥扩展模块的仿真波形图,可以看出输入的密钥经过多次异或输出新的密钥。

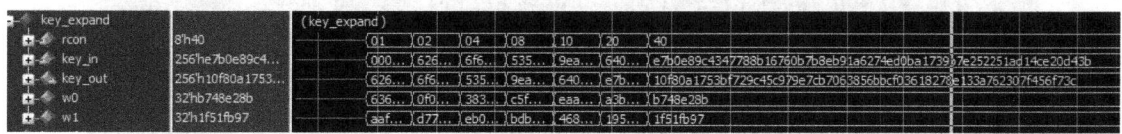

图 4.18 密钥扩展

S 盒模块为密钥存储模块,内部是一个双端口 RAM,在扩展密钥的过程中将密钥存储到 RAM 中,然后在加密或者解密时读出对应的密钥数据。

```
        Key_Sbox keysbox_inst(
        .clka       (clk),
        .wea        (wea_keysbox),
        .addra      (addra_keysbox),
        .dina       (dina_keysbox),
```

```
.clkb      (clk),
.addrb     (addrb_keysbox),
.doutb     (doutb_keysbox));
```

存储模块仿真波形图,密钥扩展阶段为写 RAM 阶段,加解密阶段为读 RAM 阶段。从图 4.19 所示的波形图就可以看出存储模块的读写过程。

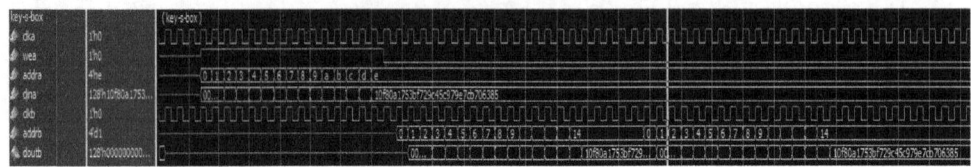

图 4.19　读写 RAM

AES 算法基于 ModelSim 仿真验证其正确性,使用明文数据加密得到密文数据,然后使用密文数据去解密得到明文数据,则可以验证整个加解密逻辑正确,即可完成算法正确性的验证。

加密过程测试:

① 第一次加密的明文数据为 0 ,密钥数据为 0 ,加密得到的密文数据为 128'hdc95c078a2408989ad48a21492842087。

② 第二次加密的密文的明文数据为 128'hdc95c078a2408989ad48a21492842087,密钥数据为 0,加密得到的密文数据为 128'h08c374848c228233c2b34f332bd2e9d3。

解密过程测试:

① 第一次解密的密文数据为 128'hdc95c078a2408989ad48a21492842087,使用的密钥为 0,第一次解密出的明文数据为 0,则证明了加解密正确性的一致。

② 第二次解密的密文数据为 128'h08c374848c228233c2b34f332bd2e9d3,使用的密钥为 0,第二次解密的明文数据为 128'hdc95c078a2408989ad48a21492842087。

两次加解密的对比说明算法程序的正确性,由于 AES 算法是对称加解密算法,加密的逆过程就是解密,两次加解密数据前后对比一致就完成了 AES 算法计算正确性的验证。

使用 ModelSim 仿真加解密过程,图 4.20 为加密过程,经过两次的加密输出对应的密文数据。

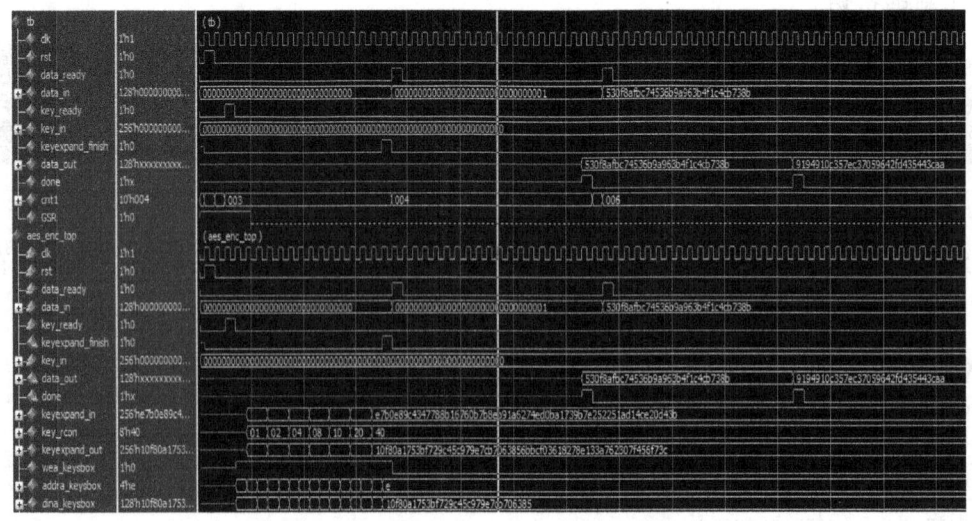

图 4.20　加密过程

第一次加密的明文数据为 0，密钥数据为 0，加密得到的密文数据为 128'hdc95c078a2408989ad48a21492842087。

第二次加密的密文的明文数据为 128'hdc95c078a2408989ad48a21492842087，密钥数据为 0，加密得到的密文数据为 128'h08c374848c228233c2b34f332bd2e9d3。

解密过程测试：

① 第一次解密的密文数据为 128'hdc95c078a2408989ad48a21492842087，使用的密钥为 0，第一次解密出的明文数据为 0，则证明了加、解密正确性的一致；

② 第二次解密的密文数据为 128'h08c374848c228233c2b34f332bd2e9d3，使用的密钥为 0，第二次解密的密文数据为 128'hdc95c078a2408989ad48a21492842087。

解密过程如图 4.21 所示。

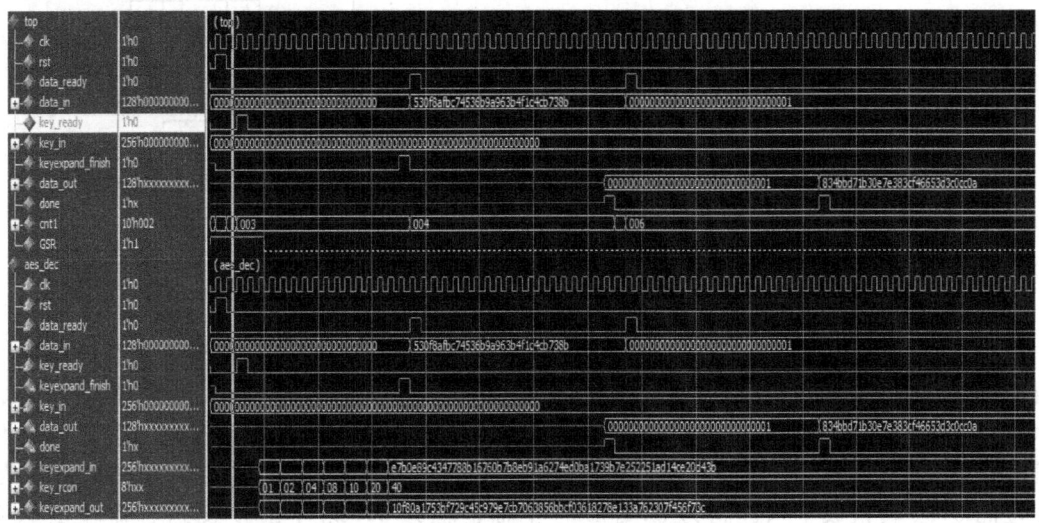

图 4.21　解密过程

4.3　SM4 算法的 FPGA 实现

4.3.1　算法模块设计

1. SM4 算法的完整过程

将密钥的每个字分别与系统参数的每个字做异或运算得到 (K_0, K_1, K_2, K_3)，再将得到的后 3 个字与固定参数 CK_0 做异或运算后进行函数 T 运算得到值 C，最后将通过函数 T 运算得到的 C 与 K_0 做异或运算就得到了第一轮的子密钥，也就是下一轮密钥运算的 K_4。

所以密钥扩展算法可以由下面两个函数表示。

第一步，密钥与系统参数的异或：
$$(K_0, K_1, K_2, K_3) = (MK_0 \oplus FK_0, MK_1 \oplus FK_1, MK_2 \oplus FK_2, MK_3 \oplus FK_3)$$

第二步，获取子密钥：
$$rk_i = K_{i+4} = K_i \oplus T'(K_{i+1} \oplus K_{i+2} \oplus K_{i+3} \oplus CK_i)$$

如图 4.22 所示,加密过程可以大致分解为 4 步。

① 经过后 3 个字与固定参数异或后,得到的值 A 也为 32 位的字。

② 将 A 拆分为 4 个 8 bit 的字节进行 S 盒变换。该 S 盒是一个固定的 8 bit 输入 8 bit 输出的置换。

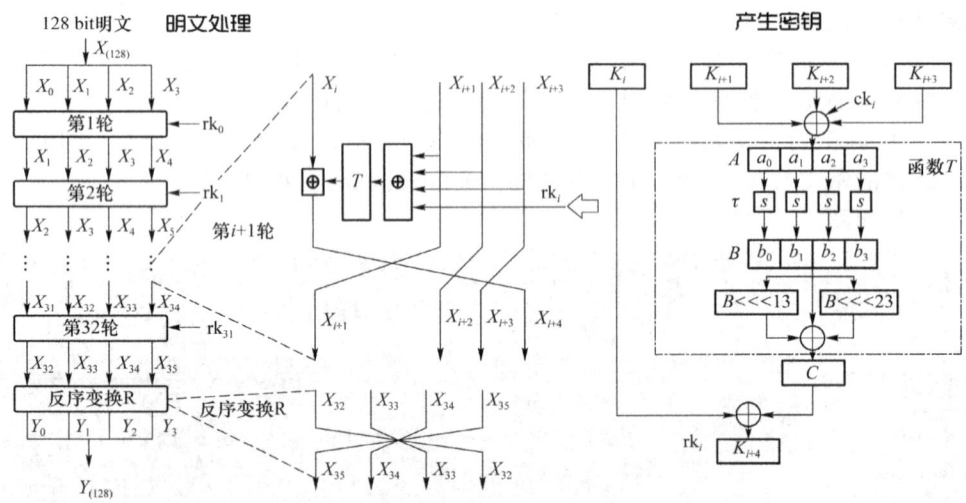

图 4.22　SM4 算法的完整算法流

注:S 盒变换如图 4.23 所示,S 盒值如表 4.11 所示,输入的 8 bit 字节的前 2 位与后 2 位组合形成的值转换成十六进制为 S 盒的行,也就是下标的 x 轴,中间的 4 位形成的值转换成的十六进制为 S 盒的列,也就是下标的 y 轴。x,y 轴确定的那一个值转换成的二进制为该 S 盒的输出。例如:输入 01100101,取前 4 位 0110 转换成十六进制为 6,也就是对应的 x 轴为 6;后 4 位的 0101 转换成十六进制为 5,对应的 y 轴也就为 5。综合 x,y 找到 S 盒输出的值为 58,即 01011000。

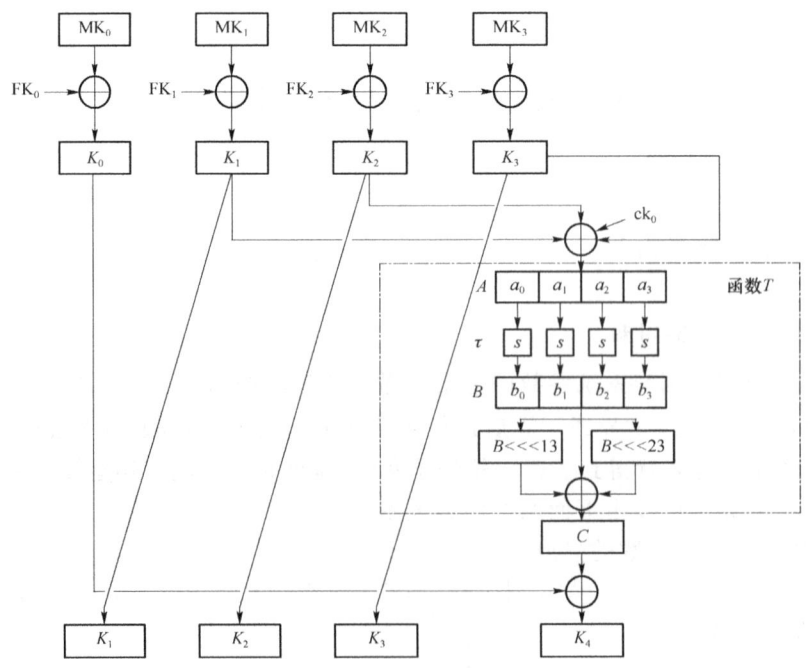

图 4.23　S 盒变换

表 4.11 S 盒

		|							y								
		0	1	2	3	4	5	6	7	8	9	a	b	c	d	e	f
x	0	d6	90	e9	fe	cc	e1	3d	b7	16	b6	14	c2	28	fb	2c	05
	1	2b	67	9a	76	2a	be	04	c3	aa	44	13	26	49	86	06	99
	2	9c	42	50	f4	91	ef	98	7a	33	54	0b	43	ed	cf	ac	62
	3	e4	b3	1c	a9	c9	08	e8	95	80	df	94	fa	75	8f	3f	a6
	4	47	07	a7	fc	f3	73	17	ba	83	59	3c	19	e6	85	4f	a8
	5	68	6b	81	b2	71	64	da	8b	F8	eb	0f	4b	70	56	9d	35
	6	1e	24	0e	5e	63	58	d1	a2	25	22	7c	3b	01	21	78	87
	7	d4	00	46	57	9f	d3	27	52	4c	36	02	e7	a0	c4	c8	9e
	8	ea	bf	8a	d2	40	c7	38	b5	a3	f7	f2	ce	f9	61	15	a1
	9	e0	ae	5d	a4	9b	34	1a	55	ad	93	32	30	f5	8c	b1	e3
	a	1d	f6	e2	2e	82	66	ca	60	c0	29	23	ab	0d	53	4e	6f
	b	d5	db	37	45	de	fd	8e	2f	03	ff	6a	72	6d	6c	5b	51
	c	8d	1b	af	92	bb	dd	bc	7f	11	d9	5c	41	1f	10	5a	d8
	d	0a	c1	31	88	a5	cd	7b	bd	2d	74	d0	12	b8	e5	b4	b0
	e	89	69	97	4a	0c	96	77	7e	65	b9	f1	09	c5	6e	c6	84
	f	18	f0	7d	ec	3a	dc	4d	20	79	ee	5f	3e	D7	cb	39	48

③ 将中间 4 个 S 盒的输出组成 32 位的值 B。

④ 将 B 与左移 13 位及左移 23 位的 B 进行异或,将结果作为函数 T 的输出 C。

2. 明文处理

如图 4.24 所示,明文处理大致分为 3 步。

① 将 128 bit 的明文分成 4 个 32 bit 的字 X_1,X_2,X_3,X_4。

② 将上述得到的字进行 32 轮的轮操作。

③ 最后将进行过 32 轮轮操作的 4 个字进行反序变换,组成 128 bit 的密文。

该轮操作与密钥扩展算法类似,如图 4.25 所示,将明文拆分后的 4 个字的后 3 个字与该轮的子密钥进行异或处理,之后再经过一个函数 T(函数 T 与密钥扩展中的函数 T 相同,只是后面的 L 处理变为 B 与左移 2 位、左移 10 位、左移 18 位及左移 24 位的 B 进行异或处理)得到 C,再将明文拆分后的第一个字与 C 进行异或。

该轮操作的函数可简化成下面的函数:

$$X_{i+4}=F(X_i,X_{i+1},X_{i+2},X_{i+3},\text{rk})=X_i\oplus T(X_{i+1}\oplus X_{i+2}\oplus X_{i+3}\oplus \text{rk}), \quad i=0,1,\cdots,31$$

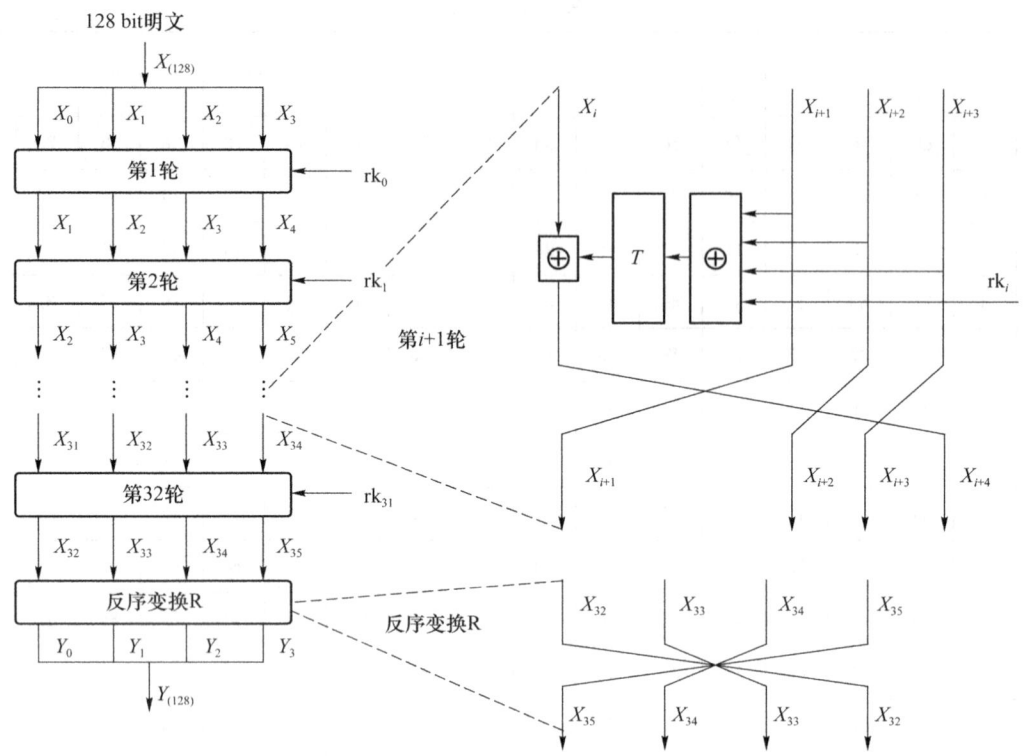

图 4.24 明文处理

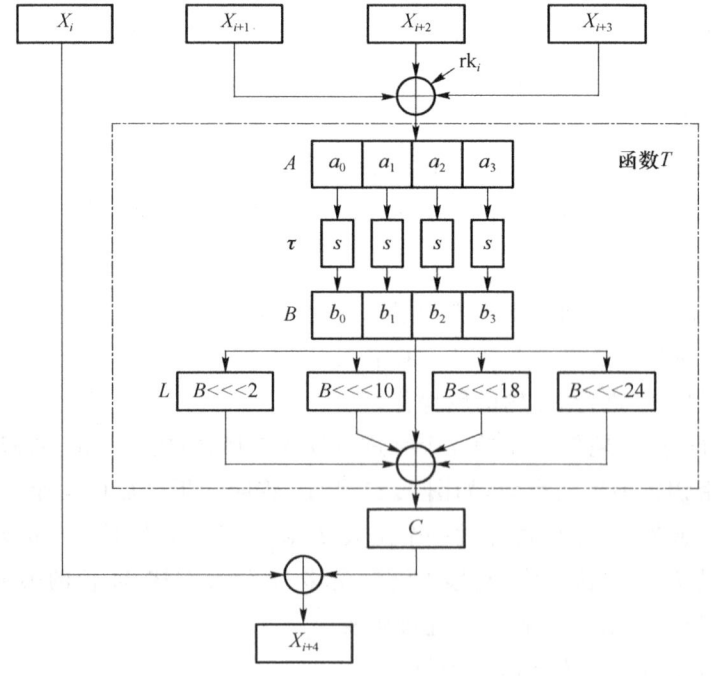

图 4.25 密文生成

4.3.2 工程实现与测试

用 Verilog 实现 SM4 加密算法，其主要包含两个大模块，一个是密钥扩展模块，另一个是加密模块。如图 4.26 所示，分组长度与密钥长度均为 128 bit，加密算法与密钥扩展算法都采用 32 轮非线性迭代结构，S 盒为固定的 8 bit 输入 8 bit 输出。

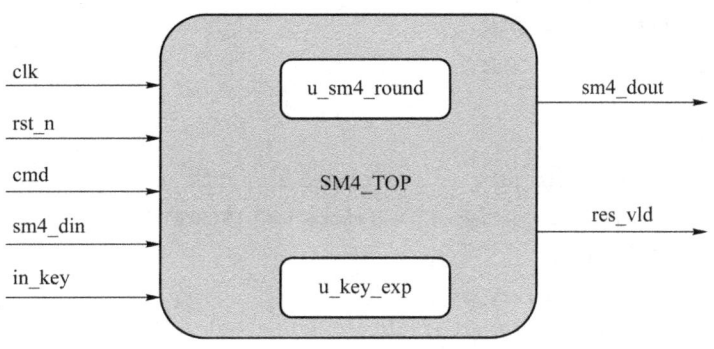

图 4.26　SM4 加密算法模块

1. SM4_TOP 顶层代码

顶层代码接口说明如下，具体程序如程序 4-6 所示。
clk：输入时钟。
rst_n：输入复位信号，低有效。
cmd：00：pause 01：key_exp 10：encrypt 11：decrypt。
sm4_din：输入明文数据。
in_key：输入密钥部分。
sm4_dout：输出密文部分。
res_vld：输出数据有效指示。

其中 cmd 信号说明：cmd 为 00 表示算法处于空闲状态，cmd 为 01 表示算法处于进行密钥扩展状态，cmd 为 10 表示进行加密模式的处理，cmd 为 11 表示进行解密模式的处理。

当外部明文数据和密钥数据输入之后，密文数据从 sm4_dout 输出，输出的密文数据是四字节的位宽，需要拼接，其中 res_vld 是指示密文数据有效的部分，经过 32 轮次的加、解密之后再输出，res_vld 信号一共拉高 4 个 32 bit 的数据。

程序 4-6：
```
module sm4_top(
    input           clk,rst_n       ,
    input [1:0]     cmd             ,
    input [127:0]   sm4_din         ,
    input [127:0]   in_key          ,
    output [31:0]   sm4_dout        ,
```

```verilog
    output reg       res_vld
);

    localparam IDLE      = 3'd0;
    localparam KEYEXP    = 3'd1;
    localparam ENCRYPT   = 3'd2;
    localparam DECRYPT   = 3'd3;
    localparam STRES     = 3'd4;
    localparam OUTPUT    = 3'd5;

    reg [2:0]      state_r;
    wire           state_is_idle    = (state_r == IDLE    );
    wire           state_is_decrypt = (state_r == DECRYPT );
    reg [1:0]      counter          ;
    reg [4:0]      ikey_en,ikey_de  ;
    reg [127:0]    sm4_round_din    ;
    wire [127:0]   sm4_round_dout   ;
    wire [31:0]    ikey             ;
    wire           key_exp_done     ;

    wire           key_exp_start = state_is_idle & cmd == 2'b01;
    wire [4:0]     ikey_n = (state_is_decrypt | cmd == 2'b11) ? ikey_de : ikey_en;

    assign sm4_dout = sm4_round_din[127:96];

    always @(posedge clk,negedge rst_n) begin
    if(~rst_n)begin
        state_r         <= IDLE;
        counter         <= 2'd0;
        ikey_en         <= 5'd0;
        ikey_de         <= 5'd31;
        sm4_round_din   <= 128'd0;
        res_vld         <= 1'b0;
    end
    else begin
        case (state_r)
        IDLE:begin
                res_vld        <= 1'b0;
                sm4_round_din  <= sm4_din;
            case (cmd)
            2'b00:state_r      <= IDLE;
            2'b01:state_r      <= KEYEXP;
            2'b10:begin
```

```verilog
                    ikey_en     <= ikey_en + 1'b1;
                    state_r     <= ENCRYPT;
                end
            2'b11:begin
                    ikey_de     <= ikey_de - 1'b1;
                    state_r     <= DECRYPT;
                end
            default:state_r     <= IDLE;
            endcase
        end
KEYEXP:begin
            if(key_exp_done)begin
                res_vld     <= 1'b1;
                state_r     <= IDLE;
            end
        end
ENCRYPT:begin
            sm4_round_din   <= sm4_round_dout;
            ikey_en         <= ikey_en + 1'b1;
            if(ikey_en == 5'd31)
                state_r     <= STRES;
        end
DECRYPT:begin
            sm4_round_din   <= sm4_round_dout;
            ikey_de         <= ikey_de - 1'b1;
            if(ikey_de == 5'd0)
                state_r     <= STRES;
        end
STRES:begin
            sm4_round_din   <= {sm4_round_dout[31:0],sm4_round_dout[63:32],
                sm4_round_dout[95:64],sm4_round_dout[127:96]};
            res_vld         <= 1'b1;
            state_r         <= OUTPUT;
        end
OUTPUT:begin
            counter <= counter + 1'b1;
            sm4_round_din <= {sm4_round_din[95:0],32'd0};
        if(counter == 2'd3)begin
            res_vld <= 1'b0;
            state_r <= IDLE;
        end
    end
default:state_r <= IDLE;
```

```
        endcase
    end
end

sm4_encdec_round u_sm4_round(
    .round_din      (sm4_round_din  ),
    .round_key      (ikey           ),
    .round_dout     (sm4_round_dout )
);
key_expansion u_key_exp(
    .clk            (clk            ),
    .rst_n          (rst_n          ),
    .mkey           (sm4_din        ),
    .in_key         (in_key         ),
    .key_exp_start  (key_exp_start  ),
    .ikey_n         (ikey_n         ),
    .ikey           (ikey           ),
    .key_exp_done   (key_exp_done   )
);

Endmodule
```

2. SM4 的加密模块

程序 4-7 是加密模块的顶层代码,其中包含的是 4 个 S 盒,输入部分包含 128 bit 的明文数据和 32 bit 的密钥数据,调用 4 个 S 盒,输出 sboxbout,将输出的 sboxbout0 拆分移位并且异或,然后再和明文数据异或,异或之后的数据输出到密文接口,如图 4.27 所示。

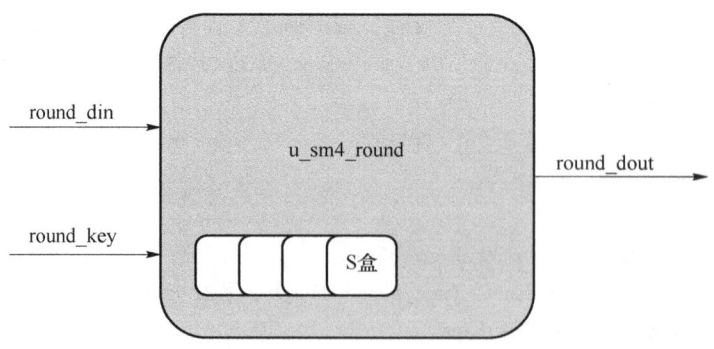

图 4.27 SM4 轮变换

round_din:输入明文数据。
round_key:输入密钥数据。
round_dout:输出密文数据。

程序 4-7:
```verilog
module sm4_key_round(
    input  [127:0]   round_din    ,
    input  [31 :0]   round_ckey   ,
    output [127:0]   round_dout
);

    wire [31:0]    word_0         ;
    wire [31:0]    word_1         ;
    wire [31:0]    word_2         ;
    wire [31:0]    word_3         ;
    wire [31:0]    transform_din  ;
    wire [31:0]    transform_dout ;
    wire [7 :0]    sbox_bin0      ;
    wire [7 :0]    sbox_bin1      ;
    wire [7 :0]    sbox_bin2      ;
    wire [7 :0]    sbox_bin3      ;
    wire [7 :0]    sbox_bout0     ;
    wire [7 :0]    sbox_bout1     ;
    wire [7 :0]    sbox_bout2     ;
    wire [7 :0]    sbox_bout3     ;

    assign {word_0,word_1,word_2,word_3} = round_din;
    assign transform_din = word_1^word_2^word_3^round_ckey;
    assign {sbox_bin0,sbox_bin1,sbox_bin2,sbox_bin3} = transform_din;
    wire [31:0] sbox_wout = {sbox_bout0,sbox_bout1,sbox_bout2,sbox_bout3};

    assign transform_dout = (sbox_wout^{sbox_wout[18:0],sbox_wout[31:19]})^{sbox_wout[8:0],sbox_wout[31:9]};
    assign round_dout = {word_1,word_2,word_3,transform_dout^word_0};
    s_box sbox0(
        .s_in(sbox_bin0),
        .s_out(sbox_bout0)
    );
    s_box sbox1(
        .s_in(sbox_bin1),
        .s_out(sbox_bout1)
    );

    s_box sbox2(
        .s_in(sbox_bin2),
        .s_out(sbox_bout2)
    );
```

```
        s_box sbox3(
            .s_in(sbox_bin3),
            .s_out(sbox_bout3)
        );
    endmodule
```

3. SM4 密钥扩展模块

密钥扩展模块的主要功能是实现密钥的输出,完成密钥的生成,完成 32 轮次的密钥扩展。SM4 密钥扩展模块如图 4.28 所示。

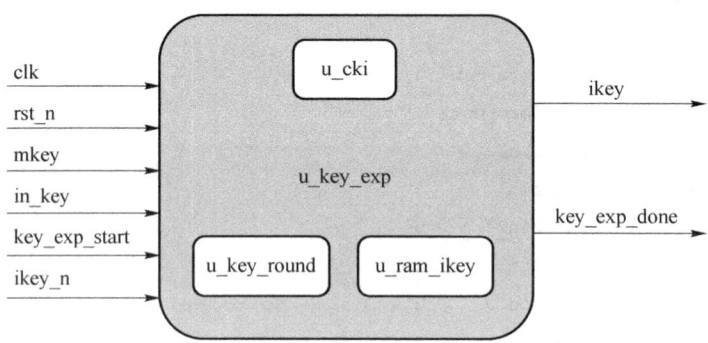

图 4.28 SM4 密钥扩展模块

clk:输入时钟信号。
rst_n:输入复位信号。
mkey:输入 128 bit 的密钥数据。
key_exp_start:密钥扩展启动信号。
ikey_n:外部输入密钥轮次次数、加密轮次和解密轮次。
ikey:输出密钥扩展数据。
key_exp_done:密钥扩展完成。

密钥扩展模块在外部输入的 cmd 为 01 时启动,SM4 算法在加密之前要进行密钥的扩展,完成密钥扩展之后,该模块会输出 key_exp_done 信号表示完成。然后再将输出的 ikey 输入加密模块进行加密。

程序 4-8 是密钥扩展模块的顶层代码,该模块还例化了另外 3 个模块,即 u_cki、u_key_round、u_ram_ikey(用作存储功能的 RAM)。

程序 4-8:
```
module key_expansion(
    input           clk,
    input           rst_n,
    input  [127:0]  mkey,
    input  [127:0]  in_key,
    input           key_exp_start,
    input  [4:0]    ikey_n,
    output [31:0]   ikey,
```

```verilog
    output              key_exp_done
);

    wire    [31:0]  FK0;
    wire    [31:0]  FK1;
    wire    [31:0]  FK2;
    wire    [31:0]  FK3;
    reg             state_is_idle;
    reg             ram_ikey_wea;
    reg     [4:0]   exp_counter;
    reg     [127:0] round_din_r;
    wire    [31:0]  round_key_r;
    wire    [4:0]   ram_ikey_addr;
    wire    [127:0] round_dout;
    wire key_exp_trigger = state_is_idle & key_exp_start;

    assign FK0              = in_key[31 :0 ];
    assign FK1              = in_key[63 :32];
    assign FK2              = in_key[95 :64];
    assign FK3              = in_key[127:96];

    assign key_exp_done = ~state_is_idle & exp_counter == 5'd31;
    assign ram_ikey_addr = state_is_idle ? ikey_n : exp_counter;
    always @(posedge clk,negedge rst_n) begin
        if(~rst_n)
            state_is_idle <= 1'b1;
        else if(key_exp_trigger)
            state_is_idle <= 1'b0;
        else if(key_exp_done)
            state_is_idle <= 1'b1;
        else
            state_is_idle <= state_is_idle;
    end
    always @(posedge clk,negedge rst_n) begin
        if(~rst_n)
            ram_ikey_wea <= 1'b0;
        else if(key_exp_trigger)
            ram_ikey_wea <= 1'b1;
        else if(key_exp_done)
            ram_ikey_wea <= 1'b0;
        else
            ram_ikey_wea <= ram_ikey_wea;
```

```verilog
        end
    always @(posedge clk,negedge rst_n) begin
        if(~rst_n)
            exp_counter <= 5'd0;
        else if(~state_is_idle)
            exp_counter <= exp_counter + 1'b1;
    end
    always @(posedge clk,negedge rst_n) begin
        if(~rst_n)
            round_din_r <= 128'd0;
        else if(key_exp_trigger)
            round_din_r <= mkey{FK0,FK1,FK2,FK3};
        else if(~state_is_idle)
            round_din_r <= round_dout;
        else
            round_din_r <= round_din_r;
    end
    get_cki u_cki(
        .round_cnt   (exp_counter),
        .cki         (round_key_r)
    );
    sm4_key_roundu_key_round(
        .round_din   (round_din_r),
        .round_ckey  (round_key_r),
        .round_dout  (round_dout)
    );
    ram_ikey #(
        .DP(32),
        .AW(5),
        .DW(32)
    )u_ram_ikey(
        .clk(clk),
        .din(round_dout[31:0]),
        .addr(ram_ikey_addr),
        .wea(ram_ikey_wea),
        .dout(ikey)
    );
endmodule
```

4. 仿真验证

在 SM4 仿真代码顶层,输入明文数据 0123456789abcdeffedcba9876543210,再输入自己

造的密钥数据,通过控制 cmd 信号,在 Vivado 中添加仿真文件,打开 ModelSim 仿真软件,运行生成仿真波形图。仿真验证程序见程序 4-9。

程序 4-9:
```verilog
module SM4_tb;
reg        clk,rst_n;
reg [127:0] sm4_din;
reg [127:0] in_key;
reg [1 :0] cmd;
wire [31:0] sm4_dout;
wire       res_vld;

initial begin
clk = 0;rst_n = 0;
sm4_din = 128'h0123456789abcdeffedcba9876543210;
in_key =  128'hb27022dc677d919756aa3350a3b1bac6;
cmd = 0;
#10 rst_n = 1;
#10 cmd = 1;
#10 cmd = 0;
wait(res_vld);
#10 cmd = 2;
#10 cmd = 0;
wait(res_vld);
#75 sm4_din = 128'h681edf34d206965e86b3e94f536e4246;
#10 cmd = 3;
#10 cmd = 0;
wait(res_vld);
end
always #5 clk = ~clk;
sm4_top u_sm4_top(
    .clk(clk),
    .rst_n(rst_n),
    .cmd(cmd),
    .sm4_din(sm4_din),
    .in_key(in_key),
    .sm4_dout(sm4_dout),
    .res_vld(res_vld)
);
Endmodule
```

运行仿真,可以看到起始输入的明文数据和密钥数据,输入 cmd 为 01 后进入密钥扩展状态,如图 4.29 所示。

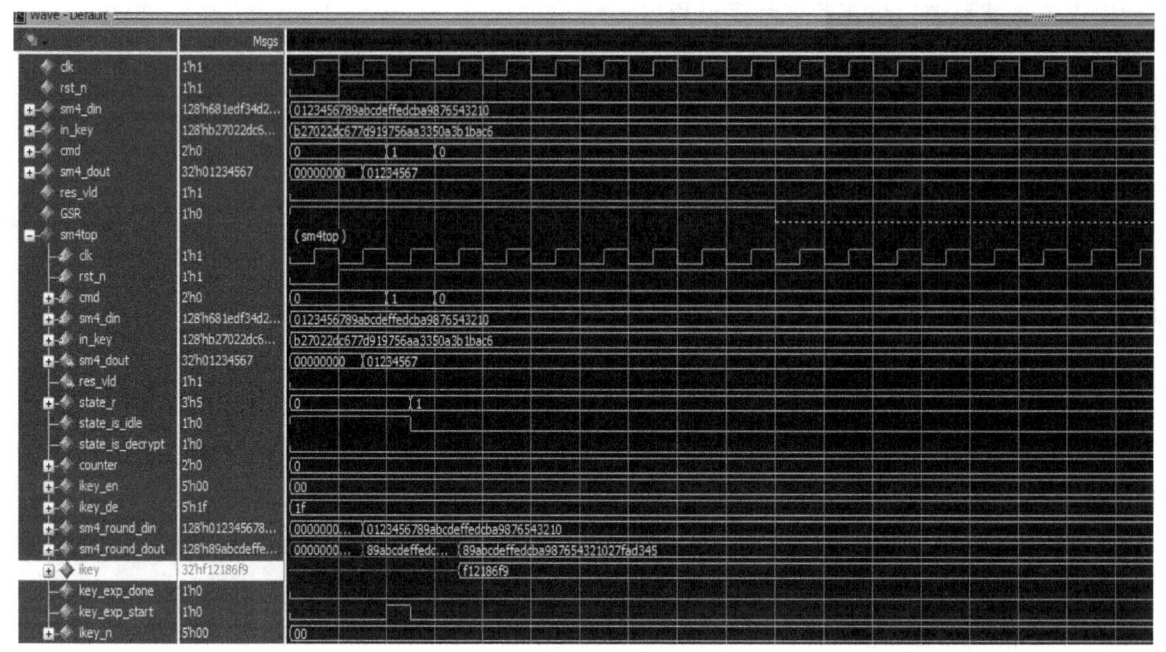

图 4.29　进入密钥扩展状态

当密钥扩展状态结束时 key_exp_done 信号拉高,此时完成了密钥扩展,如图 4.30 所示,进入空闲状态,然后再进入加密状态。

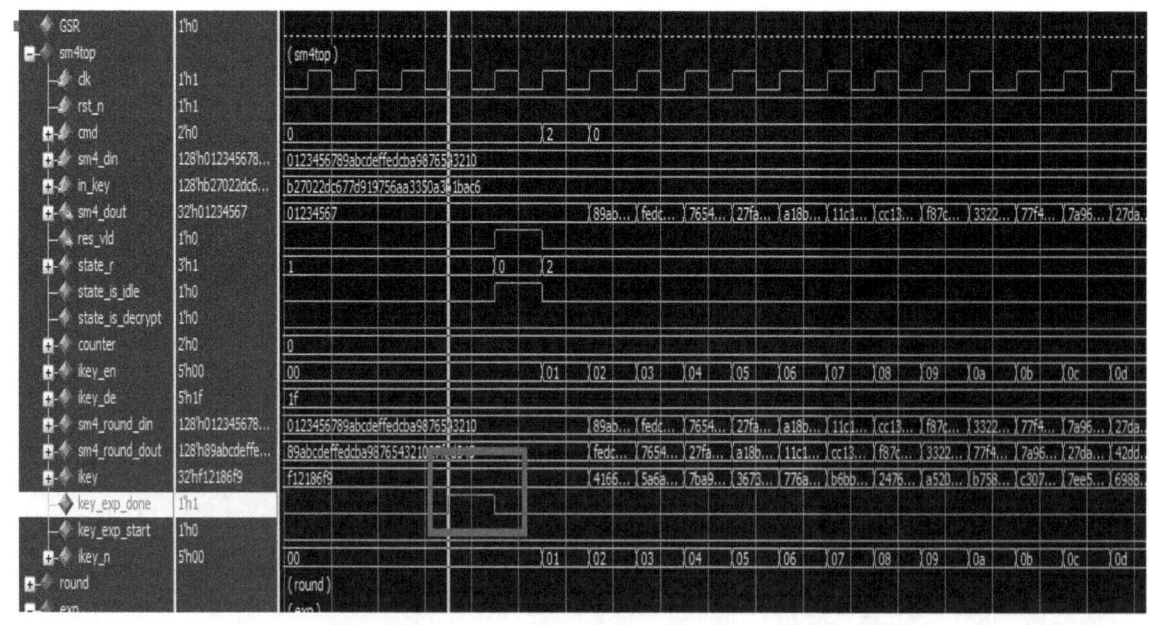

图 4.30　密钥扩展结束

在加密状态进行 32 轮次的数据加密,加密完的数据波形如图 4.31 所示,res_vld 拉高时指示加密数据有效,128 bit 的密文数据输出,然后再将 128 bit 的密文数据作为将要解密的数据输入。

将加密得到的数据输入给 SM4 算法,cmd 信号控制为 11 时进入解密状态,在解密状态进行 32 轮次的解密之后输出明文数据,可以看到解密的数据和最初的明文数据一致,说明加解密的过程完成,如图 4.32 所示。

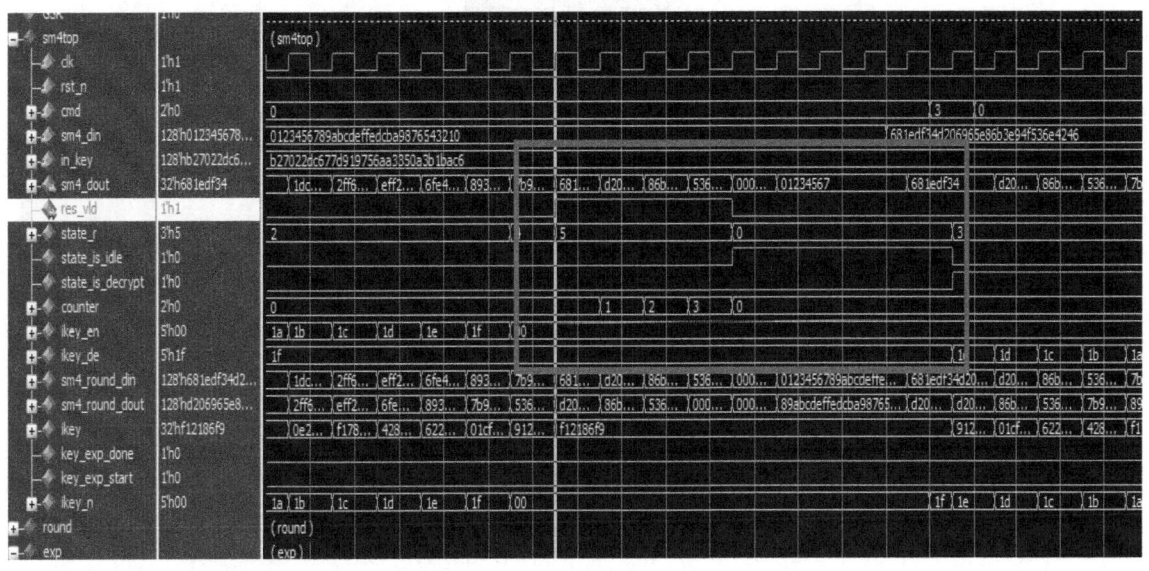

图 4.31 轮加密

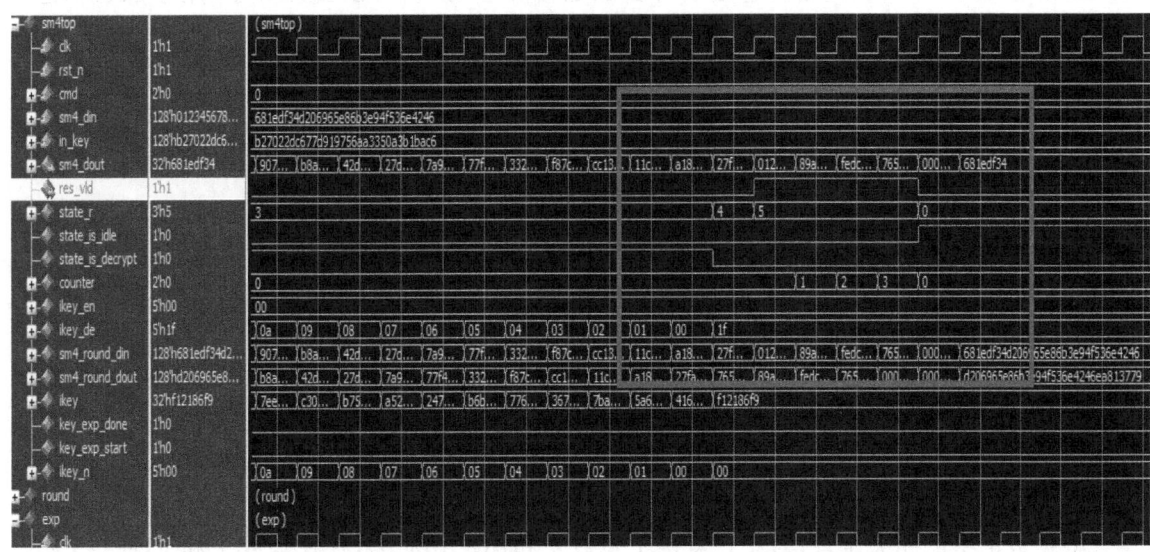

图 4.32 完成加解密

第 5 章

公钥密码算法的 FPGA 实现

本章主要介绍公钥密码算法在 FPGA 上的实现,讨论 RSA 算法、椭圆曲线密码(ECC)算法及 SM2 算法的具体实现,包括算法模块设计、工程实现与仿真测试等。

5.1 RSA 算法的 FPGA 实现

RSA 算法是一种广泛使用的非对称加密算法,由 Ron Rivest、Adi Shamir 和 Len Adleman 在 1977 年共同提出。它是一种公钥加密算法,公钥可以公开分享,用于加密信息;私钥则必须保密,用于解密信息。RSA 算法的安全性基于大整数分解的数学难题。本节主要介绍 RSA 算法的设计及 FPGA 实现。

5.1.1 算法模块设计

本小节介绍 RSA 算法中关键算法模块的设计,主要包括扩展欧几里得算法、密钥生成模块、模幂运算模块、基于 RSA 算法的加解密模块及其他辅助模块。

1. 扩展欧几里得算法

扩展欧几里得算法(extended Euclidean algorithm)是欧几里得算法(又称辗转相除法)的扩展。它不仅能用于计算两个整数的最大公约数(GCD),还能用于找到一组整数 x 和 y,使得其满足贝祖等式(Bézout's identity):$ax+by=\gcd(a,b)$。这组整数 x 和 y 中的 x,当 $\gcd(a,b)$ 为 1 时,即 a 在模 b 下的逆元。

根据数论中的相关定理,对于任意两个整数 a 和 b(b 不为 0),存在整数 x 和 y,使得 $ax+by=\gcd(a,b)$。当 $\gcd(a,b)=1$ 时,即 a 和 b 互质,该等式可以转化为 $ax\equiv 1 \pmod{b}$,这意味着 x 是 a 在模 b 下的逆元。

扩展欧几里得算法求逆的步骤如下。

① 初始化:设定两个变量 x 和 y。初始时,令 $x=0, y=1$。

② 迭代计算:在利用欧几里得算法求最大公约数的过程中,同时计算 x 和 y 的值。对于每一对 (a,b),执行以下操作。

    a. 计算 $q=a//b$(整除),$r=a\%b$(取余)。

    b. 更新 $a=b, b=r$。

c. 根据扩展欧几里得算法的核心递推关系式更新 x 和 y：$x=y-q*x,y=x$。

③ 终止条件：当 b 为 0 时，算法终止。此时，x 即 a 在模原始 b 值下的逆元（如果 $\gcd(a,b)=1$ 的话）。

示例说明如下。

假设要找 7 在模 26 下的逆元。

① 初始时，$a=7,b=26,x=0,y=1$。

② 第一步迭代：

a. $q=7//26=0,r=7\%26=7$。

b. 更新 $a=26,b=7$。

c. 更新 $x=1-0*0=1,y=0$。

③ 第二步迭代：

a. $q=26//7=3,r=26\%7=5$。

b. 更新 $a=7,b=5$。

c. 更新 $x=0-3*1=-3,y=1$。

④ 第三步迭代：

a. $q=7//5=1,r=7\%5=2$。

b. 更新 $a=5,b=2$。

c. 更新 $x=1-1*(-3)=4,y=-3$。

⑤ 第四步迭代：

a. $q=5//2=2,r=5\%2=1$。

b. 更新 $a=2,b=1$。

c. 更新 $x=-3-2*4=-11,y=4$。

⑥ 第五步迭代：

a. $q=2//1=2,r=2\%1=0$。

b. 此时 b 为 0，算法终止。

由于 $\gcd(7,26)=1$，所以 7 在模 26 下有逆元。逆元为 x 在 b 为 0 时的值，即 -11。但逆元通常取正数形式，因此需要对 -11 进行调整。由于 $-11+26=15$，所以 7 在模 26 下的逆元为 15。

2. 密钥生成模块

RSA 密钥生成过程涉及选择两个大质数 p 和 q，计算它们的乘积 n（模数），接着基于欧拉函数 $\varphi(n)$ 选取公钥 e，并通过 e 和 n 确定私钥 d。以下是 RSA 密钥的生成过程。

（1）选择两个大素数 p 和 q

根据 RSA 算法的要求，这两个素数需要足够大以保障加密的强度，通常选择同等位数的素数以保证密钥的对称性。在实际应用中，RSA 密钥的长度一般为 1 024 位。

（2）计算模数 n

通过公式 $n=p\times q$ 计算出 n 的值。n 在后续将用于构造密钥对。

（3）计算欧拉函数 $\varphi(n)$

欧拉函数 $\varphi(n)$ 表示小于 n 且与 n 互质的正整数的数量。对于 RSA 算法，$\varphi(n)=(p-1)\times(q-1)$。

（4）选择公钥 e

选择一个与 $\varphi(n)$ 互质的数作为公钥 e。通常选择 65 537，因为它在计算机处理上具有较好的性能,同时也是一个公认的安全选择。e 的值需要满足 $1<e<\varphi(n)$。

(5) 计算私钥 d

通过扩展欧几里得算法计算私钥 d,使得 $(d\times e) \bmod \varphi(n)=1$。这一步是整个 RSA 密钥生成过程中最为复杂的数学运算部分。

(6) 封装密钥对

将 (n,e) 封装成公钥,将 (p,q,d) 封装成私钥。

3. 模幂运算模块

模幂运算(modular exponentiation)是一种用于计算大数的幂并对另一个数取模的算法。模幂运算的算法原理通常基于快速幂算法(fast exponentiation algorithm),其核心思想是利用幂运算的特性,将指数 n 分解为二进制形式,然后通过对幂运算逐步求平方的方式,以 $O(\log n)$ 的时间复杂度完成整个计算过程。

算法实现步骤如下。

(1) 输入参数

a:底数。

b:指数。

m:模数。

(2) 初始化

将结果变量 result 初始化为 1。

将底数 a 对模数 m 取模,即 $a=a \% m$,以确保在运算过程中 a 的值始终小于 m。

(3) 处理指数

将指数 b 转换为二进制形式,例如,如果 $b=13$,则其二进制表示为 1101。

从高位到低位依次处理指数 b 的每一位。

(4) 迭代计算

对于指数 b 的每一位,执行以下操作。

① 如果当前位为 1,则将 result 乘以 a(注意此时 a 已经是对 m 取模后的值)并对 m 取模,即 $\text{result}=(\text{result} * a)\%m$。

② 无论当前位是否为 1,都将 a 乘以自身并对 m 取模,即 $a=(a*a)\%m$。这一步是为了准备下一位的计算。

将指数 b 右移一位,继续处理下一位,直到处理完所有位。

(5) 输出结果

当所有位都处理完毕后,result 即 a 的 b 次幂对 m 取模的结果。

为便于理解,举例说明算法实现过程。假设需要计算 $2\char`\^13 \bmod 17$ 的值,以下是模幂运算过程的详细步骤。

(1) 输入参数

$a=2$。

$b=13$(其二进制表示为 1101)。

$m=17$。

(2) 初始化

result$=1$。

$a=2\%17=2$。

(3) 处理指数

从高位到低位依次处理 1101 的每一位。

(4) 迭代计算

对于最低位 1：

- result=(result * a)%m=(1 * 2)%17=2；
- a=(a * a)%m=(2 * 2)%17=4。

对于次低位 0：

- 不需要更新 result；
- a=(a * a)%m=(4 * 4)%17=16。

对于第二位 1：

- result=(result * a)%m=(2 * 16)%17=15；
- a=(a * a)%m=(16 * 16)%17=1。

对于最高位 1：

- result=(result * a)%m=(15 * 1)%17=15；
- 此时已经处理完所有位，无须再更新 a。

(5) 输出结果

result=15，即 2^{13} mod 17 的结果。

4. 基于 RSA 算法的加解密模块

基于 RSA 算法的加密过程如下。

① 准备明文：将需要加密的明文消息 M 转换为整数。如果明文是字符串，可以将其转换为 ASCII 码或 Unicode 码的整数序列。

② 加密计算：使用公钥 (e,n) 对明文 M 进行加密，计算密文 $C=M^e$ mod n。

③ 传输密文：将密文 C 安全地传输给接收方。

基于 RSA 算法的解密过程如下。

① 接收密文：接收方收到密文 C。

② 解密计算：使用私钥 (d,n) 对密文 C 进行解密，计算明文 $M=C^d$ mod n。

③ 恢复明文：如果明文是字符串，将解密后的整数序列转换回对应的字符串。

5.1.2 工程实现与测试

1. 扩展欧几里得算法的实现

下面的代码是使用 Verilog 硬件描述语言编写的求逆元模块，旨在计算给定整数 a 关于模数 n 的模逆元 x，即满足 (a * x)%n=1 的 x 值。计算过程采用了扩展欧几里得算法。

(1) 模块输入

clk：时钟信号，用于同步操作。

rst_n：复位信号，低电平有效，用于重置模块状态。

in_valid：输入有效信号，高电平表示输入数据 a 和 n 是有效的。

a：32 位宽的整数，是要求模逆元的数。

n：32 位宽的整数，是模数。

(2) 模块输出

result:32 位宽的寄存器,存储计算得到的模逆元 x。

valid_out:输出有效标志,高电平表示 result 中的数据是有效的。

(3) 模块内部寄存器

x,y:用于扩展欧几里得算法中的迭代计算。

a_reg,n_reg:存储输入的 a 和 n 的值,以便在算法迭代中使用。

mode_n:存储模数 n 的副本,用于计算过程中。

processing:处理标志,表示算法是否正在运行。

(4) 算法流程

① 复位:当 rst_n 为低电平时,所有寄存器被重置为初始状态。

② 输入处理:当 in_valid 为高电平且 processing 为低电平(即未在处理中)时,将输入的 a 和 n 分别存储到 a_reg 和 n_reg 中,并初始化 x 为 0,y 为 1,mode_n 为 n,设置 processing 为高电平,表示开始处理。

③ 算法迭代:当 processing 为高电平时,算法进入迭代过程。

a. 如果 n_reg 为 0,表示找到了最大公约数,且因为假设 a 和 n 互质,所以最大公约数应为 1。此时,y 中存储的就是模逆元 x 的候选值。

b. 如果 y 的符号位(31 位)为 1,即 y 为负数,则将 y 加上 mode_n 以确保结果为正数。

c. 设置 valid_out 为高电平,表示 result 中的数据是有效的,并将 processing 设置为低电平,表示处理完成。

e. 如果 n_reg 不为 0,则按照扩展欧几里得算法的规则更新 a_reg、n_reg、x 和 y 的值,继续迭代。

该例程无法处理非常大的整数,在实际应用中,需要根据具体需求评估算法的适用性和性能,尤其是需要考虑采用适当的方式在 FPGA 中实现大数的乘法、加减法及模运算等,示例代码如程序 5-1 所示。

程序 5-1:
```verilog
module mod_inverse(
    input wire clk,
    input wire rst_n,
    input wire in_valid,
    input wire [31:0] a,
    input wire [31:0] n,
    output reg [31:0] result,
    output reg valid_out
);

    reg [31:0] x, y;
    reg [31:0] a_reg, n_reg, mode_n;
    reg processing;

    always@(posedge clk or negedge rst_n) begin
        if(!rst_n) begin
```

```verilog
                x <= 0;
                y <= 0;
                result <= 0;
                valid_out <= 0;
                processing <= 0;
                mode_n <= 0;
            end else if (in_valid && !processing) begin
                a_reg <= a;
                n_reg <= n;
                x <= 0;
                y <= 1;
                mode_n <= n;
                processing <= 1;
            end else if (processing) begin
                if (n_reg == 0) begin
                    result <= y;
                    if(y[31] == 1'b1) result <= y + mode_n;
                    else    result <= y;
                    valid_out <= 1;
                    processing <= 0;
                end else begin
                    a_reg <= n_reg;
                    n_reg <= a_reg % n_reg;
                    y <= x;
                    x <= y - (a_reg/n_reg) * x;
                end
            end
        end
endmodule

module tb_mod_inverse;
    reg clk;
    reg rst_n;
    reg [31:0] a;
    reg [31:0] n;
    reg in_valid;
    wire [31:0] result;
    wire valid;
    mod_inverse uut (
        .clk(clk),
        .rst_n(rst_n),
        .in_valid(in_valid),
        .a(a),
        .n(n),
        .result(result),
        .valid_out(valid)
```

```verilog
    );
    initial begin
        clk = 0;
        forever #5 clk = ~clk;
    end
    initial begin
        #200
        rst_n = 0;
        a = 0;
        n = 0;
        in_valid = 0;
        #10;
        rst_n = 1;
        in_valid = 1;
        a = 16;
        n = 251;
        @(posedge clk)
        in_valid = 0;
        #100;
        if (valid && result == 204) begin
            $display("Test Case 1 Passed: 16^-1 mod 251 = %d", result);
        end else begin
            $display("Test Case 1 Failed: Expected 204, Got %d", result);
        end
         $stop;
    end
endmodule
```

使用 Vivado 和 Modsim 联合仿真,代码运行效果如图 5.1 所示。

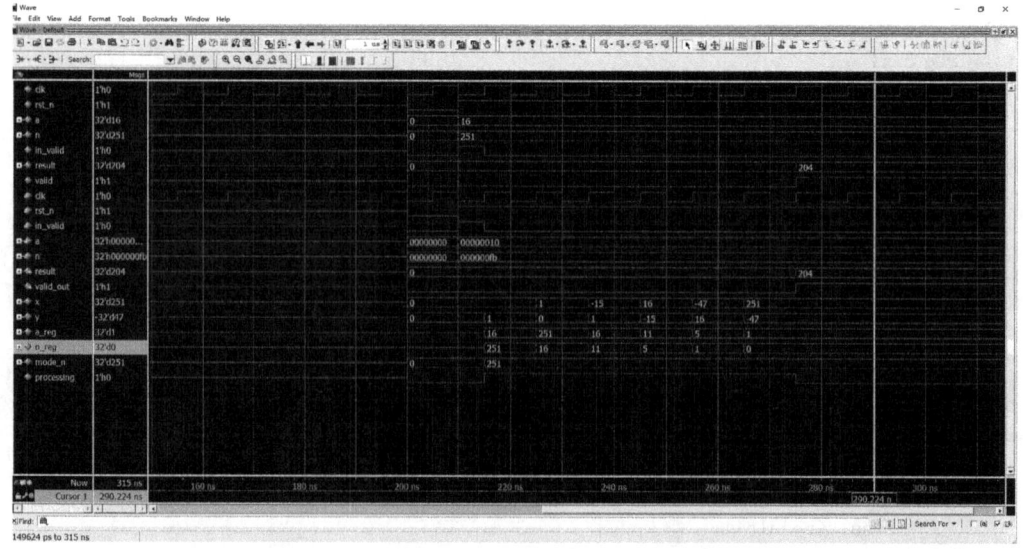

图 5.1 扩展欧几里得算法功能仿真效果

2. 密钥生成模块的实现

keygen 模块用于生成加密密钥 e。计算 $phin=(p-1)*(q-1)$,然后寻找一个与 phin 互质的数 e(即 $gcd(phin,e)=1$)。通过尝试一系列随机数并计算最大公约数(GCD)来实现,示例代码如程序 5-2 所示。

输入:p 与 q(整数)、start(启动信号)、clk(时钟信号)。

输出:e1(生成的密钥)、finish(完成信号)。

程序 5-2:
```verilog
module keygen(
input [7:0] p,
input [7:0] q,
input start,
input clk,
output [7:0] e1,
output reg finish
);

reg [15:0] e;
assign e1 = e[7:0];
reg fin;
wire [15:0] phin;
assign phin = (p-1)*(q-1);
reg [15:0] x,y,random,gcd;
wire [15:0] r,x1,y1;
Divider d2(x1,y1,outResult,r);
assign y1 = y,x1 = x;

always @(posedge clk)
    begin
        if(start)
            begin
                x <= phin;
                random <= 3;
                y <= 3;
                gcd <= 0;
                fin <= 0;
                finish <= 0;
                e <= 0;
            end
        
        if((fin == 1) & (gcd == 1))
            begin
                e <= random;
```

```
                    finish<=1;
                end

            if (r==0)
                begin
                    gcd<=y;
                    fin<=1;
                end

            if( fin==0)
                begin
                    x<=y;
                    y<=r;
                end

            if ((fin==1) & (gcd!=1))
                begin
                    random<=random+2;
                    y<=random+2;
                    x<=phin;
                    gcd<=0;
                    fin<=0;
                end
    end
endmodule
```

3. 模幂运算模块的实现

modularmult 模块执行模幂运算，即计算 M 的 e 次方模 n。使用重复平方法（也称为快速幂算法）来高效地完成计算，示例代码如程序 5-3 所示。

输入：M（基数）、e（指数）、n（模数）、start（启动信号）、clk（时钟信号）。

输出：Mpower（M 的 e 次方模 n 的结果）、remainder（模运算的余数，这里可能用于内部计算）、finished（完成信号）。

程序 5-3：
```
module modularmult(input [15:0]M,
input [15:0] e,
input [15:0] n,
input start,
input clk,
output finished,
output reg [31:0] Mpower,
output [31:0] remainder
    );
```

```
        reg [15:0] ncount;
        reg [31:0] x,n1;


        Divider32 d1(x,n1,outResult,remainder);


        always@(posedge clk)
        begin
                if(start) begin
                    ncount = e-1;
                    Mpower = M;
                    x = 0;
                    n1 = {16'b0000000000000000,n};
                end
                else if(!finished)
                    begin
                        Mpower = remainder * M;
                        ncount = ncount - 1;
                    end
                x = Mpower;
        end

        assign finished = (ncount == 0)? 1:0;

        endmodule
```

4. 加解密模块的实现

Main 模块是系统的顶层模块,该模块整合了其他子模块以实现基于 RSA 算法的加解密运算整体功能。Main 模块输入信号包括 enc_dec_sel、M、p 和 q(两个素数,用于生成密钥),以及时钟信号 clk 和 3 个启动信号 start、start1、start2,分别用于启动生成公钥、启动生成私钥、启动模幂运算。输出包括公钥 e、模数 n(通常 $n=p*q$)、模运算的余数 remainder(也是加密或者解密后的数据)、私钥 d,以及完成信号 key_gen_finish、key_gen_finish2 和 enc_dec_finish。

Main 函数调用的子模块除 keygen 模块、modularmult 模块外,还包含 Divider 模块、dnew 模块等。

(1) Divider 模块

Divider 模块是通用的除法模块,用于计算两个整数的商和余数。采用逐位减法的方法实现除法。

输入:A(被除数)、B(除数)。

输出:Res(商)、remainder(余数)。

(2) dnew 模块

dnew 模块为求逆运算,它接收 p、q 和 e1 作为输入,并输出 $n(p*q)$、d(私钥)以及完成信号 finished。

输入：p 与 q（整数）、e1（密钥）、clk（时钟信号）、start（启动信号）。
输出：n（$p*q$ 的结果）、d（私钥）、finished（完成信号）。

(3) Divider32 模块

Divider32 模块与 Divider 模块类似，但设计用于 32 位整数，也是一个通用的除法模块，用于计算两个 32 位整数的商和余数。

输入：A（被除数）、B（除数）。

输出：Res（商）、remainder（余数）。

Main 模块的功能代码实现如程序 5-4 所示。

程序 5-4：
```verilog
module Main(
    input wire enc_dec_sel,
    input [15:0] M,
    input [7:0] p,
    input [7:0] q,
    input clk,
    input start,
    input start1,
    input start2,
    output wire[7:0] e,
    output wire[15:0] n,
    
    output [15:0] result_out,
    output wire [15:0] d,
    output key_gen_finish,
    output key_gen_finish2,
    output enc_dec_finish
    );
    
    wire [15:0] key_sel;
    keygen k1 (p,q,start,clk,e,key_gen_finish);
    dnew kd1 (p,q,e,clk,start1,n,d,key_gen_finish2);
    assign key_sel = enc_dec_sel? d:e;
    modularmult m1 (M,key_sel,n,start2,clk,enc_dec_finish,Mpower,result_out);
endmodule
```

5. 加解密功能仿真验证

① 输入两个素数 $p=67$、$q=53$。

② 生成公钥 $e=5$、私钥 $d=1\,373$、模数 $n=3\,551$。

③ 使用公钥对数据 $m=1\,256$ 进行加密，加密结果为 $3\,156$。

④ 使用私钥对数据 $3\,156$ 进行解密，解密结果为 $1\,256$。

测试代码如程序 5-5 所示。

程序 5-5:

```verilog
module test_bench;
    reg [15:0] M;
    reg [7:0] p;
    reg [7:0] q;
    reg clk;
    reg start;
    reg start1;
    reg start2;
    reg enc_dec_sel;

    wire [7:0] e;
    wire [15:0] n;
    wire [15:0] result_out;
    wire [15:0] d;
    wire key_gen_finish;
    wire key_gen_finish2;
    wire enc_dec_finish;

    Main uut (
        .enc_dec_sel(enc_dec_sel),
        .M(M),
        .p(p),
        .q(q),
        .clk(clk),
        .start(start),
        .start1(start1),
        .start2(start2),
        .e(e),
        .n(n),
        .result_out(result_out),
        .d(d),
        .key_gen_finish(key_gen_finish),
        .key_gen_finish2(key_gen_finish2),
        .enc_dec_finish(enc_dec_finish)
    );

    initial begin
        M = 0;
        p = 0;
        q = 0;
        clk = 0;
        start = 0;
```

```
        start1 = 0;
        start2 = 0;

        #400;
        enc_dec_sel = 0;
        if (enc_dec_sel) M = 3156;
        else    M = 1256;
        p = 67;
        q = 53;
        #400;
        start = 1;
        #200;
        start = 0;
        #1600;
        start1 = 1;
        #400;
        start1 = 0;
        #1200;
        start2 = 1;
        #400;start2 = 0;

    end
    always #2 clk = ~clk;

endmodule
```

加密功能仿真结果如图 5.2 所示，解密功能仿真结果如图 5.3 所示。

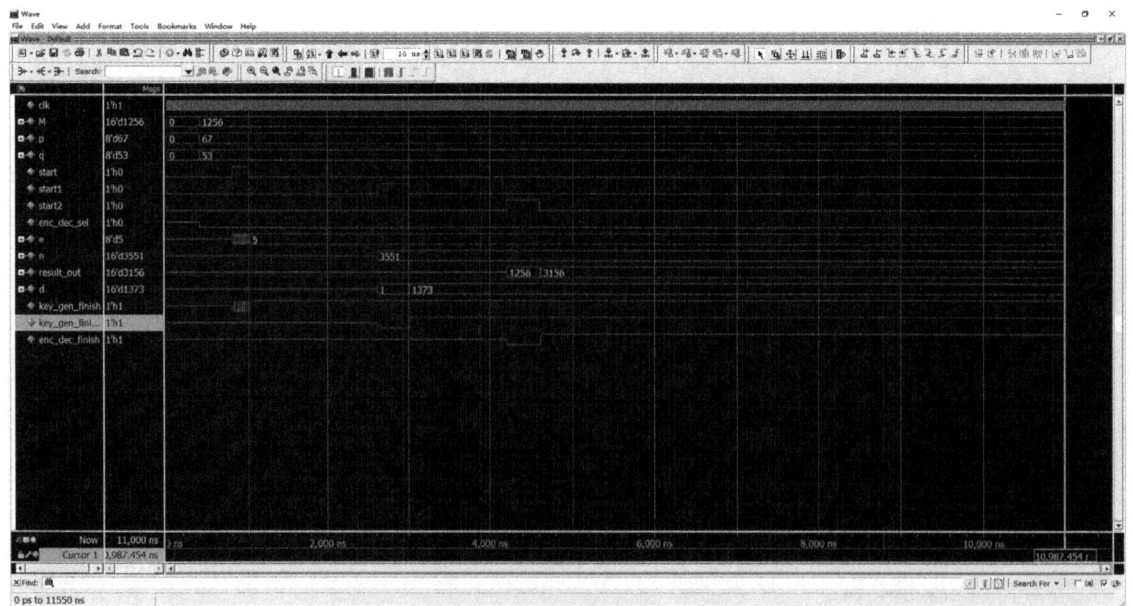

图 5.2　加密功能仿真结果

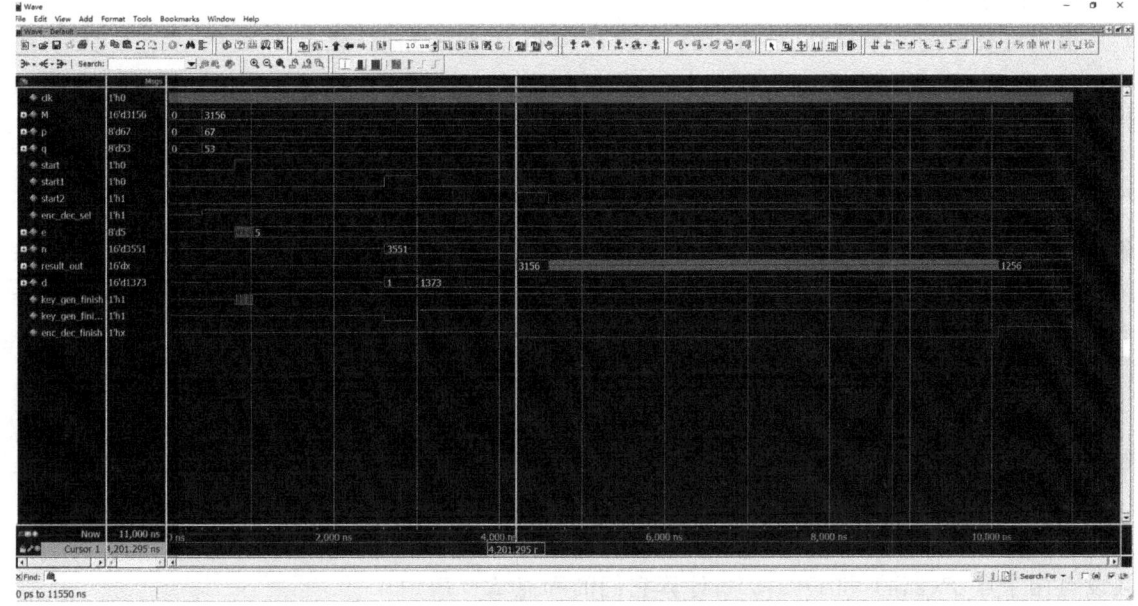

图 5.3 解密功能仿真结果

5.2 ECC 算法的 FPGA 实现

椭圆曲线是一条由特定方程(如 $y^2=x^3+ax+b$)定义的曲线,其中 a 和 b 是常数,并满足 $4a^3+27b^2$ 不等于 0 的条件以确保曲线上没有奇点。ECC 算法最初由 Neal Koblitz 和 Victor Miller 于 1985 年分别独立提出,它利用椭圆曲线上的有理点构成 Abel 加法群上椭圆离散对数的计算困难性来实现加密、解密、签名和密钥交换等操作。

5.2.1 算法模块设计

本小节介绍椭圆曲线密码学算法中关键算法模块的设计,主要包括点加运算、点乘运算以及基于 ECC 算法的加解密运算。

1. 点加运算

在 ECC 算法中,点加运算是椭圆曲线密码学中的一个基本运算,它涉及将椭圆曲线上的两个点相加,从而得到曲线上的另一个点。

点加运算通常定义在 Weierstrass 方程或 Edwards 方程等特定的椭圆曲线方程上。点加运算的目的是找到椭圆曲线上两个点 P 和 Q 的和 R,使得 R 也位于该椭圆曲线上。

点加运算的具体步骤一般如下。

(1) 判断斜率

首先,需要判断两个点 P 和 Q 是否相同。如果 P 和 Q 重合,即 $P=Q$,则需要通过椭圆曲线的导数来计算点 P 处的切线斜率;如果 P 和 Q 不重合,则需要通过两点式来计算直线 PQ 的斜率。

(2) 计算交点

根据计算出的斜率,可以构造出经过点 P 和 Q 的直线方程(或点 P 处的切线方程)。然后,将这个方程与椭圆曲线方程联立求解,可以得到直线与椭圆曲线的交点。由于椭圆曲线的对称性,通常会有两个交点,但其中一个交点是 P 或 Q 本身,因此只需考虑另一个交点。

(3) 确定和点

在确定了直线与椭圆曲线的另一个交点后,还需要根据椭圆曲线的加法法则来确定点 P 和 Q 的和点 R。具体来说,如果 P 和 Q 不重合,则 R 就是直线与椭圆曲线的另一个交点;如果 P 和 Q 重合,则 R 是过点 P 且斜率为椭圆曲线在该点导数的负倒数的直线与椭圆曲线的另一个交点。

(4) 模运算

在计算过程中,所有的坐标值都需要进行模运算,以确保它们仍然位于椭圆曲线所在的有限域内。

为便于理解,现举例说明椭圆曲线点加运算,给定的椭圆曲线方程是

$$y^2 = x^3 + x + 6 \bmod 11$$

假设有两个点 $P(2,4)$ 和 $Q(3,5)$,计算它们的和点 $R = P + Q$。

步骤 1:验证点是否在曲线上。首先,需要验证点 P 和 Q 是否确实在椭圆曲线上。对于点 $P(2,4)$:

$$4^2 = 2^3 + 2 + 6 \bmod 11$$
$$16 = 8 + 2 + 6 \bmod 11$$
$$16 = 16 \bmod 11$$

点 P 在曲线上。对于点 $Q(3,5)$:

$$5^2 = 3^3 + 3 + 6 \bmod 11$$
$$25 = 27 + 3 + 6 \bmod 11$$
$$25 = 36 \bmod 11$$
$$4 = 4 \bmod 11$$

点 Q 在曲线上。

步骤 2:计算斜率 m。由于 P 和 Q 是不同的点,使用以下公式计算斜率 m:

$$m = (y_2 - y_1) / (x_2 - x_1) \bmod 11$$

代入 $P(2,4)$ 和 $Q(3,5)$ 的坐标:

$$m = (5-4) \times (3-2)^{-1} \bmod 11$$
$$m = 1$$

步骤 3:计算 x_3。使用斜率 m 和点 P、Q 的坐标来计算 x_3:

$$x_3 = m^2 - x_1 - x_2 \bmod 11$$

代入 $m=1, x_1=2, x_2=3$:

$$x_3 = 1 - 2 - 3 \bmod 11$$
$$x_3 = -4 \bmod 11$$
$$x_3 = 7$$

步骤 4:计算 y_3。最后,使用 x_3 和斜率 m 以及点 P 的 y 坐标来计算 y_3:

$$y_3 = m(x_1 - x_3) - y_1 \bmod 11$$

代入 $m=1, x_3=7, x_1=2, y_1=4$:

$$y_3 = 1(2-7) - 4 \bmod 11$$
$$y_3 = -5 - 4 \bmod 11$$
$$y_3 = 2$$

因此,点 $R = P + Q$ 的坐标是 $(7,2)$。所以,在椭圆曲线 $y^2 = x^3 + x + 6 \bmod 11$ 上,点 $P(2,4)$ 和 $Q(3,5)$ 的和是 $R(7,2)$。

2. 点乘运算

在 ECC 算法中,点乘运算(也称为标量乘法或点倍加运算)是一个核心且关键的运算过程。它涉及将椭圆曲线上的一个点与一个整数(通常称为标量或密钥)相乘,从而得到椭圆曲线上的另一个点。这个过程在 ECC 算法的密钥生成、签名、验证以及密钥交换等环节中发挥着重要作用。

点乘运算可以表示为 kP,其中 k 是一个整数,P 是椭圆曲线上的一个点。从几何角度来看,这相当于将点 P 沿椭圆曲线加到自己上 $k-1$ 次。然而,在实际计算中,通常采用代数方法或混合方法来进行点乘运算,以提高计算效率。

虽然具体的实现方式可能因算法的不同而有所差异,但点乘运算的基本步骤通常包括:

① 初始化:设置初始状态,包括确定椭圆曲线的参数、选择基点 P 以及要相乘的整数 k。

② 迭代计算:根据整数 k 的二进制表示,通过迭代的方式计算 kP。在每次迭代中,根据 k 的当前位是 0 还是 1,决定是继续执行点倍加运算(即将当前点加到自己上)还是保持当前点不变。

③ 输出结果:当迭代完成后,得到的结果即 kP,即点乘运算的结果。

倍数-和算法(也称为倍加-加算法或二进制方法)是一种在椭圆曲线上计算点乘(即给定一个点 P 和一个整数 k,计算 kP)的高效算法。这个算法利用二进制数的性质,将整数 k 表示为二进制数,并根据二进制数的每一位来执行倍加或点加操作。

以下是倍数-和算法的一般步骤。

(1) 初始化

令 $Q = O$(无穷远点)。

将整数 k 转换为二进制表示。

(2) 迭代计算

从最高位 $k_n - 1$ 开始,到最低位 k_0 结束,对每一位 k_i 执行以下操作:

执行倍加操作:$Q = 2Q$。

如果 $k_i = 1$,则执行点加操作:$Q = Q + P$。

(3) 输出结果

最终得到的 Q 就是 kP。

以椭圆曲线 $y^2 = x^3 + x + 6 \bmod 11$ 上的点 $P(2,7)$ 为例,计算 $3P$:

(1) 初始化

$Q = O$(无穷远点)。

3 的二进制表示是 11。

(2) 迭代计算

第一位 k_1:$Q = 2Q$(仍然是无穷远点)。因 $k_1 = 1$,$Q = Q + P = O + (2,7) = (2,7)$。

第二位 k_0：$Q=2Q$(使用倍加公式计算)，则
$$\lambda = 2 \times 3 - 1 \bmod 11 = 8$$
$$x_3 = (64 - 2 - 2) \bmod 11 = 5$$
$$y_3 = (8 \times (2-5) - 7) \bmod 11 = 2$$
所以 $2Q=(5,2)$。更新 $Q=(5,2)$。因 $k_0=1$，$Q=Q+P$，$Q=(5,2)+(2,7)=(8,3)$。

(3) 输出结果

$3P=(8,3)$。

通过倍数-和算法，可以高效地计算出椭圆曲线上的点乘。这种方法特别适用于大整数 k 的情况，因为它将点乘的计算复杂度降低到了与 k 的二进制位数呈线性关系的程度。

3. 基于 ECC 算法的加解密运算

基于 ECC 算法的加解密过程涉及公钥和私钥的生成、加密和解密步骤。以下是 ECC 算法的加解密过程。

(1) 密钥生成

① 选择椭圆曲线：首先，选择一条椭圆曲线 $\mathrm{Ep}(a,b)$，其中 p 是一个大质数，a 和 b 是满足特定条件的整数。

② 选择基点：在椭圆曲线上选择一个点 G 作为基点(生成元)。

③ 生成私钥：私钥 d 是一个随机数，通常是一个小于基点 G 的阶数 n 的整数。

④ 计算公钥：使用私钥和基点计算公钥 $Q=dG$。公钥 Q 是椭圆曲线上的一个点。

(2) 加密过程

① 选择随机数：加密者选择一个随机数 k，通常是一个小于基点 G 的阶数 n 的整数。

② 计算密文：计算 $C_1=kG$，C_1 是椭圆曲线上的一个点；计算 $C_2=M+kQ$，其中 M 是明文，通常通过某种编码方式转换为椭圆曲线上的一个点。

③ 发送密文：加密者将 C_1 和 C_2 作为密文发送给解密者。

(3) 解密过程

① 计算明文：解密者使用自己的私钥 d 和接收到的密文 C_1、C_2 计算 $M=C_2-dC_1$。

② 还原明文：将计算得到的点 M 转换回原始的明文消息。这通常涉及将点 M 的坐标通过某种编码方式解码为字符串或二进制数据。

基于椭圆曲线的加解密过程示例如下。

(1) 选择椭圆曲线和基点

椭圆曲线方程：$y^2 = x^3 + x + 6 \bmod 11$

基点 $G=(2,7)$。

私钥 $d=7$（私钥是接收方的，用于解密）。

需要加密的明文点 $M=(10,9)$。

(2) 加密过程

公钥 $Q=dG=7G=7(2,7)$。

通过倍数-和等算法，计算得到
$$Q=(7,2)$$

如果随机数 $K=3$，则

$$C_1 = 3G = 3(2,7) = (8,3)$$
$$C_2 = M + KQ = (10,9) + 3(7,2) = (10,2)$$

密文为$(C_1, C_2) = ((8,3), (10,2))$。

(3) 解密过程

接收方收到加密点 $C = (C_1, C_2)$ 和公钥 $Q = (Qx, Qy)$。

解密方的私钥 $d = 7$。

解密点 $M = C_2 - dC_1$，则明文为 $M = (10,2) - 7(8,3) = (10,9)$。

5.2.2 工程实现与测试

1. 点加运算的实现

(1) 模块参数和输入、输出

① 参数：$m = 256$，定义椭圆曲线运算中使用的字段大小，这里是 256 位。

② 输入：

- clk：时钟信号。
- rst：复位信号。
- para_wr：参数写入信号。
- para_p：椭圆曲线的素数 p，用于模运算。
- wr_in：输入数据写入信号。
- ax_in、ay_in：第一个点的 x 和 y 坐标。
- bx_in、by_in：第二个点的 x 和 y 坐标。

③ 输出：

- wr_out：输出数据有效信号。
- cx_out、cy_out：运算结果的 x 和 y 坐标。

(2) 内部寄存器和状态机

使用了一个状态机（add_double_state）来控制运算流程，状态包括 ready、first、second、three、four、five 等。

内部有多个寄存器用于存储中间结果，如 ax_reg、ay_reg、bx_reg、by_reg 等。

cnt 寄存器用于状态机内部的步骤计数。

(3) 功能实现

① 参数设置：通过 para_wr 信号，可以设置椭圆曲线的素数 p(para_p)。

② 输入点坐标：当 wr_in 信号有效时，接收两个点的坐标（ax_in、ay_in 和 bx_in、by_in）。

③ 点加法或倍加：如果两个点的 x 坐标相同，根据 y 坐标的关系决定是进行点倍加还是特殊处理（如输出 0 点）；如果 x 坐标不同，则执行点加法。

④ 运算过程：涉及多次模乘（Field_Mul）、模逆（Field_Inv）、模加（Field_Add）和模减（Field_Sub）运算。使用 Double_p 模块来计算某些中间结果的两倍。

⑤ 输出结果：当运算完成后，通过 wr_out 信号指示结果有效，同时输出新的点的坐标（cx_out、cy_out）。

程序 5-6 实现了椭圆曲线的点加功能。

程序 5-6：
```verilog
module Point_Add_Double(clk,rst,para_wr,para_p,wr_in,ax_in,ay_in,bx_in,by_in,wr_out,cx_out,cy_out
    );
    parameter m = 256;
    input clk;
    input rst;
    input para_wr;
    input [m-1:0] para_p;
    input wr_in;
    input [m-1:0] ax_in;
    input [m-1:0] ay_in;
    input [m-1:0] bx_in;
    input [m-1:0] by_in;
    output reg  wr_out;
    output reg  [m-1:0] cx_out;
    output reg  [m-1:0] cy_out;

    parameter ready = 3'h0;
    parameter first = 3'h1;
    parameter second = 3'h2;
    parameter three = 3'h3;
    parameter four = 3'h4;
    parameter five = 3'h5;
    parameter six = 3'h6;
    parameter seven = 3'h7;

    reg [2:0] add_double_state;
    reg [m-1:0] ecc_p;
    reg mul_wr_in;
    reg [m-1:0] mul_a;
    reg [m-1:0] mul_b;
    wire [m-1:0] mul_c;
    wire mul_wr_out;
Field_Mul #(.m(m))field_mul_inst(
        .clk(clk),
        .rst(rst),
        .wr_in(mul_wr_in),
        .a_in(mul_a),
        .b_in(mul_b),
        .p_in(ecc_p),
        .wr_out(mul_wr_out),
        .c_out(mul_c)
    );
```

```verilog
    reg inv_wr_in;
    reg [m-1:0] inv_a;
    wire [m-1:0] inv_c;
    wire inv_wr_out;
    Field_Inv #(.m(m))field_inv_inst(
        .clk(clk),
        .rst(rst),
        .wr_in(inv_wr_in),
        .a_in(inv_a),
        .p_in(ecc_p),
        .wr_out(inv_wr_out),
        .c_out(inv_c)
    );
    reg [m-1:0] add_a,add_b;
    wire [m-1:0] add_c;
    Field_Add #(.m(m))field_add_inst(
        .a_in(add_a),
        .b_in(add_b),
        .p_in(ecc_p),
        .c_out(add_c)
    );
    reg [m-1:0] sub_a,sub_b;
    wire [m-1:0] sub_c;
    Field_Sub #(.m(m))field_sub_inst(
        .a_in(sub_a),
        .b_in(sub_b),
        .p_in(ecc_p),
        .c_out(sub_c)
    );
    reg [m-1:0] double_a;
    wire [m-1:0] double_c;
    Double_p #(.m(m))double_p_inst(
        .a_in(double_a),
        .p_in(ecc_p),
        .c_out(double_c)
        );

    reg [m-1:0] ax_reg,ay_reg;
    reg [m-1:0] bx_reg,by_reg;
    reg [4:0] cnt;
    reg inv_reg,mul_reg;
    reg [m-1:0] tmp1_reg;
    always@(posedge clk or posedge rst) begin
```

```verilog
if(rst) begin
    add_double_state <= ready;
    wr_out <= 1'b0;
    cx_out <= {m{1'b0}};
    cy_out <= {m{1'b0}};
    cnt <= 0;
end
else begin
    case(add_double_state)
        ready: begin
            wr_out <= 1'b0;
            cx_out <= {m{1'b0}};
            cy_out <= {m{1'b0}};
            cnt <= 0;
            if(para_wr == 1'b1) begin
                ecc_p <= para_p;
                add_double_state <= ready;
            end
            if(wr_in == 1'b1) begin
                ax_reg <= ax_in;
                ay_reg <= ay_in;
                bx_reg <= bx_in;
                by_reg <= by_in;
                add_double_state <= first;
            end
            else begin
                add_double_state <= ready;
            end
        end
        first: begin
            if(ax_reg == bx_reg)  begin
                if(ay_reg == ecc_p - by_reg ) begin
                    wr_out <= 1'b1;
                    cx_out <= 0;
                    cy_out <= 0;
                    add_double_state <= ready;
                end
                else if(ay_reg == by_reg) begin
                    double_a <= ay_reg;
                    cnt <= 0;
                    add_double_state <= second;
                end
            end
```

```verilog
            else begin
                add_double_state <= three;
            end
        end
    second: begin
        if(cnt == 0) begin
            inv_wr_in <= 1'b1;
            mul_wr_in <= 1'b1;
            inv_a <= double_c;
            mul_a <= ax_reg - 1;
            mul_b <= ax_reg + 1;
            cnt <= cnt + 1;
        end
        else if(cnt == 1) begin
            inv_wr_in <= 1'b0;
            mul_wr_in <= 1'b0;
            if(inv_wr_out == 1'b1) begin
                inv_reg <= 1'b1;
                mul_a <= inv_c;
            end
            if(mul_wr_out == 1'b1) begin
                mul_reg <= 1'b1;
                add_a <= mul_c;
                double_a <= mul_c;
            end
            if(inv_reg == 1'b1 && mul_reg == 1'b1 ) begin
                add_b <= double_c;
                cnt <= cnt + 1;
            end
        end
        else if(cnt == 2) begin
            mul_wr_in <= 1'b1;
            mul_b <= add_c;
            cnt <= cnt + 1;
        end
        else if(cnt == 3) begin
            mul_wr_in <= 1'b0;
            if(mul_wr_out == 1'b1) begin
                tmp1_reg <= mul_c;
                double_a <= ax_reg;
                cnt <= 0;
                add_double_state <= four;
            end
```

```verilog
            end
        end
        three: begin
            if(cnt == 0) begin
                sub_a <= bx_reg;
                sub_b <= ax_reg;
                cnt <= cnt + 1;
            end
            if(cnt == 1) begin
                inv_wr_in <= 1'b1;
                inv_a <= sub_c;
                sub_a <= by_reg;
                sub_b <= ay_reg;
                cnt <= cnt + 1;
            end
            else if(cnt == 2) begin
                inv_wr_in <= 1'b0;
                if(inv_wr_out == 1'b1) begin
                    mul_wr_in <= 1'b1;
                    mul_a <= inv_c;
                    mul_b <= sub_c;
                    cnt <= cnt + 1;
                end
            end
            else if(cnt == 3) begin
                mul_wr_in <= 1'b0;
                if(mul_wr_out == 1'b1) begin
                    tmp1_reg <= mul_c;
                    cnt <= 0;
                    add_double_state <= four;
                end
            end
        end
        four: begin
            if(cnt == 0) begin
                mul_wr_in <= 1'b1;
                mul_a <= tmp1_reg;
                mul_b <= tmp1_reg;
                add_a <= ax_reg;
                add_b <= bx_reg;
                cnt <= cnt + 1;
            end
            else if(cnt == 1) begin
```

```verilog
                            mul_wr_in <= 1'b0;
                            if(mul_wr_out == 1'b1) begin
                                sub_a <= mul_c;
                                sub_b <= add_c;
                                cnt <= cnt + 1;
                            end
                        end
                        else if(cnt == 2) begin
                            cx_out <= sub_c;
                            sub_a <= ax_reg;
                            sub_b <= sub_c;
                            cnt <= 0;
                            add_double_state <= five;
                        end
                    end
                    five: begin
                        if(cnt == 0) begin
                            mul_wr_in <= 1'b1;
                            mul_a <= tmp1_reg;
                            mul_b <= sub_c;
                            cnt <= cnt + 1;
                        end
                        else if(cnt == 1) begin
                            mul_wr_in <= 1'b0;
                            if(mul_wr_out == 1'b1) begin
                                sub_a <= mul_c;
                                sub_b <= ay_reg;
                                cnt <= cnt + 1;
                            end
                        end
                        else if(cnt == 2) begin
                            wr_out <= 1'b1;
                            cy_out <= sub_c;
                            cnt <= 0;
                            add_double_state <= ready;
                        end
                    end
                endcase
            end
        end
endmodule


module add_double_test;
```

```verilog
    localparam  m = 4;
    localparam clk_period = 20;
    reg clk;
    reg rst;
    reg wr_in;
    reg para_wr;
    reg [m-1:0] ax_in;
    reg [m-1:0] ay_in;
    reg [m-1:0] bx_in;
    reg [m-1:0] by_in;

    wire wr_out;
    wire [m-1:0] cx_out;
    wire [m-1:0] cy_out;
    parameter p = 4'hb;

    reg [10:0] cnt1;
    Point_Add_Double #(.m(m))uut (
        .clk(clk),
        .rst(rst),
        .para_wr(para_wr),
        .para_p(4'd11),
        .wr_in(wr_in),
        .ax_in(ax_in),
        .ay_in(ay_in),
        .bx_in(bx_in),
        .by_in(by_in),
        .wr_out(wr_out),
        .cx_out(cx_out),
        .cy_out(cy_out)
    );

    initial begin
        clk = 0;
        rst = 0;
        wr_in = 0;
        ax_in = 0;
        ay_in = 0;
        bx_in = 0;
        by_in = 0;
        para_wr = 0;
        cnt1 = 0;
    end
```

```verilog
always@(posedge clk)
 begin
   case (cnt1)
        0:
            begin
                rst <= 1;
                cnt1 <= cnt1 + 1;
            end
        1:
            begin
                rst <= 0;
                para_wr <= 1;
                cnt1 <= cnt1 + 1;
            end
        2:
            begin
                para_wr <= 0;
                wr_in <= 1'b1;
                ax_in <= 4'd2;
                ay_in <= 4'd4;
                bx_in <= 4'd3;
                by_in <= 4'd5;
                cnt1 <= cnt1 + 1;
            end
        3: begin
                wr_in <= 1'b0;
                cnt1 <= cnt1;
            end

        endcase
    end
        initial begin
            clk = 0;
            forever begin
                #(clk_period/2)clk = ~clk;
            end
        end

        always@(posedge clk)
            begin
                if(wr_out == 1)
                $display(" %h\n%h",cx_out,cy_out);
            end
endmodule
```

点加运算功能仿真结果如图 5.4 所示。

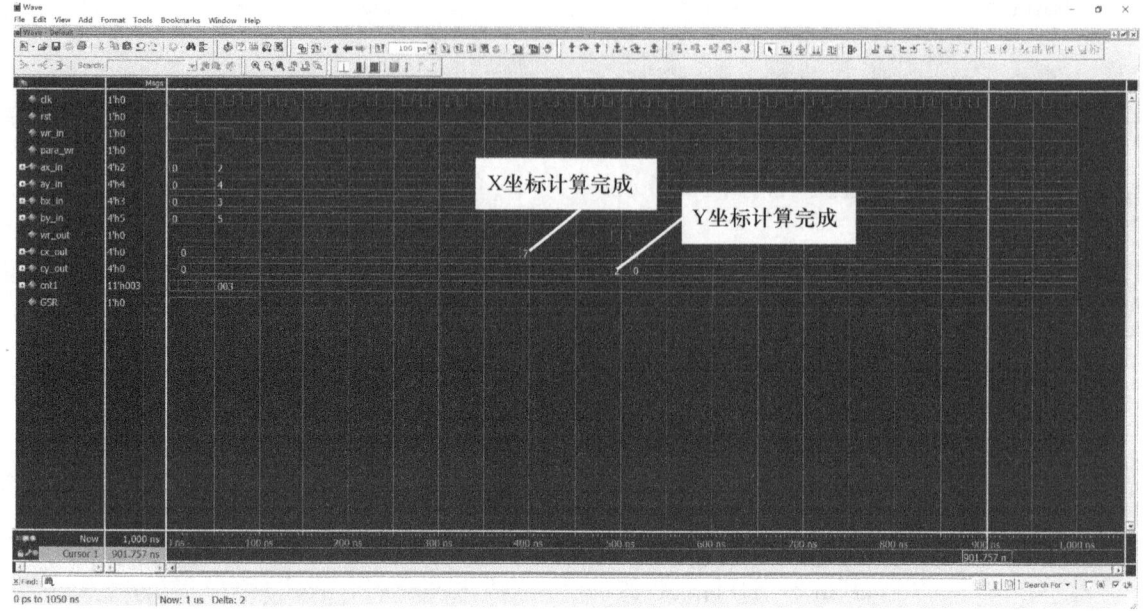

图 5.4 点加运算功能仿真结果

2. 点乘运算的实现

模块接收以下输入：

- clk 和 rst：时钟和复位信号。
- para_wr：参数写入使能信号，用于指示是否正在写入椭圆曲线参数。
- para_p、para_a：椭圆曲线方程的参数，其中 p 是定义椭圆曲线有限域的素数，a 是椭圆曲线方程中的一个系数。
- wr_in：输入使能信号，用于指示是否开始点乘计算。
- k_in：标量 k。
- ax_in、ay_in：点 P 的横纵坐标。

模块输出以下结果：

- wr_out：输出使能信号，表示点乘计算已完成。
- cx_out、cy_out：计算结果点 $k*P$ 的横纵坐标。

模块内部使用了一个状态机来控制点乘的计算过程，状态包括 ready、first、second、three、four、five、six 和 seven。状态机根据 k 的二进制表示和椭圆曲线上的点加、点倍加运算来计算 $k*P$。

计算过程大致如下：

① 如果 k 为 0 或点 P 为无穷远点（即坐标全为 0），则直接返回无穷远点作为结果。

② 如果 k 为 1，则直接返回点 P 作为结果。

③ 否则，将 k 转换为二进制形式，并根据其二进制位逐位计算 $k*P$。这涉及反复的点倍加运算（当 k 的当前位为 0 时）和点加运算（当 k 的当前位为 1 时）。

在计算过程中，模块使用了其他子模块来执行点倍加（Double_Point）、点加（Point_Add）、有限域乘法（Field_Mul）和有限域求逆（Field_Inv）等操作，各模块具体功能的实现可参考相应功能模块。

椭圆曲线点乘功能模块的代码实现如程序5-7所示。

程序 5-7:
```verilog
module Point_Mul_1(clk,rst,para_wr,para_p,para_a,wr_in,k_in,ax_in,ay_in,wr_out,cx_out,cy_out
    );
    parameter m = 256;
    input clk;
    input rst;
    input para_wr;
    input [m-1:0] para_p;
    input [m-1:0] para_a;
    input wr_in;
    input [m-1:0] k_in;
    input [m-1:0] ax_in;
    input [m-1:0] ay_in;
    output reg  wr_out;
    output reg  [m-1:0] cx_out;
    output reg  [m-1:0] cy_out;

    parameter ready = 3'h0;
    parameter first = 3'h1;
    parameter second = 3'h2;
    parameter three = 3'h3;
    parameter four = 3'h4;
    parameter five = 3'h5;
    parameter six = 3'h6;
    parameter seven = 3'h7;

    reg [2:0] point_mul_state;
    reg [m-1:0] ecc_p,ecc_a;
    reg double_point_wr_in;
    wire double_point_wr_out;
    reg [m-1:0] double_point_ax,double_point_ay,double_point_az;
    wire [m-1:0] double_point_cx,double_point_cy,double_point_cz;
    Double_Point double_point_inst(
        .clk(clk),
        .rst(rst),
        .para_wr(para_wr),
        .para_p(para_p),
        .para_a(para_a),
        .wr_in(double_point_wr_in),
        .ax_in(double_point_ax),
```

```verilog
        .ay_in(double_point_ay),
        .az_in(double_point_az),
        .wr_out(double_point_wr_out),
        .cx_out(double_point_cx),
        .cy_out(double_point_cy),
        .cz_out(double_point_cz)
);
reg point_add_wr_in;
wire point_add_wr_out;
reg [m-1:0] point_add_ax,point_add_ay,point_add_bx,point_add_by,point_add_bz;
wire [m-1:0] point_add_cx,point_add_cy,point_add_cz;
Point_Add point_add_inst(
        .clk(clk),
        .rst(rst),
        .para_wr(para_wr),
        .para_p(para_p),
        .wr_in(point_add_wr_in),
        .ax_in(point_add_ax),
        .ay_in(point_add_ay),
        .bx_in(point_add_bx),
        .by_in(point_add_by),
        .bz_in(point_add_bz),
        .wr_out(point_add_wr_out),
        .cx_out(point_add_cx),
        .cy_out(point_add_cy),
        .cz_out(point_add_cz)
);
reg field_inv_wr_in;
wire field_inv_wr_out;
reg [m-1:0] field_inv_a;
wire [m-1:0] field_inv_c;
Field_Inv field_inv_inst(
        .clk(clk),
        .rst(rst),
        .wr_in(field_inv_wr_in),
        .a_in(field_inv_a),
        .p_in(ecc_p),
        .wr_out(field_inv_wr_out),
        .c_out(field_inv_c)
);
reg mul_wr_in0,mul_wr_in1;
reg [m-1:0] mul_a0,mul_a1;
reg [m-1:0] mul_b0,mul_b1;
```

```verilog
wire [m-1:0] mul_c0,mul_c1;
wire mul_wr_out0,mul_wr_out1;
Field_Mul field_mul_inst0(
    .clk(clk),
    .rst(rst),
    .wr_in(mul_wr_in0),
    .a_in(mul_a0),
    .b_in(mul_b0),
    .p_in(ecc_p),
    .wr_out(mul_wr_out0),
    .c_out(mul_c0)
);
Field_Mul field_mul_inst1(
    .clk(clk),
    .rst(rst),
    .wr_in(mul_wr_in1),
    .a_in(mul_a1),
    .b_in(mul_b1),
    .p_in(ecc_p),
    .wr_out(mul_wr_out1),
    .c_out(mul_c1)
);
reg [m-1:0] x_reg,y_reg,y1_reg;
reg [m+1:0] k_reg,k3_reg;
reg [m-1:0] cx_reg,cy_reg,cz_reg;
reg mul_wr_out0_reg,mul_wr_out1_reg;
reg [8:0] cnt;
always@(posedge clk or posedge rst) begin
    if(rst) begin
        point_mul_state <= ready;
        wr_out <= 1'b0;
        cx_out <= {m{1'b0}};
        cy_out <= {m{1'b0}};
    end
    else begin
        case(point_mul_state)
            ready: begin
                wr_out <= 1'b0;
                cx_out <= {m{1'b0}};
                cy_out <= {m{1'b0}};
                if(para_wr == 1'b1) begin
                    ecc_p <= para_p;
                    ecc_a <= para_a;
```

```verilog
                    point_mul_state <= ready;
                end
                if(wr_in == 1'b1) begin
                    x_reg <= ax_in;
                    y_reg <= ay_in;
                    y1_reg <= ecc_p - ay_in;
                    k_reg <= {2'b00,k_in};
                    k3_reg <= {2'b00,k_in} + {1'b0,k_in,1'b0};
                    cnt <= 257 ;
                    point_mul_state <= first;
                end
                else begin
                    point_mul_state <= ready;
                end
            end
            first: begin

                if(k_reg == 0 || (x_reg == 0 && y_reg == 0)) begin
                    wr_out <= 1'b1;
                    cx_out <= 0;
                    cy_out <= 0;
                    point_mul_state <= ready;
                end
                else if(k_reg == 1) begin
                    wr_out <= 1'b1;
                    cx_out <= x_reg;
                    cy_out <= y_reg;
                    point_mul_state <= ready;
                end
                else if(k3_reg[cnt] ==   1'b0) begin
                    cnt <= cnt - 1;
                    point_mul_state <= first;
                end
                else begin
                    cnt <= cnt - 1;
                    double_point_wr_in <= 1'b1;
                    double_point_ax <= x_reg;
                    double_point_ay <= y_reg;
                    double_point_az <= 1;
                    point_mul_state <= second;
                end
            end
            second: begin
```

```verilog
            double_point_wr_in <= 1'b0;
            if(double_point_wr_out == 1'b1) begin
                if(k3_reg[cnt] == 1'b1 && k_reg[cnt] == 1'b0) begin
                    point_add_wr_in <= 1'b1;
                    point_add_ax <= x_reg;
                    point_add_ay <= y_reg;
                    point_add_bx <= double_point_cx;
                    point_add_by <= double_point_cy;
                    point_add_bz <= double_point_cz;
                    point_mul_state <= three;
                end
                else if(k3_reg[cnt] == 1'b0 && k_reg[cnt] == 1'b1) begin
                    point_add_wr_in <= 1'b1;
                    point_add_ax <= x_reg;
                    point_add_ay <= y1_reg;
                    point_add_bx <= double_point_cx;
                    point_add_by <= double_point_cy;
                    point_add_bz <= double_point_cz;
                    point_mul_state <= three;
                end
                else begin
                    double_point_ax <= double_point_cx;
                    double_point_ay <= double_point_cy;
                    double_point_az <= double_point_cz;
                    if(cnt > 1) begin
                        double_point_wr_in <= 1'b1;
                        cnt <= cnt - 1;
                        point_mul_state <= second;
                    end
                    else begin
                        point_mul_state <= four;
                    end
                end
            end
        end
    three: begin
        point_add_wr_in <= 1'b0;
        if(point_add_wr_out == 1'b1) begin
            double_point_ax <= point_add_cx;
            double_point_ay <= point_add_cy;
            double_point_az <= point_add_cz;
            if(cnt > 1) begin
                cnt <= cnt - 1;
```

```verilog
                    double_point_wr_in <= 1'b1;
                    point_mul_state <= second;
                end
                else begin
                    point_mul_state <= four;
                end
            end
        end
        four: begin
            if(double_point_az == 0) begin
                wr_out <= 1'b1;
                cx_out <= {m{1'b0}};
                cy_out <= {m{1'b0}};
                point_mul_state <= ready;
            end
            else begin
                field_inv_wr_in <= 1'b1;
                field_inv_a <= double_point_az;
                point_mul_state <= five;
            end
        end
        five: begin
            field_inv_wr_in <= 1'b0;
            if(field_inv_wr_out == 1'b1) begin
                mul_wr_in0 <= 1'b1;
                mul_wr_in1 <= 1'b1;
                mul_a0 <= double_point_ay;
                mul_b0 <= field_inv_c;
                mul_a1 <= field_inv_c;
                mul_b1 <= field_inv_c;
                point_mul_state <= six;
            end
        end
        six: begin
            mul_wr_in0 <= 1'b0;
            mul_wr_in1 <= 1'b0;
            if(mul_wr_out0 == 1'b1) begin
                mul_wr_out0_reg <= 1'b1;
                mul_a0 <= mul_c0;
            end
            if(mul_wr_out1 == 1'b1) begin
                mul_wr_out1_reg <= 1'b1;
                mul_b0 <= mul_c1;
```

```verilog
                            mul_a1 <= mul_c1;
                            mul_b1 <= double_point_ax;
                        end
                        if(mul_wr_out0_reg == 1'b1 && mul_wr_out1_reg == 1'b1) begin
                            mul_wr_out0_reg <= 1'b0;
                            mul_wr_out1_reg <= 1'b0;
                            mul_wr_in0 <= 1'b1;
                            mul_wr_in1 <= 1'b1;
                            point_mul_state <= seven;
                        end
                    end
                seven: begin
                    mul_wr_in0 <= 1'b0;
                    mul_wr_in1 <= 1'b0;
                    if(mul_wr_out0 == 1'b1) begin
                        mul_wr_out0_reg <= 1'b1;
                        cy_out <= mul_c0;
                    end
                    if(mul_wr_out1 == 1'b1) begin
                        mul_wr_out1_reg <= 1'b1;
                        cx_out <= mul_c1;
                    end
                    if(mul_wr_out0_reg == 1'b1 && mul_wr_out1_reg == 1'b1) begin
                        mul_wr_out0_reg <= 1'b0;
                        mul_wr_out1_reg <= 1'b0;
                        wr_out <= 1'b1;
                        point_mul_state <= ready;
                    end
                end
            endcase
        end
    end
endmodule
```

功能仿真：

```verilog
module point_mul_1_test;
    reg clk;
    reg rst;
    reg para_wr;
    reg [255:0] para_p;
    reg [255:0] para_a;
    reg wr_in;
    reg [255:0] k_in;
```

```verilog
        reg [255:0] ax_in;
        reg [255:0] ay_in;

        wire wr_out;
        wire [255:0] cx_out;
        wire [255:0] cy_out;
    reg [10:0] cnt1;
    localparam clk_period = 20;
    parameter ecc_p = 256'hFFFFFFFE_FFFFFFFF_FFFFFFFF_FFFFFFFF_FFFFFFFF_00000000_FFFFFFFF_FFFFFFFF;
    parameter ecc_a = 256'hFFFFFFFE_FFFFFFFF_FFFFFFFF_FFFFFFFF_FFFFFFFF_00000000_FFFFFFFF_FFFFFFFC;
    parameter ecc_b = 256'h28E9FA9E_9D9F5E34_4D5A9E4B_CF6509A7_F39789F5_15AB8F92_DDBCBD41_4D940E93;
    parameter Gx = 256'h32C4AE2C_1F198119_5F990446_6A39C994_8FE30BBF_F2660BE1_715A4589_334C74C7;
    parameter Gy = 256'hBC3736A2_F4F6779C_59BDCEE3_6B692153_D0A9877C_C62A4740_02DF32E5_2139F0A0;
    parameter ecc_order = 256'hFFFFFFFE_FFFFFFFF_FFFFFFFF_FFFFFFFF_7203DF6B_21C6052B_53BBF409_39D54123;
    parameter d_A = 256'h81EB26E9_41BB5AF1_6DF11649_5F906952_72AE2CD6_3D6C4AE1_678418BE_48230029;
    parameter d_n = 256'hFFFFFFFE_FFFFFFFF_FFFFFFFF_FFFFFFFF_7203DF6B_21C6052B_53BBF409_39D54123;
    Point_Mul_1uut (
        .clk(clk),
        .rst(rst),
        .para_wr(para_wr),
        .para_p(para_p),
        .para_a(para_a),
        .wr_in(wr_in),
        .k_in(k_in),
        .ax_in(ax_in),
        .ay_in(ay_in),
        .wr_out(wr_out),
        .cx_out(cx_out),
        .cy_out(cy_out)
    );

    initial begin
        clk = 0;
        rst = 0;
```

```verilog
            wr_in = 0;
            k_in = 0;
            ax_in = 0;
            ay_in = 0;
            cnt1 = 0;
        end

always@(posedge clk)
begin
    case (cnt1)
        0:
            begin
                rst <= 1;
                cnt1 <= cnt1 + 1;
            end
        1:
            begin
                rst <= 0;
                para_wr <= 1'b1;
                para_p <= ecc_p;
                para_a <= ecc_a;
                cnt1 <= cnt1 + 1;
            end
        2:
            begin
                para_wr <= 1'b0;
                wr_in <= 1;
                k_in <= d_A;
                ax_in <= Gx;
                ay_in <= Gy;
                cnt1 <= cnt1 + 1;
            end
        3:
            begin
                wr_in <= 0;
                if(wr_out == 1'b1) begin
                    cnt1 <= cnt1 + 1;
                end
            end
        4:
            begin
                wr_in <= 0;
```

```
                    cnt1 <= cnt1;
                end
            endcase
        end
        initial begin
            clk = 0;
            forever begin
                #(clk_period/2)clk = ~clk;
            end
        end


        always@(posedge clk)
            begin
            if(wr_out == 1)
                $display("%h\n%h",cx_out,cy_out);
            end
endmodule
```

点乘运算功能仿真结果如图 5.5 所示。

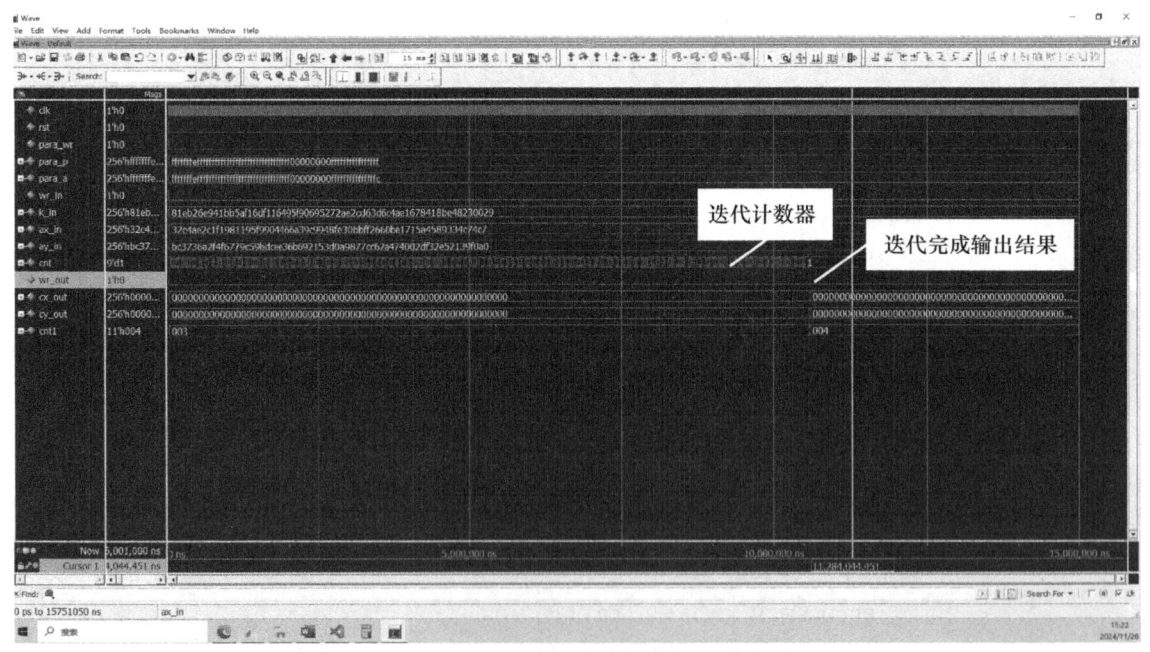

图 5.5 点乘运算功能仿真

3. 基于 ECC 算法的加解密的实现

加密模块实现了 ECC 加密的基本流程，适用于将消息加密为密文，其中包括点乘和点倍加两个主要模块。

(1) 模块参数和输入、输出

① 参数：m，椭圆曲线参数和坐标的位宽，默认设为 256 位，为便于理解，演示程序设置为 4。

② 输入：
- clk：时钟信号。
- rst：复位信号，高电平有效。
- para_wr：参数输入使能信号。
- para_p、para_a、para_b、para_Gx、para_Gy、para_order、para_h：椭圆曲线的参数，包括素数 p、系数 a 和 b、基点 G 的坐标（Gx,Gy）、基点的阶 order 和余因子 h。
- wr_in：输入使能信号，用于开始加密过程。
- k_a：随机数，用作加密过程中的私钥。
- Qb_x、Qb_y：公钥的坐标。
- message：待加密的消息。

③ 输出：
- Rb_x、Rb_y：密文第二部分的坐标。
- wr_out：输出使能信号，表示加密过程完成。
- success：加密成功使能信号。
- data_out_one、data_out_two：密文的两部分。

(2) 内部逻辑和状态机

模块内部使用了一个状态机来控制加密流程，状态机的状态包括：
- ready：准备状态，等待参数输入或加密开始信号。
- first 至 seven：执行加密的各个步骤，包括点乘、点加等操作。

(3) 加密流程

① 参数输入：当 para_wr 为高电平时，接收椭圆曲线的参数。

② 开始加密：当 wr_in 为高电平时，开始加密过程，保存随机数 k_a、公钥坐标和待加密消息。

③ 点乘 1：使用随机数 k_a 和基点 G 进行点乘，得到的结果作为密文的第一部分。

④ 点乘 2：使用余因子 h 和公钥 Q 进行点乘，检查结果是否为无穷远点（即(0,0)），如果是，则加密失败。

⑤ 点乘 3：如果上一步成功，使用随机数 k_a 和公钥 Q 进行点乘，得到的结果作为密文的第二部分的一部分（Rb）。

⑥ 点加：将消息 message 视为椭圆曲线上的一个点（需要进行适当的转换或映射），与上一步得到的点 Rb 进行点加，得到最终的密文第二部分。

⑦ 输出：设置 wr_out 和 success 信号，输出密文。

(4) 子模块

Point_Mul_1：用于执行点乘操作。

Point_Add_Double：用于执行点加和点倍加操作。

ECC 算法的加密功能代码实现如程序 5-8 所示。

程序 5-8：

```verilog
module ecc_enc(clk,rst,para_wr,para_p,para_a,para_b,para_Gx,para_Gy,para_order,para_h,wr_in,k_a,Qb_x,Qb_y,message,Rb_x,Rb_y,wr_out,success,data_out_one,data_out_two);
    parameter klen = 152;
    parameter m = 256;

    input clk;
    input rst;

    input para_wr;
    input [m-1:0] para_p;
    input [m-1:0] para_a;
    input [m-1:0] para_b;
    input [m-1:0] para_Gx;
    input [m-1:0] para_Gy;
    input [m-1:0] para_order;
    input [m-1:0] para_h;

    input wr_in;
    input [m-1:0]        k_a;
    input [m-1:0]        Qb_x;
    input [m-1:0]        Qb_y;
    input [klen-1:0]     message;

    output reg [m-1:0]   Rb_x;
    output reg [m-1:0]   Rb_y;

    output reg           wr_out;
    output reg           success;
    output reg [2*m-1:0] data_out_one;
    output reg [2*m-1:0] data_out_two;
    parameter ready  = 3'h0;
    parameter first  = 3'h1;
    parameter second = 3'h2;
    parameter three  = 3'h3;
    parameter four   = 3'h4;
    parameter five   = 3'h5;
    parameter six    = 3'h6;
    parameter seven  = 3'h7;

    reg [2:0] enc_state;

    reg [m-1:0] ecc_p,ecc_a,ecc_b,Gx,Gy,ecc_order,ecc_h;
```

```verilog
reg mul0_wr_in;
reg [m-1:0] mul0_k;
reg [m-1:0] mul0_ax,mul0_ay;
wire mul0_wr_out;
wire [m-1:0] mul0_cx,mul0_cy;
Point_Mul_1 #(.m(m))point_mul_inst0(
    .clk(clk),
    .rst(rst),
    .para_wr(para_wr),
    .para_p(para_p),
    .para_a(para_a),
    .wr_in(mul0_wr_in),
    .k_in(mul0_k),
    .ax_in(mul0_ax),
    .ay_in(mul0_ay),
    .wr_out(mul0_wr_out),
    .cx_out(mul0_cx),
    .cy_out(mul0_cy)
);

reg point_add_wr_in;
wire point_add_wr_out;
reg [m-1:0] point_add_ax,point_add_ay,point_add_bx,point_add_by;
wire [m-1:0] point_add_cx,point_add_cy;
Point_Add_Double #(.m(m))Point_Add_inst (
    .clk(clk),
    .rst(rst),
    .para_wr(para_wr),
    .para_p(para_p),
    .wr_in(point_add_wr_in),
    .ax_in(point_add_ax),
    .ay_in(point_add_ay),
    .bx_in(point_add_bx),
    .by_in(point_add_by),
    .wr_out(point_add_wr_out),
    .cx_out(point_add_cx),
    .cy_out(point_add_cy)
);
reg [m-1:0] k_reg;
reg [klen-1:0] m_reg;
reg [m-1:0] Qb_x_reg,Qb_y_reg;
always@(posedge clk or posedge rst) begin
    if(rst) begin
```

```verilog
            wr_out <= 1'b0;
            success <= 1'b0;
            Rb_x <= {m{1'b0}};
            Rb_y <= {m{1'b0}};
            data_out_one <= 0;
            data_out_two <= 0;
            enc_state <= ready;
            point_add_wr_in <= 0;
        end
        else begin
            case(enc_state)
                ready: begin
                    wr_out <= 1'b0;
                    success <= 1'b0;
                    Rb_x <= {m{1'b0}};
                    Rb_y <= {m{1'b0}};
                    data_out_one <= 0;
                    data_out_two <= 0;
                    point_add_wr_in <= 0;

                    if(para_wr == 1'b1) begin
                        ecc_p <= para_p;
                        ecc_a <= para_a;
                        ecc_b <= para_b;
                        Gx <= para_Gx;
                        Gy <= para_Gy;
                        ecc_order <= para_order;
                        ecc_h <= para_h;
                        enc_state <= ready;
                    end
                    if(wr_in == 1'b1) begin
                        k_reg <= k_a;
                        Qb_x_reg <= Qb_x;
                        Qb_y_reg <= Qb_y;
                        m_reg <= message;
                        enc_state <= first;
                    end
                end
                first: begin
                    mul0_wr_in <= 1'b1;
                    mul0_k <= k_reg;
                    mul0_ax <= Gx;
                    mul0_ay <= Gy;
```

```verilog
            enc_state <= second;
        end
    second: begin
        mul0_wr_in <= 1'b0;
        if(mul0_wr_out == 1) begin
            data_out_one <= {mul0_cx,mul0_cy};
            enc_state <= three;
        end
    end
    three: begin
        mul0_wr_in <= 1'b1;
        mul0_k <= ecc_h;
        mul0_ax <= Qb_x_reg;
        mul0_ay <= Qb_y_reg;
        enc_state <= four;
    end
    four: begin
        mul0_wr_in <= 1'b0;
        if(mul0_wr_out == 1) begin
            if(mul0_cx == 0 && mul0_cy == 0) begin
                wr_out <= 1'b1;
                success <= 1'b0;
                enc_state <= ready;
            end
            else begin
                mul0_wr_in <= 1'b1;
                mul0_k <= k_reg;
                mul0_ax <= Qb_x_reg;
                mul0_ay <= Qb_y_reg;
                enc_state <= five;
            end
        end
    end
    five: begin
        mul0_wr_in <= 1'b0;
        if(mul0_wr_out == 1) begin
            Rb_x <= mul0_cx;
            Rb_y <= mul0_cy;
            enc_state <= six;
        end
    end
    six: begin
        point_add_wr_in <= 1;
```

```verilog
                    {point_add_ax,point_add_ay}<= message;
                    {point_add_bx,point_add_by}<= {Rb_x,Rb_y};
                    data_out_one<= {Rb_x,Rb_y};
                    enc_state<= seven;
                end
                seven: begin
                    point_add_wr_in<= 0;
                    if(point_add_wr_out==1)begin
                        data_out_two<= {point_add_cx,point_add_cy};
                        wr_out<= 1'b1;
                        success<= 1'b1;
                        enc_state<= ready;
                    end
                end
            endcase
        end
    end
endmodule

module ecc_enc_test;
    parameter m = 4;
    parameter klen = 8;
    reg clk;
    reg rst;
    reg para_wr;
    reg [m-1:0]      para_p;
    reg [m-1:0]      para_a;
    reg [m-1:0]      para_b;
    reg [m-1:0]      para_Gx;
    reg [m-1:0]      para_Gy;
    reg [m-1:0]      para_order;
    reg [m-1:0]      para_h;
    reg wr_in;
    reg [m-1:0] k_a;
    reg [m-1:0] Qb_x;
    reg [m-1:0] Qb_y;
    reg [klen-1:0] message;

    wire [m-1:0] Rb_x;
    wire [m-1:0] Rb_y;
    wire wr_out;
    wire success;
```

```verilog
        wire [2*m-1:0] data_out_one;
        wire [klen-1:0] data_out_two;
        parameter ecc_p = 4'hb;
        parameter ecc_a = 4'h1;
        parameter ecc_b = 4'h6;
        parameter Gx = 4'h2;
        parameter Gy = 4'h7;
        parameter ecc_order = 4'hd;
        parameter ecc_h = 4'h1;
        parameter Rand_A = 4'h3;
        parameter Pk_Bx = 4'h7;
        parameter Pk_By = 4'h2;
        parameter Message = 8'hA9;

localparam clk_period = 10;
    reg [10:0] cnt1;
    reg [m-1:0] x2_reg,y2_reg;
ecc_enc #(.klen(klen),.m(m))uut   (
        .clk(clk),
        .rst(rst),
        .para_wr(para_wr),
        .para_p(para_p),
        .para_a(para_a),
        .para_b(para_b),
        .para_Gx(para_Gx),
        .para_Gy(para_Gy),
        .para_order(para_order),
        .para_h(para_h),
        .wr_in(wr_in),
        .k_a(k_a),
        .Qb_x(Qb_x),
        .Qb_y(Qb_y),
        .message(message),
        .Rb_x(Rb_x),
        .Rb_y(Rb_y),
        .wr_out(wr_out),
        .success(success),
        .data_out_one(data_out_one),
        .data_out_two(data_out_two)
    );

    initial begin
        clk = 0;
```

```verilog
            rst = 0;
            wr_in = 0;
            k_a = 0;
            Qb_x = 0;
            Qb_y = 0;
            message = 0;
            cnt1 = 0;
        end
always@(posedge clk)
begin
  case (cnt1)
        0: begin
            rst <= 1'b1;
            cnt1 <= cnt1 + 1;
        end
        1: begin
            rst <= 0;
            para_wr <= 1'b1;
            para_p <= ecc_p;
            para_a <= ecc_a;
            para_b <= ecc_b;
            para_Gx <= Gx;
            para_Gy <= Gy;
            para_order <= ecc_order;
            para_h <= ecc_h;
            cnt1 <= cnt1 + 1;
        end
        2:
            begin
                para_wr <= 1'b0;
                wr_in <= 1'b1;
                k_a <= Rand_A;
                Qb_x <= Pk_Bx;
                Qb_y <= Pk_By;
                message = {Message};
                cnt1 <= cnt1 + 1;
            end
        3: begin
            wr_in <= 1'b0;
                if(wr_out == 1) begin
                    {x2_reg,y2_reg} <= data_out_one;
                    cnt1 <= cnt1 + 1;
                end
            end
        4: begin
```

```
                cnt1 <= cnt1 + 1;
            end
        5: begin
                cnt1 <= cnt1;
            end
        endcase
    end
    initial begin
        clk = 0;
        forever begin
            #(clk_period/2)clk = ~clk;
        end
    end

    always@(posedge clk)
        begin
            if(wr_out == 1)
                $display(" %d\n%h\n%h\n",success,data_out_one,data_out_two);
        end
    always@(posedge clk)
        begin
            if(wr_out == 1)
                $display(" %h\n%h\n",Rb_x,Rb_y);
        end
endmodule
```

仿真结果如图 5.6 所示。

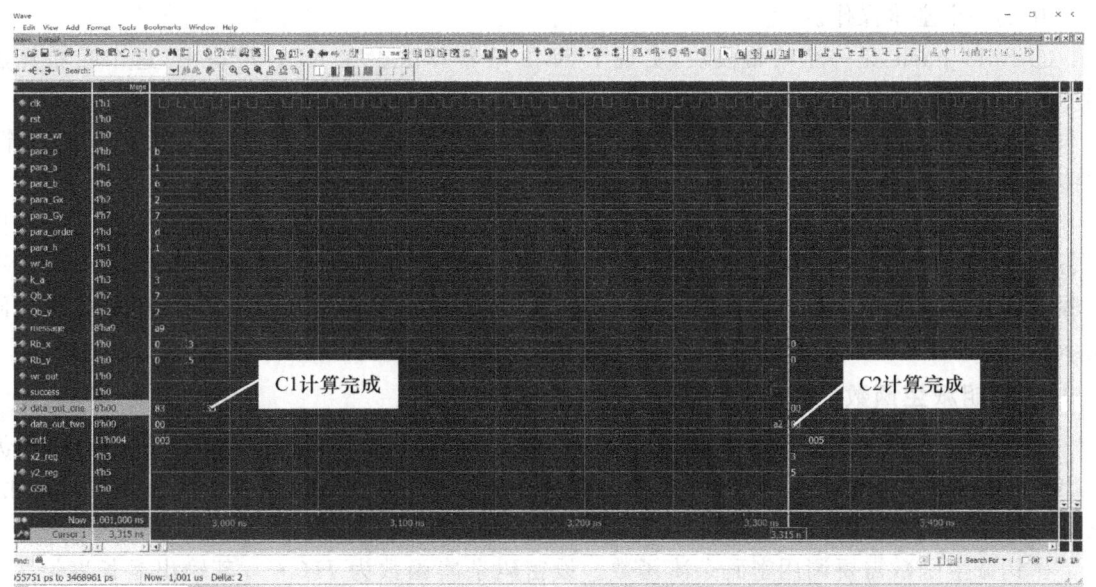

图 5.6 ECC 算法加密功能仿真结果

5.3 SM2 算法的 FPGA 实现

SM2 算法和 ECC 算法都是基于椭圆曲线的密码学算法,但它们在参数选择、密钥长度、算法设计、应用范围和安全性等方面有一些区别,SM2 算法的椭圆曲线参数由国家密码管理局指定,包括椭圆曲线方程、基点 G、素数 p 等参数,SM2 算法的密钥长度是 256 位,ECC 算法的椭圆曲线参数可以根据需要选择。

5.3.1 算法模块设计

SM2 算法的基础运算模块和 ECC 算法的基础运算模块基本相同,如点乘、点加、倍点等模块,上一节已对相应的功能模块进行了介绍,本节就不再累述。通常,SM2 算法主要由以下模块构成。

① SM2_Enc:加密模块,接收椭圆曲线的参数、一个随机数 k_a、接收者的公钥 Qb_x 和 Qb_y,以及待加密的消息 message。输出加密后的密文,包括两部分:data_out_one 和 data_out_two。

② SM2_Dec:解密模块,接收椭圆曲线的参数、接收者的私钥 sk_b、密文 data_one 和 data_two。输出解密后的明文 data_out,并验证解密的正确性。

③ KDF_Enc 和 KDF_Dec:这两个模块实现密钥派生函数(KDF),用于从椭圆曲线上的点坐标派生出一个密钥。功能相似,KDF_Enc 用于加密过程中的密钥派生,KDF_Dec 用于解密过程中的密钥派生。

④ Point_Mul_1:点乘模块,用于计算椭圆曲线上的点乘(即 $k*P$,其中 k 是一个整数,P 是一个椭圆曲线上的点)。这是 ECC 算法中的一个基本操作,用于生成公钥和进行加密。

⑤ Point_Add:点加模块,用于计算椭圆曲线上的两个点的加法(即 $P+Q$)。点加运算是 ECC 中的一个基本操作。

⑥ SM3_hash:是一个哈希模块,实现了 SM3 哈希算法。在 KDF 模块中,这个哈希算法用于从椭圆曲线点坐标生成一个固定长度的哈希值。

⑦ Field_Mul、Field_Add、Double_p:这些模块实现了有限域上的乘法、加法和倍加运算。这些运算在 ECC 和哈希函数中都是必需的。

这些模块共同工作,以实现 SM2 加密和解密算法,加密过程涉及生成椭圆曲线上的随机点、计算密文的第一部分、使用 KDF 从密文的一部分派生密钥、使用派生的密钥加密消息等步骤。解密过程则涉及验证密文的有效性、使用接收者的私钥和密文的一部分计算中间值、使用 KDF 从该中间值派生密钥、使用派生的密钥解密消息等步骤。

1. 密钥派生函数

SM2 算法中的密钥派生函数(KDF)是从共享的秘密信息(如椭圆曲线上的点坐标)中派生出密钥数据的关键组件。在 SM2 椭圆曲线公钥密码体系中,KDF 起到了至关重要的作用,它确保了密钥的安全性和随机性。

密钥派生函数需要调用密码杂凑函数。设密码杂凑函数为 $H(\cdot)$,其输出是长度恰为 v 比特的杂凑值。

密钥派生函数 KDF(Z,klen)的定义如下。

(1) 输入

① 比特串 Z。

② 整数 klen(表示要获得的密钥数据的比特长度,要求该值小于$(2^{32}-1)v$)。

(2) 输出

长度为 klen 的密钥数据比特串 K。

(3) 步骤

① 初始化一个 32 bit 的计数器 ct 为 0x00000001。

② 对 i 从 1 到 $\lceil$klen/$v\rceil$(即 klen 除以 v 的整数部分)执行以下操作:

a. 计算 Hai=$H(Z||$ct$)$(将 Z 与 ct 拼接后作为 $H(\cdot)$ 的输入)。

b. ct 自增 1。

③ 若 klen/v 是整数,则 Hai[klen/v]保持为 Hai[klen/v];否则,Hai[klen/v]取 Hai[klen/v]最左边的(klen$-$($v\times\lceil$klen/$v\rceil$))比特。

④ 令 K 为 Ha1$||$Ha2$||\cdots||$Ha[klen/$v-1$]$||$Ha[klen/v](即将所有通过计算得到的杂凑值按顺序拼接起来)。

2. 基于 SM2 算法的加解密运算

(1) 密钥生成

- 选择椭圆曲线:首先,根据 SM2 标准输入相应的椭圆曲线参数。
- 生成基点:在选定的椭圆曲线上选择一个基点 G,其坐标是公开的。
- 生成私钥:随机选择一个大的整数 d 作为私钥,要求 d 是小于曲线阶 n 的一个正整数。
- 计算公钥:使用私钥 d 和基点 G,通过点乘运算计算公钥 Q,即 $Q=dG$。公钥 Q 和私钥 d 是一对匹配的密钥。

(2) 加密过程

- 接收者公钥:加密者需要知道接收者的公钥 Q_B。
- 生成随机数 k:加密者随机选择一个整数 $k(k<n)$作为临时私钥。
- 计算密文点 C1:使用临时私钥 k 和椭圆曲线的基点 G,通过点乘运算计算密文点 C1,即 C1 $=kG$。
- 计算共享秘密 S:使用接收者的公钥 Q_B 和临时私钥 k,通过点乘运算计算共享秘密 S,即 $S=k$Q_B。注意,由于椭圆曲线的性质,S 也可以表示为 $S=$d_BQ_A,其中 d_B 是接收者的私钥,Q_A 是加密者的公钥。但在实际加密过程中,加密者并不知道 d_B,因此只能通过 kQ_B 来计算 S。
- 计算密文 C2:将待加密的消息 m 进行某种形式的编码或哈希处理(如果需要),然后与共享秘密 S 进行异或操作,得到密文 C2。
- 输出密文:将密文点 C1 和密文 C2 组合在一起,作为最终的密文输出。

(3) 解密过程

- 接收密文:解密者收到密文(C1,C2)。
- 计算共享秘密 S:解密者使用自己的私钥 d_B 和密文点 C1,通过点乘运算计算共享秘密 S,即 $S=$d_BC1。由于 C1$=kG$,因此 $S=$d_B$kG=k($d_B$G)=k$Q_B,这与加密过程中计算的 S 相同。
- 恢复明文:解密者使用共享秘密 S 对密文 C2 进行异或操作,以恢复出原始的消息 m。

5.3.2 工程实现与测试

1. 密钥派生函数的实现

密钥派生函数模块接收输入的椭圆曲线点坐标(x_in 和 y_in),并通过多次调用 SM3 哈希函数生成一个固定长度的密钥(key_out)。

(1) 模块参数和输入、输出

① 参数:
- klen:生成的密钥长度,这里设为 152 位。
- r:klen 对 256 取余的结果,用于处理密钥长度不是 256 的倍数的情况。
- m:SM3 哈希函数的输出长度,这里设为 256 位。

② 输入:
- clk:时钟信号。
- rst:复位信号,高电平时复位。
- wr_in:输入写信号,高电平时表示有数据输入。
- x_in、y_in:输入的椭圆曲线点的 x 和 y 坐标,各为 256 位。

③ 输出:
- wr_out:输出写信号,高电平时表示密钥生成完毕。
- key_out:生成的密钥,长度为 klen 位。

(2) 内部信号和状态机

① 内部信号:
- kdf_state:状态机寄存器,用于控制密钥派生过程的不同阶段。
- hash_start、hash_data_wr、hash_data、hash_last:控制 SM3 哈希函数的信号。
- hash_next_wr、hash_out_wr、hash_data_out:SM3 哈希函数的输出信号。
- block_number:需要生成的哈希块数。
- cnt、cnt_number:计数器,用于跟踪当前处理的哈希块和生成的密钥部分。
- x_u_reg、y_u_reg:存储输入的椭圆曲线点坐标。
- key_out_reg:存储生成的密钥。

② 状态机:
- ready:等待输入数据。
- first:启动 SM3 哈希函数。
- second:向 SM3 哈希函数写入数据(椭圆曲线点坐标)。
- three:写入额外的数据(计数器值和固定值),并标记为最后一个数据块。
- four:等待 SM3 哈希函数完成计算,并读取哈希值。
- six:更新密钥寄存器,检查是否还有更多的哈希块需要生成,或者输出最终密钥。

(3) 工作过程

① 当 wr_in 为高电平时,模块进入 ready 状态,接收输入的椭圆曲线点坐标,并计算需要生成的哈希块数。

② 状态机进入 first 状态,启动 SM3 哈希函数。

③ 在 second 状态,将椭圆曲线点坐标写入 SM3 哈希函数。

④ 在 three 状态，写入额外的数据（包括计数器值和固定值），并标记为数据块的末尾。

⑤ SM3 哈希函数完成计算后，进入 four 状态，读取哈希值，并将其存储到密钥寄存器中。

⑥ 在 six 状态，检查是否还有更多的哈希块需要生成。如果有，则重复上述过程；如果没有，则输出最终密钥，并将 wr_out 置为高电平，表示密钥生成完毕。

密钥派生函数的代码实现如程序 5-9 所示。

程序 5-9：
```verilog
module KDF_Enc(clk,rst,wr_in,x_in,y_in, wr_out,key_out );

    parameter klen = 152;
    parameter r = klen % 256;
    parameter m = 256;

    input clk;
    input rst;
    input wr_in;
    input [m-1:0] x_in;
    input [m-1:0] y_in;
    output reg wr_out;
    output reg [klen-1:0] key_out;

    parameter ready  = 3'h0;
    parameter first  = 3'h1;
    parameter second = 3'h2;
    parameter three  = 3'h3;
    parameter four   = 3'h4;
    parameter five   = 3'h5;
    parameter six    = 3'h6;
    parameter seven  = 3'h7;

    reg [2:0] kdf_state;
    reg hash_start,hash_data_wr;
    reg [511:0] hash_data;
    reg hash_last;
    wire hash_next_wr,hash_out_wr;
    wire [255:0] hash_data_out;
    SM3_hash SM3_hash_inst(
        .clk(clk),
        .rst(rst),
        .start(hash_start),
        .data_wr(hash_data_wr),
        .data_in(hash_data),
        .last(hash_last),
```

```verilog
        .next_wr(hash_next_wr),
        .out_wr(hash_out_wr),
        .data_out(hash_data_out)
);
reg [31:0] block_number;
reg [31:0] cnt;
reg [31:0] cnt_number;
reg [255:0] x_u_reg,y_u_reg;
reg [klen + 255:0] key_out_reg;
always@(posedge clk or posedge rst) begin
    if(rst) begin
        wr_out <= 1'b0;
        key_out <= {klen{1'b0}};
        kdf_state <= ready;
    end
    else begin
        case (kdf_state)
            ready: begin
                wr_out <= 1'b0;
                key_out <= {klen{1'b0}};
                if(wr_in == 1'b1) begin
                    x_u_reg <= x_in;
                    y_u_reg <= y_in;
                    cnt <= 0;
                    cnt_number <= 1;
                    if(r == 0) begin
                        block_number <= klen/256 ;
                    end
                    else begin
                        block_number <= (klen/256) + 1;
                    end
                    kdf_state <= first;
                end
            end
            first: begin
                hash_start <= 1'b1;
                kdf_state <= second;
            end
            second: begin
                hash_start <= 1'b0;
                hash_data_wr <= 1'b1;
                hash_data <= {x_u_reg,y_u_reg};
                kdf_state <= three;
```

```verilog
                    end
                three: begin
                    hash_data_wr <= 1'b0;
                    if(hash_next_wr == 1'b1) begin
                        hash_data_wr <= 1'b1;
                        hash_data <= {cnt_number,1'b1,415'h0,64'h220};
                        hash_last <= 1'b1;
                        kdf_state <= four;
                    end
                end
                four: begin
                    hash_data_wr <= 1'b0;
                    if(hash_out_wr == 1'b1) begin
                        if(cnt < block_number)  begin
                            hash_last <= 1'b0;
                            key_out_reg[m-1:0] <= hash_data_out;
                            cnt <= cnt + 1;
                            cnt_number <= cnt_number + 1;
                        end
                        kdf_state <= six;
                    end
                end
                six: begin
                    if(cnt < block_number) begin
                        key_out_reg <= (key_out_reg<<m);
                        kdf_state <= first;
                    end
                    else begin
                        wr_out <= 1'b1;
                        if(r == 0) begin
                            key_out <= key_out_reg;
                        end
                        else begin
                            key_out <= (key_out_reg>>(m-r));
                        end
                        cnt <= 0;
                        cnt_number <= 1;
                        kdf_state <= ready;
                    end
                end
            endcase
        end
end
```

```verilog
endmodule
module KDF_Enc(clk,rst,wr_in,x_in,y_in, wr_out,key_out );

    parameter klen = 152;
    parameter r = klen % 256;
    parameter m = 256;

    input clk;
    input rst;
    input wr_in;
    input [m-1:0] x_in;
    input [m-1:0] y_in;
    output reg wr_out;
    output reg [klen-1:0] key_out;

    parameter ready = 3'h0;
    parameter first = 3'h1;
    parameter second = 3'h2;
    parameter three = 3'h3;
    parameter four = 3'h4;
    parameter five = 3'h5;
    parameter six = 3'h6;
    parameter seven = 3'h7;

    reg [2:0] kdf_state;
    reg hash_start,hash_data_wr;
    reg [511:0] hash_data;
    reg hash_last;
    wire hash_next_wr,hash_out_wr;
    wire [255:0] hash_data_out;
    SM3_hash SM3_hash_inst(
        .clk(clk),
        .rst(rst),
        .start(hash_start),
        .data_wr(hash_data_wr),
        .data_in(hash_data),
        .last(hash_last),
        .next_wr(hash_next_wr),
        .out_wr(hash_out_wr),
        .data_out(hash_data_out)
    );
```

```verilog
reg [31:0] block_number;
reg [31:0] cnt;
reg [31:0] cnt_number;
reg [255:0] x_u_reg,y_u_reg;
reg [klen + 255:0] key_out_reg;
always@(posedge clk or posedge rst) begin
    if(rst) begin
        wr_out <= 1'b0;
        key_out <= {klen{1'b0}};
        kdf_state <= ready;
    end
    else begin
        case (kdf_state)
            ready: begin
                wr_out <= 1'b0;
                key_out <= {klen{1'b0}};
                if(wr_in == 1'b1) begin
                    x_u_reg <= x_in;
                    y_u_reg <= y_in;
                    cnt <= 0;
                    cnt_number <= 1;
                    if(r == 0) begin
                        block_number <= klen/256 ;
                    end
                    else begin
                        block_number <= (klen/256) + 1;
                    end
                    kdf_state <= first;
                end
            end
            first: begin
                hash_start <= 1'b1;
                kdf_state <= second;
            end
            second: begin
                hash_start <0 = 1'b0;
                hash_data_wr <= 1'b1;
                hash_data <= {x_u_reg,y_u_reg};
                kdf_state <= three;
            end
            three: begin
                hash_data_wr <= 1'b0;
                if(hash_next_wr == 1'b1) begin
```

```verilog
                    hash_data_wr <= 1'b1;
                    hash_data <= {cnt_number,1'b1,415'h0,64'h220};
                    hash_last <= 1'b1;
                    kdf_state <= four;
                end
            end
            four: begin
                hash_data_wr <= 1'b0;
                if(hash_out_wr == 1'b1) begin
                    if(cnt < block_number)  begin
                        hash_last <= 1'b0;
                        key_out_reg[m-1:0] <= hash_data_out;
                        cnt <= cnt + 1;
                        cnt_number <= cnt_number + 1;
                    end
                    kdf_state <= six;
                end
            end
            six: begin
                if(cnt < block_number) begin
                    key_out_reg <= (key_out_reg<<m);
                    kdf_state <= first;
                end
                else begin
                    wr_out <= 1'b1;
                    if(r == 0) begin
                        key_out <= key_out_reg;
                    end
                    else begin
                        key_out <= (key_out_reg>>(m-r));
                    end
                    cnt <= 0;
                    cnt_number <= 1;
                    kdf_state <= ready;
                end
            end
        endcase
    end
end
endmodule
```

密钥派生函数仿真结果如图 5.7 所示。

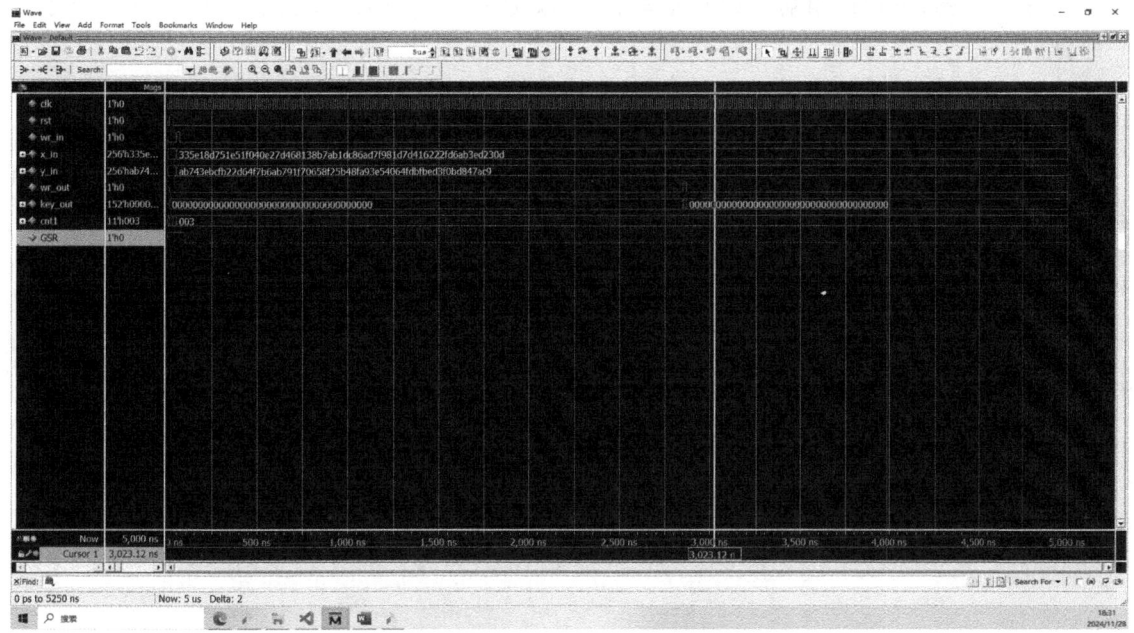

图 5.7　密钥派生函数仿真结果

2. 加解密模块的实现

（1）输入

clk：时钟信号。

rst：复位信号，用于初始化模块状态。

para_wr：参数写入使能信号，指示是否写入椭圆曲线参数。

para_p、para_a、para_b、para_Gx、para_Gy、para_order、para_h：椭圆曲线的参数，包括模数 p、系数 a 和 b、基点的横纵坐标 Gx 和 Gy、基点的阶 order 和余因子 h。

wr_in：输入使能信号，指示是否开始加密操作。

k_a：随机数，用于生成密文。

Qb_x、Qb_y：公钥的横纵坐标。

message：待加密的消息。

（2）输出

Rb_x、Rb_y：计算密文第三部分所需的椭圆曲线点的横纵坐标。

wr_out：输出使能信号，指示加密操作已完成。

success：加密成功使能信号，指示加密是否成功。

data_out_one：密文的第一部分，通过基点与随机数 k_a 的乘积得到。

data_out_two：密文的第二部分，通过对 Rb_x 和 Rb_y 进行密钥派生函数（KDF）处理并与消息进行异或运算得到。

模块内部使用了一个状态机（enc_state）来控制加密流程，状态包括 ready（等待输入）、first 至 seven（执行加密操作的各个步骤）。

在 ready 状态，模块等待输入信号。如果 para_wr 为高电平，则更新椭圆曲线参数；如果 wr_in 为高电平，则保存输入数据，并转移到 first 状态。

在 first 状态，模块使用随机数 k_a 与基点 Gx、Gy 进行椭圆曲线点乘运算，得到密文的第一部分。

在 second 状态，等待点乘运算完成，并将结果保存为 data_out_one。

在 three 状态，使用余因子 h 与公钥 Qb_x、Qb_y 进行点乘运算，以检查公钥是否有效。

在 four 状态，根据点乘结果判断公钥是否有效。如果无效，则输出加密失败信号；如果有效，则继续执行与公钥的点乘运算以得到 Rb_x 和 Rb_y。

在 five 状态，等待与公钥的点乘运算完成，并将结果保存为 Rb_x 和 Rb_y。

在 six 状态，对 Rb_x 和 Rb_y 执行密钥派生函数（KDF）运算。

在 seven 状态，等待 KDF 运算完成，并将结果与消息进行异或运算得到密文的第二部分 data_out_two，然后输出加密成功信号。

SM2 加解密模块的代码实现如程序 5-10 所示。

程序 5-10：

```verilog
module SM2_Enc(clk,rst,para_wr,para_p,para_a,para_b,para_Gx,para_Gy,para_order,para_h,wr_in,k_a,Qb_x,Qb_y,message,Rb_x,Rb_y,wr_out,success,data_out_one,data_out_two);

    parameter klen = 152;
    parameter m = 256;

    input clk;
    input rst;

    input para_wr;
    input [m-1:0] para_p;
    input [m-1:0] para_a;
    input [m-1:0] para_b;
    input [m-1:0] para_Gx;
    input [m-1:0] para_Gy;
    input [m-1:0] para_order;
    input [m-1:0] para_h;

    input wr_in;
    input [m-1:0]       k_a;
    input [m-1:0]       Qb_x;
    input [m-1:0]       Qb_y;
    input [klen-1:0]    message;

    output reg [m-1:0]  Rb_x;
    output reg [m-1:0]  Rb_y;

    output reg          wr_out;
    output reg          success;
    output reg [2*m-1:0] data_out_one;
```

```verilog
output reg [klen-1:0] data_out_two;

parameter ready = 3'h0;
parameter first = 3'h1;
parameter second = 3'h2;
parameter three = 3'h3;
parameter four = 3'h4;
parameter five = 3'h5;
parameter six = 3'h6;
parameter seven = 3'h7;

reg [2:0] enc_state;

reg [m-1:0] ecc_p,ecc_a,ecc_b,Gx,Gy,ecc_order,ecc_h;

reg mul0_wr_in;
reg [m-1:0] mul0_k;
reg [m-1:0] mul0_ax,mul0_ay;
wire mul0_wr_out;
wire [m-1:0] mul0_cx,mul0_cy;
Point_Mul_1 point_mul_inst0(
    .clk(clk),
    .rst(rst),
    .para_wr(para_wr),
    .para_p(para_p),
    .para_a(para_a),
    .wr_in(mul0_wr_in),
    .k_in(mul0_k),
    .ax_in(mul0_ax),
    .ay_in(mul0_ay),
    .wr_out(mul0_wr_out),
    .cx_out(mul0_cx),
    .cy_out(mul0_cy)
);

reg kdf_wr_in;
reg [m-1:0] kdf_x,kdf_y;
wire kdf_wr_out;
wire [klen-1:0] kdf_out;
KDF_Enc #(klen) kdf_inst(
        .clk(clk),
        .rst(rst),
        .wr_in(kdf_wr_in),
```

```verilog
            .x_in(kdf_x),
            .y_in(kdf_y),
            .wr_out(kdf_wr_out),
            .key_out(kdf_out)
);
reg [m-1:0] k_reg;
reg [klen-1:0] m_reg;
reg [m-1:0] Qb_x_reg,Qb_y_reg;
always@(posedge clk or posedge rst) begin
    if(rst) begin
        wr_out <= 1'b0;
        success <= 1'b0;
        Rb_x <= {m{1'b0}};
        Rb_y <= {m{1'b0}};
        data_out_one <= 0;
        data_out_two <= 0;
        enc_state <= ready;
    end
    else begin
        case (enc_state)
            ready: begin
                wr_out <= 1'b0;
                success <= 1'b0;
                Rb_x <= {m{1'b0}};
                Rb_y <= {m{1'b0}};
                data_out_one <= 0;
                data_out_two <= 0;
                if(para_wr == 1'b1) begin
                    ecc_p <= para_p;
                    ecc_a <= para_a;
                    ecc_b <= para_b;
                    Gx <= para_Gx;
                    Gy <= para_Gy;
                    ecc_order <= para_order;
                    ecc_h <= para_h;
                    enc_state <= ready;
                end
                if(wr_in == 1'b1) begin
                    k_reg <= k_a;
                    Qb_x_reg <= Qb_x;
                    Qb_y_reg <= Qb_y;
                    m_reg <= message;
                    enc_state <= first;
```

```verilog
            end
        end
        first: begin
            mul0_wr_in <= 1'b1;
            mul0_k <= k_reg;
            mul0_ax <= Gx;
            mul0_ay <= Gy;
            enc_state <= second;
        end
        second: begin
            mul0_wr_in <= 1'b0;
            if(mul0_wr_out == 1) begin
                data_out_one <= {mul0_cx,mul0_cy};
                enc_state <= three;
            end
        end
        three: begin
            mul0_wr_in <= 1'b1;
            mul0_k <= ecc_h;
            mul0_ax <= Qb_x_reg;
            mul0_ay <= Qb_y_reg;
            enc_state <= four;
        end
        four: begin
            mul0_wr_in <= 1'b0;
            if(mul0_wr_out == 1) begin
                if(mul0_cx == 0 && mul0_cy == 0) begin
                    wr_out <= 1'b1;
                    success <= 1'b0;
                    enc_state <= ready;
                end
                else begin
                    mul0_wr_in <= 1'b1;
                    mul0_k <= k_reg;
                    mul0_ax <= Qb_x_reg;
                    mul0_ay <= Qb_y_reg;
                    enc_state <= five;
                end
            end
        end
        five: begin
            mul0_wr_in <= 1'b0;
            if(mul0_wr_out == 1) begin
```

```verilog
                            Rb_x <= mul0_cx;
                            Rb_y <= mul0_cy;
                            enc_state <= six;
                        end
                    end
                    six: begin
                        kdf_wr_in <= 1'b1;
                        kdf_x <= Rb_x;
                        kdf_y <= Rb_y;
                        enc_state <= seven;
                    end
                    seven: begin
                        kdf_wr_in <= 1'b0;
                        if(kdf_wr_out == 1'b1) begin
                            wr_out <= 1'b1;
                            success <= 1'b1;
                            data_out_two <= kdf_out ^ m_reg;
                            enc_state <= ready;
                        end
                    end
                endcase
            end
        end
endmodule
module Enc_test;
    parameter m = 256;
    parameter klen = 152;
    reg clk;
    reg rst;
    reg para_wr;
    reg [m-1:0]    para_p;
    reg [m-1:0]    para_a;
    reg [m-1:0]    para_b;
    reg [m-1:0]    para_Gx;
    reg [m-1:0]    para_Gy;
    reg [m-1:0]    para_order;
    reg [m-1:0]    para_h;
    reg wr_in;
    reg [m-1:0] k_a;
    reg [m-1:0] Qb_x;
    reg [m-1:0] Qb_y;
    reg [klen-1:0] message;
```

```verilog
    wire [m-1:0] Rb_x;
    wire [m-1:0] Rb_y;
    wire wr_out;
    wire success;
    wire [2*m-1:0] data_out_one;
    wire [klen-1:0] data_out_two;

    localparam clk_period = 10;
    reg [10:0] cnt1;
    reg [m-1:0] x2_reg,y2_reg;
    SM2_Enc #(klen)uut (
        .clk(clk),
        .rst(rst),
        .para_wr(para_wr),
        .para_p(para_p),
        .para_a(para_a),
        .para_b(para_b),
        .para_Gx(para_Gx),
        .para_Gy(para_Gy),
        .para_order(para_order),
        .para_h(para_h),
        .wr_in(wr_in),
        .k_a(k_a),
        .Qb_x(Qb_x),
        .Qb_y(Qb_y),
        .message(message),
        .Rb_x(Rb_x),
        .Rb_y(Rb_y),
        .wr_out(wr_out),
        .success(success),
        .data_out_one(data_out_one),
        .data_out_two(data_out_two)
    );

    initial begin
        clk = 0;
        rst = 0;
        wr_in = 0;
        k_a = 0;
        Qb_x = 0;
        Qb_y = 0;
        message = 0;
        cnt1 = 0;
```

```verilog
        end
always@(posedge clk)
begin
    case (cnt1)
        0: begin
                rst <= 1'b1;
                cnt1 <= cnt1 + 1;
            end
        1: begin
                rst <= 0;
                para_wr <= 1'b1;
                para_p <= ecc_p;
                para_a <= ecc_a;
                para_b <= ecc_b;
                para_Gx <= Gx;
                para_Gy <= Gy;
                para_order <= ecc_order;
                para_h <= ecc_h;
                cnt1 <= cnt1 + 1;
            end
        2:
            begin
                para_wr <= 1'b0;
                wr_in <= 1'b1;
                k_a <= Rand_A;
                Qb_x <= Pk_Bx;
                Qb_y <= Pk_By;
                message = {Message};
                cnt1 <= cnt1 + 1;
            end
        3: begin
            wr_in <= 1'b0;
                if(wr_out == 1) begin
                    {x2_reg,y2_reg} <= data_out_one;
                    cnt1 <= cnt1 + 1;
                end
            end
        4: begin
                cnt1 <= cnt1 + 1;
            end
        5: begin
                cnt1 <= cnt1;
            end
```

                endcase
            end
        initial begin
            clk = 0;
            forever begin
                #(clk_period/2)clk = ~clk;
            end
        end

        always@(posedge clk)
            begin
            if(wr_out == 1)
                $display("%d\n%h\n%h\n",success,data_out_one,data_out_two);
            end
        always@(posedge clk)
            begin
              if(wr_out == 1)
                $display("%h\n%h\n",Rb_x,Rb_y);
            end
    endmodule

SM2 算法加密仿真结果如图 5.8 所示。

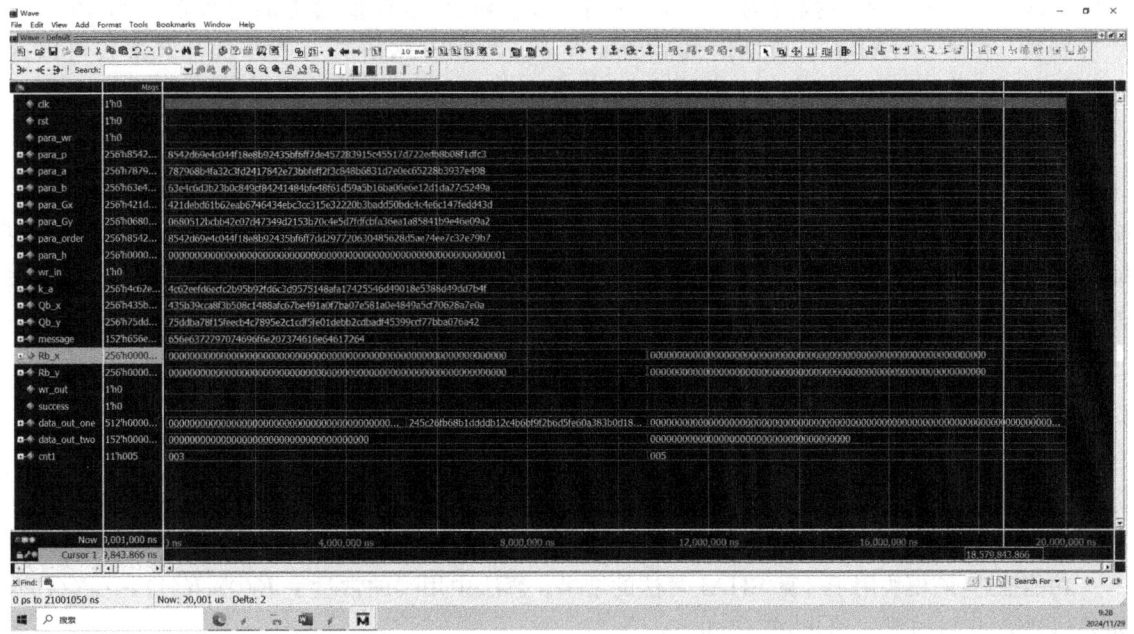

图 5.8　SM2 算法加密仿真结果

第 6 章
Hash 算法的 FPGA 实现

6.1 SHA-1 算法的 FPGA 实现

6.1.1 算法模块设计

SHA1(Secure Hash Algorithm 1,安全散列算法 1)是一种密码散列函数,由美国国家安全局设计,并由美国国家标准及技术协会(NIST)发布为联邦数据处理标准(FIPS)。SHA-1 可以生成一个被称为消息摘要的 160 位(20 字节)散列值,散列值通常的呈现形式为 40 个十六进制数。由于 SHA1 在计算的时候后面要补 64 位的长度,所有 SHA1 的计算最长可以处理 2^{64} bit 的长度消息。

1. 顶层模块(接收数据模块)

功能描述:sha1_top 模块是系统的顶层模块,它将外部输入的 16 个 4 字节数据转换为一个 512 bit 的数据送入 Hash 算法 core 模块。cs 为开始输入数据片选使能,we 为数据写使能,address 为 16 个 4 字节地址,write_data 为写入的 4 字节数据。Hash 算法 SHA1 算出来的是一个 160 bit(20B)的数据,由 read_data[31:0]输出。

注:本模块输入的 16 个 4 字节需要补位完成,详见 6.1.2 节。

2. 子模块设计(Hash 算法计算模块)

sha1_core:用于计算 Hash 值。

sha1_w_mem:用于将顶层的 16 个 32 bit 数据扩展为 80 个 32 bit 数据。

(1) sha1_core 模块

功能描述:该模块用于计算 SHA1 算法的结果。算法中用到的常量字 $K(0), K(1), \cdots, K(79)$,如果以十六进制的形式给出,它们如下:

$$Kt=0x5A827999(0<=t<=19)$$
$$Kt=0x6ED9EBA1(20<=t<=39)$$
$$Kt=0x8F1BBCDC(40<=t<=59)$$
$$Kt=0xCA62C1D6(60<=t<=79)$$

在 SHA1 中需要一系列的函数。每个函数 ft(0<=t<=79) 都操作 32 位字 B,C,D 并且产生 32 位字作为输出。$ft(B,C,D)$ 可以定义如下：

$ft(B,C,D) = (B\ AND\ C)\ OR\ ((NOT\ B)\ AND\ D)$ $(0<=t<=19)$

$ft(B,C,D) = B\ XOR\ C\ XOR\ D$ $(20<=t<=39)$

$ft(B,C,D) = (B\ AND\ C)\ OR\ (B\ AND\ D)\ OR\ (C\ AND\ D)$ $(40<=t<=59)$

$ft(B,C,D) = B\ XOR\ C\ XOR\ D$ $(60<=t<=79)$

在计算之前有 5 个默认的 32 bit 的 Hash 值参与第一次 SHA1 运算：

$A = 0x67452301$

$B = 0xEFCDAB89$

$C = 0x98BADCFE$

$D = 0x10325476$

$E = 0xC3D2E1F0$

SHA1 的计算公式如下(算 80 次)。对于 $t=0$ 到 79，执行下面的循环(注：在计算过程中会对默认的 Hash 值反复计算，所以在算之前需要将常量寄存)。

```
a = A, b = B, c = C, d = D, e = E;
    TEMP = Rotl5(a) + ft(b,c,d) + e + Wt + Kt;(其中 ft 函数和 Kt 参考上文,Wt 的值参考 sha1_w_
mem 模块,Rotl 为循环左移,Rotl5 就是循环左移 5 次)
    a = TEMP;
    b = c;
    c = Rotl30(b);
    d = c;
    e = d;
```

以上操作结束后，将得到的结果与默认的 5 个 Hash 值相加就是最终的运算结果。

如果需要运算的数据补位后有多个 512 bit，则将结果带入循环再运算一次，直到本次运算数据为最后一个 512 bit 为止。输出结果为大端序。

$R1 = A + a, R2 = B + b, R3 = C + c, R4 = D + d, R5 = E + e;$

(2) sha1_w_mem 模块

功能描述：将输入的 16 个 32 bit 数据扩展为 80 个 32 bit 的数据。运算公式为：$t<16(0\sim15)$ 的时候就直接用输入进来的 16 个 32 bit 数据；对于 $t=16$ 到 79，令 Wt = Rotl1(Wt-3⊕Wt-8⊕Wt-14⊕Wt-16)。

6.1.2 工程实现与测试

1. 消息补位规则

功能描述：消息必须进行补位，以使其长度在对 512 取模以后的余数是 448。也就是说，补位后的消息长度%512 = 448。即使长度已经满足对 512 取模后余数是 448，补位也必须进行。

补位是这样进行的：先补一个 1，然后再补 0，直到长度满足对 512 取模后余数是 448。总而言之，补位是至少补一位，最多补 512 位。

需要处理的总帧长小于 56 字节，则后面补一个字节 8'h80，如果补 8'h80 后还小于 56 字节则后面继续补 0，直到为 56 字节为止，如补 8'h80 后刚好为 56 字节，则在后面直接加上 8 字节长度。

需要处理的总帧长等于 56 字节则在第一次 Hash 计算时直接算 56 字节数据加上一个字节 8'h80，后面全部补 0，直到为 64 字节，在第二次 Hash 计算时全部补 0 直到为 56 字节，后面加上 8 字节数据帧总长。

需要处理的总帧长大于 56 字节，参考情况 2。

注：448 bit 后面的 64 bit 帧长是按照 bit 计算的，如为 3 字节则长度应为 24 bit，表示为 64'h0000_0000_0000_0018。

2. 代码实现

程序 6-1 是 SHA-1 算法顶层模块的代码实现。

程序 6-1：
```verilog
module sha1(
            input wire              clk         ,
            input wire              reset_n     ,
            input wire              cs          ,
            input wire              we          ,
            input wire  [7 : 0]     address,
            input wire  [31 : 0]    write_data,
            output wire [31 : 0]    read_data ,
            output wire             error
           );

    localparam ADDR_NAME0       = 8'h00;
    localparam ADDR_NAME1       = 8'h01;
    localparam ADDR_VERSION     = 8'h02;

    localparam ADDR_CTRL        = 8'h08;
    localparam CTRL_INIT_BIT    = 0;
    localparam CTRL_NEXT_BIT    = 1;

    localparam ADDR_STATUS      = 8'h09;
    localparam STATUS_READY_BIT = 0;
    localparam STATUS_VALID_BIT = 1;

    localparam ADDR_BLOCK0      = 8'h10;
    localparam ADDR_BLOCK15     = 8'h1f;

    localparam ADDR_DIGEST0     = 8'h20;
    localparam ADDR_DIGEST4     = 8'h24;
```

第 6 章 Hash 算法的 FPGA 实现

```verilog
localparam CORE_NAME0    = 32'h73686131;
localparam CORE_NAME1    = 32'h20202020;
localparam CORE_VERSION  = 32'h302e3630;

reg init_reg;
reg init_new;

reg next_reg;
reg next_new;

reg ready_reg;

reg [31 : 0] block_reg [0 : 15];
reg          block_we;

reg [159 : 0] digest_reg;

reg digest_valid_reg;
wire          core_ready;
wire [511 : 0] core_block;
wire [159 : 0] core_digest;
wire          core_digest_valid;

reg [31 : 0]  tmp_read_data;
reg           tmp_error;

assign core_block = {block_reg[00], block_reg[01], block_reg[02], block_reg[03],
                     block_reg[04], block_reg[05], block_reg[06], block_reg[07],
                     block_reg[08], block_reg[09], block_reg[10], block_reg[11],
                     block_reg[12], block_reg[13], block_reg[14], block_reg[15]};

assign read_data = tmp_read_data;
assign error     = tmp_error;

sha1_corecore(
              .clk(clk),
              .reset_n(reset_n),

              .init(init_reg),
              .next(next_reg),

              .block(core_block),
```

```verilog
                  .ready(core_ready),

                  .digest(core_digest),
                  .digest_valid(core_digest_valid)
                  );

  always @ (posedge clk or negedge reset_n)
    begin : reg_update
      integer i;

      if(!reset_n)
        begin
          init_reg         <= 1'h0;
          next_reg         <= 1'h0;
          ready_reg        <= 1'h0;
          digest_reg       <= 160'h0;
          digest_valid_reg <= 1'h0;

          for (i = 0 ; i < 16 ; i = i + 1)
            block_reg[i] <= 32'h0;
        end
      else
        begin
          ready_reg        <= core_ready;
          digest_valid_reg <= core_digest_valid;
          init_reg         <= init_new;
          next_reg         <= next_new;

          if (block_we)
            block_reg[address[3 : 0]] <= write_data;

          if (core_digest_valid)
            digest_reg <= core_digest;
        end
    end

  always @ *
    begin : api
      init_new       = 1'h0;
      next_new       = 1'h0;
      block_we       = 1'h0;
      tmp_read_data  = 32'h0;
      tmp_error      = 1'h0;
```

```verilog
if (cs)
  begin
    if (we)
      begin
        if ((address >= ADDR_BLOCK0) && (address <= ADDR_BLOCK15))
          block_we = 1'h1;

        if (address == ADDR_CTRL)
          begin
            init_new = write_data[CTRL_INIT_BIT];
            next_new = write_data[CTRL_NEXT_BIT];
          end
      end
    else
      begin
        if ((address >= ADDR_BLOCK0) && (address <= ADDR_BLOCK15))
          tmp_read_data = block_reg[address[3 : 0]];

        if ((address >= ADDR_DIGEST0) && (address <= ADDR_DIGEST4))
          tmp_read_data = digest_reg[(4 - (address - ADDR_DIGEST0)) * 32 + :32];

        case (address)
          ADDR_NAME0:
            tmp_read_data = CORE_NAME0;

          ADDR_NAME1:
            tmp_read_data = CORE_NAME1;

          ADDR_VERSION:
            tmp_read_data = CORE_VERSION;

          ADDR_CTRL:
            tmp_read_data = {30'h0, next_reg, init_reg};

          ADDR_STATUS:
            tmp_read_data = {30'h0, digest_valid_reg, ready_reg};

          default:
            begin
              tmp_error = 1'h1;
            end
        endcase
      end
```

```
        end
    end
endmodule
```

扩展运算将 16 个 32 bit 扩展为 80 个 32 bit,示例代码如程序 6-2 所示。

程序 6-2:
```verilog
module sha1_w_mem(
                input wire                  clk,
                input wire                  reset_n,

                input wire [511 : 0] block,

                input wire                  init,
                input wire                  next,

                output wire [31 : 0] w
            );

    reg [31 : 0] w_mem [0 : 15];
    reg [31 : 0] w_mem00_new;
    reg [31 : 0] w_mem01_new;
    reg [31 : 0] w_mem02_new;
    reg [31 : 0] w_mem03_new;
    reg [31 : 0] w_mem04_new;
    reg [31 : 0] w_mem05_new;
    reg [31 : 0] w_mem06_new;
    reg [31 : 0] w_mem07_new;
    reg [31 : 0] w_mem08_new;
    reg [31 : 0] w_mem09_new;
    reg [31 : 0] w_mem10_new;
    reg [31 : 0] w_mem11_new;
    reg [31 : 0] w_mem12_new;
    reg [31 : 0] w_mem13_new;
    reg [31 : 0] w_mem14_new;
    reg [31 : 0] w_mem15_new;
    reg          w_mem_we;

    reg [6 : 0]  w_ctr_reg;
    reg [6 : 0]  w_ctr_new;
    reg          w_ctr_we;

    reg [31 : 0] w_tmp;
```

```verilog
    reg [31 : 0] w_new;

assign w = w_tmp;
always @ (posedge clk or negedge reset_n)
  begin : reg_update
    integer i;

    if(!reset_n)
      begin
        for (i = 0 ; i < 16 ; i = i + 1)
          w_mem[i] <= 32'h0;

        w_ctr_reg <= 7'h0;
      end
    else
      begin
        if (w_mem_we)
          begin
            w_mem[00] <= w_mem00_new;
            w_mem[01] <= w_mem01_new;
            w_mem[02] <= w_mem02_new;
            w_mem[03] <= w_mem03_new;
            w_mem[04] <= w_mem04_new;
            w_mem[05] <= w_mem05_new;
            w_mem[06] <= w_mem06_new;
            w_mem[07] <= w_mem07_new;
            w_mem[08] <= w_mem08_new;
            w_mem[09] <= w_mem09_new;
            w_mem[10] <= w_mem10_new;
            w_mem[11] <= w_mem11_new;
            w_mem[12] <= w_mem12_new;
            w_mem[13] <= w_mem13_new;
            w_mem[14] <= w_mem14_new;
            w_mem[15] <= w_mem15_new;
          end

        if (w_ctr_we)
          w_ctr_reg <= w_ctr_new;
      end
  end

always @ *
  begin : select_w
```

```verilog
        if (w_ctr_reg < 16)
            w_tmp = w_mem[w_ctr_reg[3 : 0]];
        else
            w_tmp = w_new;
    end

    always @ *
      begin : w_mem_update_logic
        reg [31 : 0] w_0;
        reg [31 : 0] w_2;
        reg [31 : 0] w_8;
        reg [31 : 0] w_13;
        reg [31 : 0] w_16;

        w_mem00_new = 32'h0;
        w_mem01_new = 32'h0;
        w_mem02_new = 32'h0;
        w_mem03_new = 32'h0;
        w_mem04_new = 32'h0;
        w_mem05_new = 32'h0;
        w_mem06_new = 32'h0;
        w_mem07_new = 32'h0;
        w_mem08_new = 32'h0;
        w_mem09_new = 32'h0;
        w_mem10_new = 32'h0;
        w_mem11_new = 32'h0;
        w_mem12_new = 32'h0;
        w_mem13_new = 32'h0;
        w_mem14_new = 32'h0;
        w_mem15_new = 32'h0;
        w_mem_we    = 1'h0;

        w_0   = w_mem[0];
        w_2   = w_mem[2];
        w_8   = w_mem[8];
        w_13  = w_mem[13];
        w_16  = w_13 ^ w_8 ^ w_2 ^ w_0;
        w_new = {w_16[30 : 0], w_16[31]};

        if (init)
          begin
            w_mem00_new = block[511 : 480];
```

```verilog
          w_mem01_new = block[479 : 448];
          w_mem02_new = block[447 : 416];
          w_mem03_new = block[415 : 384];
          w_mem04_new = block[383 : 352];
          w_mem05_new = block[351 : 320];
          w_mem06_new = block[319 : 288];
          w_mem07_new = block[287 : 256];
          w_mem08_new = block[255 : 224];
          w_mem09_new = block[223 : 192];
          w_mem10_new = block[191 : 160];
          w_mem11_new = block[159 : 128];
          w_mem12_new = block[127 :  96];
          w_mem13_new = block[ 95 :  64];
          w_mem14_new = block[ 63 :  32];
          w_mem15_new = block[ 31 :   0];
          w_mem_we    = 1'h1;
        end

      if (next && (w_ctr_reg > 15))
        begin
          w_mem00_new = w_mem[01];
          w_mem01_new = w_mem[02];
          w_mem02_new = w_mem[03];
          w_mem03_new = w_mem[04];
          w_mem04_new = w_mem[05];
          w_mem05_new = w_mem[06];
          w_mem06_new = w_mem[07];
          w_mem07_new = w_mem[08];
          w_mem08_new = w_mem[09];
          w_mem09_new = w_mem[10];
          w_mem10_new = w_mem[11];
          w_mem11_new = w_mem[12];
          w_mem12_new = w_mem[13];
          w_mem13_new = w_mem[14];
          w_mem14_new = w_mem[15];
          w_mem15_new = w_new;
          w_mem_we    = 1'h1;
        end
    end
  always @ *
    begin : w_ctr
      w_ctr_new = 7'h0;
      w_ctr_we  = 1'h0;
```

```verilog
            if (init)
              begin
                w_ctr_new = 7'h0;
                w_ctr_we  = 1'h1;
              end

            if (next)
              begin
                w_ctr_new = w_ctr_reg + 7'h01;
                w_ctr_we  = 1'h1;
              end
          end
endmodule
```

SHA-1 算法的代码实现如程序 6-3 所示。

程序 6-3：
```verilog
module sha1_core(
                 input wire           clk,
                 input wire           reset_n,

                 input wire           init,
                 input wire           next,

                 input wire [511 : 0] block,

                 output wire          ready,

                 output wire [159 : 0] digest,
                 output wire           digest_valid
                );

parameter H0_0 = 32'h67452301;
parameter H0_1 = 32'hefcdab89;
parameter H0_2 = 32'h98badcfe;
parameter H0_3 = 32'h10325476;
parameter H0_4 = 32'hc3d2e1f0;

parameter SHA1_ROUNDS = 79;

parameter CTRL_IDLE   = 0;
parameter CTRL_ROUNDS = 1;
parameter CTRL_DONE   = 2;
```

```verilog
reg [31 : 0] a_reg;
reg [31 : 0] a_new;
reg [31 : 0] b_reg;
reg [31 : 0] b_new;
reg [31 : 0] c_reg;
reg [31 : 0] c_new;
reg [31 : 0] d_reg;
reg [31 : 0] d_new;
reg [31 : 0] e_reg;
reg [31 : 0] e_new;
reg          a_e_we;

reg [31 : 0] H0_reg;
reg [31 : 0] H0_new;
reg [31 : 0] H1_reg;
reg [31 : 0] H1_new;
reg [31 : 0] H2_reg;
reg [31 : 0] H2_new;
reg [31 : 0] H3_reg;
reg [31 : 0] H3_new;
reg [31 : 0] H4_reg;
reg [31 : 0] H4_new;
reg          H_we;

reg [6 : 0] round_ctr_reg;
reg [6 : 0] round_ctr_new;
reg         round_ctr_we;
reg         round_ctr_inc;
reg         round_ctr_rst;

reg digest_valid_reg;
reg digest_valid_new;
reg digest_valid_we;

reg [1 : 0] sha1_ctrl_reg;
reg [1 : 0] sha1_ctrl_new;
reg         sha1_ctrl_we;

reg         digest_init;
reg         digest_update;
reg         state_init;
reg         state_update;
reg         first_block;
```

```verilog
reg         ready_flag;
reg         w_init;
reg         w_next;
wire [31 : 0] w;

sha1_w_memw_mem_inst(
                    .clk(clk),
                    .reset_n(reset_n),

                    .block(block),

                    .init(w_init),
                    .next(w_next),

                    .w(w)
                    );

assign ready         = ready_flag;
assign digest        = {H0_reg, H1_reg, H2_reg, H3_reg, H4_reg};
assign digest_valid  = digest_valid_reg;

always @ (posedge clk or negedge reset_n)
    begin : reg_update
        if(!reset_n)
            begin
                a_reg            <= 32'h0;
                b_reg            <= 32'h0;
                c_reg            <= 32'h0;
                d_reg            <= 32'h0;
                e_reg            <= 32'h0;
                H0_reg           <= 32'h0;
                H1_reg           <= 32'h0;
                H2_reg           <= 32'h0;
                H3_reg           <= 32'h0;
                H4_reg           <= 32'h0;
                digest_valid_reg <= 1'h0;
                round_ctr_reg    <= 7'h0;
                sha1_ctrl_reg    <= CTRL_IDLE;
            end
        else
            begin
                if (a_e_we)
                    begin
```

```verilog
                    a_reg <= a_new;
                    b_reg <= b_new;
                    c_reg <= c_new;
                    d_reg <= d_new;
                    e_reg <= e_new;
                end

            if (H_we)
                begin
                    H0_reg <= H0_new;
                    H1_reg <= H1_new;
                    H2_reg <= H2_new;
                    H3_reg <= H3_new;
                    H4_reg <= H4_new;
                end

            if (round_ctr_we)
                round_ctr_reg <= round_ctr_new;

            if (digest_valid_we)
                digest_valid_reg <= digest_valid_new;

            if (sha1_ctrl_we)
                sha1_ctrl_reg <= sha1_ctrl_new;
        end
    end

always @ *
    begin : digest_logic
        H0_new = 32'h0;
        H1_new = 32'h0;
        H2_new = 32'h0;
        H3_new = 32'h0;
        H4_new = 32'h0;
        H_we = 0;

        if (digest_init)
            begin
                H0_new = H0_0;
                H1_new = H0_1;
                H2_new = H0_2;
                H3_new = H0_3;
                H4_new = H0_4;
```

```verilog
            H_we = 1;
          end

        if (digest_update)
          begin
            H0_new = H0_reg + a_reg;
            H1_new = H1_reg + b_reg;
            H2_new = H2_reg + c_reg;
            H3_new = H3_reg + d_reg;
            H4_new = H4_reg + e_reg;
            H_we = 1;
          end
      end
  always @ *
    begin : state_logic
      reg [31 : 0] a5;
      reg [31 : 0] f;
      reg [31 : 0] k;
      reg [31 : 0] t;

      a5      = 32'h0;
      f       = 32'h0;
      k       = 32'h0;
      t       = 32'h0;
      a_new   = 32'h0;
      b_new   = 32'h0;
      c_new   = 32'h0;
      d_new   = 32'h0;
      e_new   = 32'h0;
      a_e_we  = 1'h0;

      if (state_init)
        begin
          if (first_block)
            begin
              a_new = H0_0;
              b_new = H0_1;
              c_new = H0_2;
              d_new = H0_3;
              e_new = H0_4;
              a_e_we = 1;
            end
          else
```

```verilog
            begin
                a_new = H0_reg;
                b_new = H1_reg;
                c_new = H2_reg;
                d_new = H3_reg;
                e_new = H4_reg;
                a_e_we = 1;
            end
    end

    if (state_update)
      begin
        if (round_ctr_reg <= 19)
          begin
            k = 32'h5a827999;
            f = ((b_reg & c_reg) ^ (~b_reg & d_reg));
          end
        else if ((round_ctr_reg >= 20) && (round_ctr_reg <= 39))
          begin
            k = 32'h6ed9eba1;
            f = b_reg ^ c_reg ^ d_reg;
          end
        else if ((round_ctr_reg >= 40) && (round_ctr_reg <= 59))
          begin
            k = 32'h8f1bbcdc;
            f = ((b_reg | c_reg) ^ (b_reg | d_reg) ^ (c_reg | d_reg));
          end
        else if (round_ctr_reg >= 60)
          begin
            k = 32'hca62c1d6;
            f = b_reg ^ c_reg ^ d_reg;
          end

        a5 = {a_reg[26 : 0], a_reg[31 : 27]};
        t = a5 + e_reg + f + k + w;

        a_new = t;
        b_new = a_reg;
        c_new = {b_reg[1 : 0], b_reg[31 : 2]};
        d_new = c_reg;
        e_new = d_reg;
        a_e_we = 1;
      end
```

```verilog
      end

    always @ *
      begin : round_ctr
        round_ctr_new = 7'h0;
        round_ctr_we  = 1'h0;

        if (round_ctr_rst)
          begin
            round_ctr_new = 7'h0;
            round_ctr_we  = 1'h1;
          end

        if (round_ctr_inc)
          begin
            round_ctr_new = round_ctr_reg + 1'h1;
            round_ctr_we  = 1;
          end
      end

    always @ *
      begin : sha1_ctrl_fsm
        digest_init       = 1'h0;
        digest_update     = 1'h0;
        state_init        = 1'h0;
        state_update      = 1'h0;
        first_block       = 1'h0;
        ready_flag        = 1'h0;
        w_init            = 1'h0;
        w_next            = 1'h0;
        round_ctr_inc     = 1'h0;
        round_ctr_rst     = 1'h0;
        digest_valid_new  = 1'h0;
        digest_valid_we   = 1'h0;
        sha1_ctrl_new     = CTRL_IDLE;
        sha1_ctrl_we      = 1'h0;

        case (sha1_ctrl_reg)
          CTRL_IDLE:
            begin
              ready_flag = 1;

              if (init)
```

```verilog
        begin
          digest_init      = 1'h1;
          w_init           = 1'h1;
          state_init       = 1'h1;
          first_block      = 1'h1;
          round_ctr_rst    = 1'h1;
          digest_valid_new = 1'h0;
          digest_valid_we  = 1'h1;
          sha1_ctrl_new    = CTRL_ROUNDS;
          sha1_ctrl_we     = 1'h1;
        end

      if (next)
        begin
          w_init           = 1'h1;
          state_init       = 1'h1;
          round_ctr_rst    = 1'h1;
          digest_valid_new = 1'h0;
          digest_valid_we  = 1'h1;
          sha1_ctrl_new    = CTRL_ROUNDS;
          sha1_ctrl_we     = 1'h1;
        end
    end

CTRL_ROUNDS:
  begin
    state_update  = 1'h1;
    round_ctr_inc = 1'h1;
    w_next        = 1'h1;

    if (round_ctr_reg == SHA1_ROUNDS)
      begin
        sha1_ctrl_new = CTRL_DONE;
        sha1_ctrl_we  = 1'h1;
      end
  end

CTRL_DONE:
  begin
    digest_update    = 1'h1;
    digest_valid_new = 1'h1;
    digest_valid_we  = 1'h1;
    sha1_ctrl_new    = CTRL_IDLE;
```

```
                    sha1_ctrl_we       = 1'h1;
            end
         endcase
      end
endmodule
```

3. 测试代码

假设 $a=62, b=62, c=63$，计算 a、b、c 的 ASCII 码 SHA1 的 Hash 值，算法仿真测试代码如程序 6-4 所示。

程序 6-4：
```
module tb_sha1();
   parameter DEBUG_CORE = 0;
   parameter DEBUG_TOP  = 0;

   parameter CLK_HALF_PERIOD = 1;
   parameter CLK_PERIOD = CLK_HALF_PERIOD * 2;

   parameter ADDR_NAME0       = 8'h00;
   parameter ADDR_NAME1       = 8'h01;
   parameter ADDR_VERSION     = 8'h02;

   parameter ADDR_CTRL        = 8'h08;
   parameter CTRL_INIT_BIT    = 0;
   parameter CTRL_NEXT_BIT    = 1;
   parameter CTRL_INIT_VALUE  = 8'h01;
   parameter CTRL_NEXT_VALUE  = 8'h02;

   parameter ADDR_STATUS      = 8'h09;
   parameter STATUS_READY_BIT = 0;
   parameter STATUS_VALID_BIT = 1;

   parameter ADDR_BLOCK0      = 8'h10;
   parameter ADDR_BLOCK1      = 8'h11;
   parameter ADDR_BLOCK2      = 8'h12;
   parameter ADDR_BLOCK3      = 8'h13;
   parameter ADDR_BLOCK4      = 8'h14;
   parameter ADDR_BLOCK5      = 8'h15;
   parameter ADDR_BLOCK6      = 8'h16;
   parameter ADDR_BLOCK7      = 8'h17;
   parameter ADDR_BLOCK8      = 8'h18;
   parameter ADDR_BLOCK9      = 8'h19;
   parameter ADDR_BLOCK10     = 8'h1a;
```

```verilog
parameter ADDR_BLOCK11    = 8'h1b;
parameter ADDR_BLOCK12    = 8'h1c;
parameter ADDR_BLOCK13    = 8'h1d;
parameter ADDR_BLOCK14    = 8'h1e;
parameter ADDR_BLOCK15    = 8'h1f;

parameter ADDR_DIGEST0    = 8'h20;
parameter ADDR_DIGEST1    = 8'h21;
parameter ADDR_DIGEST2    = 8'h22;
parameter ADDR_DIGEST3    = 8'h23;
parameter ADDR_DIGEST4    = 8'h24;

reg [31 : 0] cycle_ctr;
reg [31 : 0] error_ctr;
reg [31 : 0] tc_ctr;

reg          tb_clk;
reg          tb_reset_n;
reg          tb_cs;
reg          tb_write_read;
reg [7 : 0]  tb_address;
reg [31 : 0] tb_data_in;
wire [31 : 0] tb_data_out;
wire         tb_error;

reg [31 : 0]  read_data;
reg [159 : 0] digest_data;

sha1dut(
        .clk(tb_clk),
        .reset_n(tb_reset_n),

        .cs(tb_cs),
        .we(tb_write_read),

        .address(tb_address),
        .write_data(tb_data_in),
        .read_data(tb_data_out),
        .error(tb_error)
        );
always
  begin : clk_gen
    #CLK_HALF_PERIODtb_clk = !tb_clk;
```

```verilog
    end
  always
    begin : sys_monitor
      if (DEBUG_CORE)
        begin
          dump_core_state();
        end

      if (DEBUG_TOP)
        begin
          dump_top_state();
        end

      #(CLK_PERIOD);
      cycle_ctr = cycle_ctr + 1;
    end

  task dump_top_state;
    begin
      $display("State of top");
      $display("------------");
      $display("Inputs and outputs:");
      $display("cs = 0x%01x,we = 0x%01x", dut.cs, dut.we);
      $display("address = 0x%02x, write_data = 0x%08x", dut.address, dut.write_data);
      $display("error = 0x%01x,read_data = 0x%08x", dut.error, dut.read_data);
      $display("");

      $display("Control and status flags:");
      $display("init = 0x%01x, next = 0x%01x, ready = 0x%01x",
          dut.init_reg, dut.next_reg, dut.ready_reg);
      $display("");

      $display("block registers:");
      $display("block0 = 0x%08x, block1 = 0x%08x, block2 = 0x%08x, block3 = 0x%08x",
          dut.block_reg[00], dut.block_reg[01], dut.block_reg[02], dut.block_reg[03]);
      $display("block4 = 0x%08x, block5 = 0x%08x, block6 = 0x%08x, block7 = 0x%08x",
          dut.block_reg[04], dut.block_reg[05], dut.block_reg[06], dut.block_reg[07]);
      $display("block8 = 0x%08x, block9 = 0x%08x, block10 = 0x%08x, block11 = 0x%08x",
          dut.block_reg[08], dut.block_reg[09], dut.block_reg[10], dut.block_reg[11]);
      $display("block12 = 0x%08x, block13 = 0x%08x, block14 = 0x%08x, block15 = 0x%08x",
          dut.block_reg[12], dut.block_reg[13], dut.block_reg[14], dut.block_reg[15]);
      $display("");
```

```verilog
            $display("Digest registers:");
            $display("digest_reg = 0x%040x", dut.digest_reg);
            $display("");
        end
    endtask

    task dump_core_state;
        begin
            $display("State of core");
            $display("-------------");
            $display("Inputs and outputs:");
            $display("init = 0x%01x, next = 0x%01x",
                dut.core.init, dut.core.next);
            $display("block = 0x%0128x", dut.core.block);

            $display("ready = 0x%01x, valid = 0x%01x",
                dut.core.ready, dut.core.digest_valid);
            $display("digest = 0x%040x", dut.core.digest);
            $display("H0_reg = 0x%08x, H1_reg = 0x%08x, H2_reg = 0x%08x, H3_reg = 0x%08x, H4_reg = 0x%08x",
                dut.core.H0_reg, dut.core.H1_reg, dut.core.H2_reg, dut.core.H3_reg, dut.core.H4_reg);
            $display("");

            $display("Control signals and counter:");
            $display("sha1_ctrl_reg = 0x%01x", dut.core.sha1_ctrl_reg);
            $display("digest_init = 0x%01x, digest_update = 0x%01x",
                dut.core.digest_init, dut.core.digest_update);
            $display("state_init = 0x%01x, state_update = 0x%01x",
                dut.core.state_init, dut.core.state_update);
            $display("first_block = 0x%01x, ready_flag = 0x%01x, w_init = 0x%01x",
                dut.core.first_block, dut.core.ready_flag, dut.core.w_init);
            $display("round_ctr_inc = 0x%01x, round_ctr_rst = 0x%01x, round_ctr_reg = 0x%02x",
                dut.core.round_ctr_inc, dut.core.round_ctr_rst, dut.core.round_ctr_reg);
            $display("");

            $display("State registers:");
            $display("a_reg = 0x%08x, b_reg = 0x%08x, c_reg = 0x%08x, d_reg = 0x%08x, e_reg = 0x%08x",
                dut.core.a_reg, dut.core.b_reg, dut.core.c_reg, dut.core.d_reg, dut.core.e_reg);
            $display("a_new = 0x%08x, b_new = 0x%08x, c_new = 0x%08x, d_new = 0x%08x, e_new = 0x%08x",
                dut.core.a_new, dut.core.b_new, dut.core.c_new, dut.core.d_new, dut.core.e_new);
            $display("");
```

```verilog
        $display("State update values:");
        $display("f = 0x%08x, k = 0x%08x, t = 0x%08x, w = 0x%08x,",
            dut.core.state_logic.f, dut.core.state_logic.k, dut.core.state_logic.t, dut.core.w);
        $display("");
      end
  endtask

  task reset_dut;
    begin
      $display("*** Toggle reset.");
      tb_reset_n = 0;
      #(4 * CLK_HALF_PERIOD);
      tb_reset_n = 1;
    end
  endtask

  task init_sim;
    begin
      cycle_ctr = 32'h00000000;
      error_ctr = 32'h00000000;
      tc_ctr    = 32'h00000000;

      tb_clk        = 0;
      tb_reset_n    = 0;
      tb_cs         = 0;
      tb_write_read = 0;
      tb_address    = 6'h00;
      tb_data_in    = 32'h00000000;
    end
  endtask

  task display_test_result;
    begin
      if (error_ctr == 0)
        begin
          $display("*** All %02d test cases completed successfully.", tc_ctr);
        end
      else
        begin
          $display("*** %02d test cases completed.", tc_ctr);
          $display("*** %02d errors detected during testing.", error_ctr);
        end
```

```verilog
    end
endtask

task wait_ready;
  begin
    read_data = 0;

    while (read_data == 0)
      begin
        read_word(ADDR_STATUS);
      end
  end
endtask

task read_word(input [7 : 0] address);
  begin
    tb_address = address;
    tb_cs = 1;
    tb_write_read = 0;
    #(CLK_PERIOD);
    read_data = tb_data_out;
    tb_cs = 0;

    if (DEBUG_TOP)
      begin
        $display(" *** Reading 0x%08x from 0x%02x.", read_data, address);
        $display("");
      end
  end
endtask

task write_word(input [7 : 0]  address,
                input [31 : 0] word);
  begin
    if (DEBUG_TOP)
      begin
        $display(" *** Writing 0x%08x to 0x%02x.", word, address);
        $display("");
      end

    tb_address = address;
    tb_data_in = word;
    tb_cs = 1;
    tb_write_read = 1;
```

```verilog
            #(CLK_PERIOD);
            tb_cs = 0;
            tb_write_read = 0;
        end
    endtask

    task write_block(input [511 : 0] block);
        begin
            write_word(ADDR_BLOCK0,  block[511 : 480]);
            write_word(ADDR_BLOCK1,  block[479 : 448]);
            write_word(ADDR_BLOCK2,  block[447 : 416]);
            write_word(ADDR_BLOCK3,  block[415 : 384]);
            write_word(ADDR_BLOCK4,  block[383 : 352]);
            write_word(ADDR_BLOCK5,  block[351 : 320]);
            write_word(ADDR_BLOCK6,  block[319 : 288]);
            write_word(ADDR_BLOCK7,  block[287 : 256]);
            write_word(ADDR_BLOCK8,  block[255 : 224]);
            write_word(ADDR_BLOCK9,  block[223 : 192]);
            write_word(ADDR_BLOCK10, block[191 : 160]);
            write_word(ADDR_BLOCK11, block[159 : 128]);
            write_word(ADDR_BLOCK12, block[127 :  96]);
            write_word(ADDR_BLOCK13, block[95  :  64]);
            write_word(ADDR_BLOCK14, block[63  :  32]);
            write_word(ADDR_BLOCK15, block[31  :   0]);
        end
    endtask

    task check_name_version;
        reg [31 : 0] name0;
        reg [31 : 0] name1;
        reg [31 : 0] version;
        begin

            read_word(ADDR_NAME0);
            name0 = read_data;
            read_word(ADDR_NAME1);
            name1 = read_data;
            read_word(ADDR_VERSION);
            version = read_data;

            $display("DUT name: %c%c%c%c%c%c%c%c",
                    name0[31 : 24], name0[23 : 16], name0[15 : 8], name0[7 : 0],
                    name1[31 : 24], name1[23 : 16], name1[15 : 8], name1[7 : 0]);
```

```verilog
      $display("DUT version: %c%c%c%c",
               version[31 : 24], version[23 : 16], version[15 : 8], version[7 : 0]);
    end
  endtask
  task read_digest;
    begin
      read_word(ADDR_DIGEST0);
      digest_data[159 : 128] = read_data;
      read_word(ADDR_DIGEST1);
      digest_data[127 :  96] = read_data;
      read_word(ADDR_DIGEST2);
      digest_data[95  :  64] = read_data;
      read_word(ADDR_DIGEST3);
      digest_data[63  :  32] = read_data;
      read_word(ADDR_DIGEST4);
      digest_data[31  :   0] = read_data;
    end
  endtask
  task single_block_test(input [511 : 0] block,
                         input [159 : 0] expected
                        );
    begin
      $display(" *** TC %01d - Single block test started.", tc_ctr);

      write_block(block);
      write_word(ADDR_CTRL, CTRL_INIT_VALUE);
      #(CLK_PERIOD);
      wait_ready();
      read_digest();

      if (digest_data == expected)
        begin
          $display("TC %01d: OK.", tc_ctr);
        end
      else
        begin
          $display("TC %01d: ERROR.", tc_ctr);
          $display("TC %01d: Expected: 0x%040x", tc_ctr, expected);
          $display("TC %01d: Got:      0x%040x", tc_ctr, digest_data);
          error_ctr = error_ctr + 1;
        end
      $display(" *** TC %01d - Single block test done.", tc_ctr);
      tc_ctr = tc_ctr + 1;
```

```verilog
      end
    endtask


    task double_block_test(input [511 : 0] block0,
                           input [159 : 0] expected0,
                           input [511 : 0] block1,
                           input [159 : 0] expected1
                          );
      begin
        $display(" *** TC %01d - Double block test started.", tc_ctr);
        write_block(block0);
        write_word(ADDR_CTRL, CTRL_INIT_VALUE);
        #(CLK_PERIOD);
        wait_ready();
        read_digest();

        if (digest_data == expected0)
          begin
            $display("TC %01d first block: OK.", tc_ctr);
          end
        else
          begin
            $display("TC %01d: ERROR in first digest", tc_ctr);
            $display("TC %01d: Expected: 0x%040x", tc_ctr, expected0);
            $display("TC %01d: Got:      0x%040x", tc_ctr, digest_data);
            error_ctr = error_ctr + 1;
          end
        write_block(block1);
        write_word(ADDR_CTRL, CTRL_NEXT_VALUE);
        #(CLK_PERIOD);
        wait_ready();
        read_digest();

        if (digest_data == expected1)
          begin
            $display("TC %01d final block: OK.", tc_ctr);
          end
        else
          begin
            $display("TC %01d: ERROR in final digest", tc_ctr);
            $display("TC %01d: Expected: 0x%040x", tc_ctr, expected1);
            $display("TC %01d: Got:      0x%040x", tc_ctr, digest_data);
            error_ctr = error_ctr + 1;
```

```verilog
            end

          $display(" *** TC%01d - Double block test done.", tc_ctr);
          tc_ctr = tc_ctr + 1;
        end
    endtask
    initial
      begin : sha1_test
        reg [511 : 0] tc1;
        reg [159 : 0] res1;

        reg [511 : 0] tc2_1;
        reg [159 : 0] res2_1;
        reg [511 : 0] tc2_2;
        reg [159 : 0] res2_2;

        $display(" -- Testbench for sha1 started --");

        init_sim();
        reset_dut();
        check_name_version();

        tc1 = 512'h61626380000000000000000000000000000000000000000000000000000000000000000000000000000000000000000000000000000000000000000000000018;
        res1 = 160'ha9993e364706816aba3e25717850c26c9cd0d89d;
    single_block_test(tc1, res1);
        tc2_1 = 512'h6162636462636465636465666465666765666768666768696768696A68696A6B696A6B6C6A6B6C6D6B6C6D6E6C6D6E6F6D6E6F706E6F707180000000000000000;
        res2_1 = 160'hf4286818c37b27ae0408f581846771484a566572;

        tc2_2 = 512'h000000000000000000000000000000000000000000000000000000000000000000000000000000000000000000000000000000000000000000000000000001C0;
        res2_2 = 160'h84983e441c3bd26ebaae4aa1f95129e5e54670f1;
        double_block_test(tc2_1, res2_1, tc2_2, res2_2);

        display_test_result();
        $display(" *** Simulation done. ***");
        $finish;
      end
    endmodule
```

6.2 SM3 算法的 FPGA 实现

6.2.1 算法模块设计

1. SM3_Top 模块

功能描述:用于接收外部数据,将数据送入消息填充模块,并反压外部模块做到不丢数据,并且通过一个状态机来控制当前是否为最后一次运算,最后将运算结果的 ABCDEFGH 8 个 32 bit 与常量 IV 值进行异或得到最终的 Hash 结果,如果一次没能把当前数据压缩迭代完,则这个 Hash 结果接着参与第二次运算,直到所有数据运算结束。压缩函数算法模块和数据扩展模块都例化在该模块下。

2. MSG_PADDING 消息填充模块

功能描述:将输入的数据进行 512 bit 为一组的分组,并且将最后一组不足 512 bit 的数据按照规则进行填充。消息填充主要是为后续的消息扩展做准备,因为 SM3 的消息扩展步骤是以 512 位的数据分组作为输入的。因此,需要在一开始就把数据长度填充至 512 位的倍数。数据填充规则和 MD5、SHA1 一样,具体步骤如下。

① 先填充一个"1",后面加上 k 个"0"。其中 k 是满足 $(n+1+k)$ mod 512 $=$ 448 的最小正整数(n 为数据的 bit 位数,k 为补 0 个数)。

② 追加 64 位的数据长度。

注:数据按照大端序存放,在填充数据长度的时候应填写数据的 bit 位长度,如数据为 4 字节,则长度应为 32 bit。

3. Exp_Compress 消息压缩扩展顶层模块

功能描述:将消息扩展模块和迭代压缩模块整合,输出当次 Hash 计算的结果。最终结果由 SM3_Top 模块控制。

(1) MSG_EXP 消息扩展模块

功能描述:SM3 算法的迭代压缩步骤没有直接使用数据分组进行运算,而是使用这个步骤产生的 132 个消息字(一个消息字的长度为 32 位/4 字节/8 个十六进制数字)。概括来说,先将一个 512 位数据分组划分为 16 个消息字,并且作为生成的 132 个消息字的前 16 个,再用这 16 个消息字递推生成剩余的 116 个消息字。

在最终得到的 132 个消息字中,前 68 个消息字构成数列 {Wj},后 64 个消息字构成数列 {W′j},其中下标 j 从 0 开始计数。

注:每一个 512 bit 进来都扩展一次,132 个消息字参与一次迭代压缩运算。

① 前 68 个消息字的 0~15 个消息字(1 个消息字 32 bit),就用输入进来的 16 个消息字。W0~W15 由 Wj_comp 模块计算。

② 前 68 个消息字的第 16 个字到第 67 个字用以下函数循环 52 次,j 从 16 开始(W16~W63):

$$Wj = P1(Wj-16 \oplus Wj-9 \oplus Rotl15(Wj-3)) \oplus Rotl7(Wj-13) \oplus Wj-6$$
$$P1(X) = X \oplus Rotl15(X) \oplus Rotl23(X)$$

后 64 个消息字用以下函数循环 64 次,$W'0 \sim W'63$ 由 Wj_p_Comp 模块计算:
$$W'j = Wj \oplus Wj+4$$

(2) Compress_Func 迭代压缩函数模块

功能描述:压缩迭代是指利用一个 IV 值,通过 CF(X) 压缩函数计算 64 轮后当前的 Hash 值。

注:在所有的计算过程中数据都是大端序保存在寄存器当中。

① 压缩迭代中用到的常量以及计算中用到的函数

IV= ABCDEFH(8 个 32 bit 数据组成的 256 bit 常量)

A=32'h7380166f   B=32'h4914b2b9   C=32'h172442d7
D=32'hda8a0600   E=32'ha96f30bc   F=32'h163138aa
G=32'he38dee4d   H=32'hb0fb0e4e

$P0(X) = X \oplus Rotl9(X) \oplus Rotl17(X)$

$Tj = 32'h79cc4519(0 <= j <= 15) = 32'h7a879d8a(16 <= j <= 63)$

$FFj = X \oplus Y \oplus Z(0 <= j <= 15) = (X \wedge Y) \vee (X \wedge Z) \vee (Y \wedge Z)(16 <= j <= 63)$

$GGj = X \oplus Y \oplus Z(0 <= j <= 15) = (X \wedge Y) \vee (\neg X \wedge Z)(16 <= j <= 63)$

② 计算过程及相关函数

以下运算循环计算 64 次($0 <= j <= 63$),其中 ABCDEFGH 第一次运算为默认 IV 值:

$$SS1 = Rotl7(Rotl12(A) + E + Rotlj(Tj))$$
$$SS2 = SS1 \oplus Rotl12(A)$$
$$TT1 = FFj(A,B,C) + D + SS2 + W'j$$
$$TT2 = GGj(E,F,G) + H + SS1 + Wj$$
$$A = TT1, B = A, C = Rotl9(B), D = C,$$
$$E = P0(TT2), F = E, G = Rotl19(F), H = G$$

6.2.2 工程实现与测试

1. SM3_Top 模块

程序 6-5 实现了 SM3 算法 Top 模块的功能。

程序 6-5:
```
module SM3_Top (
    input           clk_i                   ,
    input           reset_n_i               ,
    input [31:0]    msg_i                   ,
    input           msg_valid_i             ,
    input           is_last_word_in         ,
    input [1:0]     is_last_word_byte_i     ,
```

```verilog
    output           sm3_ready        ,
    output  [255:0]  sm3_result_out   ,
    output           sm3_finished_out
);
wire [511:0]    msg_padding         ;
wire            a_block_ready       ;
wire            all_block_finished  ;
wire            fifo_wren           ;
wire            fifo_rden           ;
wire            fifo_full           ;
wire            fifo_empty          ;
wire [511:0]    fifo_rdata          ;
wire [511:0]    ecu_msg_padding_in  ;
wire            ecu_block_comp_finished ;
wire            ecu_block_start     ;
reg  [255:0]    ecu_V_in            ;
wire [255:0]    ecu_Vi_out          ;
wire [255:0]    IV = 256'h7380166f_4914b2b9_172442d7_da8a0600_a96f30bc_163138aa_e38dee4d_b0fb0e4e;
reg  [2:0] current_state ;
reg  [2:0] next_state    ;
reg        is_last_iterate ;
localparam   IDLE         = 0;
localparam   FIRST_ITER   = 1;
localparam   NEXT_ITERATE = 2;
localparam   FINISHED     = 3;
localparam   WAIT_COMPELET = 4;
always@(posedge clk_i) begin
    if(!reset_n_i)
        is_last_iterate <= 1'b0;
    else if(a_block_ready && all_block_finished)
        is_last_iterate <= 1'b1;
end
always@(posedge clk_i) begin
    if(!reset_n_i)
        current_state <= IDLE;
    else
        current_state <= next_state;
end
always@(*) begin
    case (current_state)
        IDLE : begin
            if (a_block_ready)
```

```verilog
                    next_state <= FIRST_ITER;
                else
                    next_state <= IDLE;
            end
            FIRST_ITER : begin
                next_state <= WAIT_COMPELET;
            end
            WAIT_COMPELET : begin
                if(ecu_block_comp_finished && fifo_empty)
                    next_state <= FINISHED;
                else if(ecu_block_comp_finished)
                    next_state <= NEXT_ITERATE;
                else
                    next_state <= WAIT_COMPELET;
            end
            NEXT_ITERATE : begin
                next_state <= WAIT_COMPELET;
            end
            FINISHED : begin
                next_state <= IDLE;
            end
            default:
                next_state <= IDLE;
        endcase
    end

    always@(posedge clk_i) begin
        if(!reset_n_i)
            ecu_V_in <= IV;
        else if(ecu_block_comp_finished)
            ecu_V_in <= ecu_Vi_out ^ ecu_V_in;
        else
            ecu_V_in <= ecu_V_in;
    end
    assign fifo_wren = a_block_ready & (!fifo_full);
    assign fifo_rden = ((current_state == NEXT_ITERATE) || (current_state == FIRST_ITER)) & (!fifo_empty);
    assign ecu_msg_padding_in = fifo_rdata;
    assign ecu_block_start = fifo_rden;
    MSG_PADDING PAD0(
        .clk_i              (clk_i              ),
        .rst_n_i            (reset_n_i          ),
        .msg_i              (msg_i              ),
```

```verilog
        .msg_valid_i          (msg_valid_i           ),
        .is_last_word_i       (is_last_word_in       ),
        .is_last_word_byte_i  (is_last_word_byte_i   ),
        .msg_padding_o        (msg_padding           ),
        .a_block_ready        (a_block_ready         ),
        .all_block_finished   (all_block_finished    )
);
Exp_Compress ECU0(
        .clk_i                (clk_i                 ),
        .rst_n_i              (reset_n_i             ),
        .msg_padding_in       (ecu_msg_padding_in    ),
        .block_start_in       (ecu_block_start       ),
        .V_in                 (ecu_V_in              ),

        .Vi_out               (ecu_Vi_out            ),
        .block_comp_finished_out(ecu_block_comp_finished)
);
SYC_FIFO FIFO_0 (
        .fifo_clk             (clk_i                 ),
        .fifo_rst_n           (reset_n_i             ),
        .fifo_wren            (fifo_wren             ),
        .fifo_wrdata          (msg_padding           ),
        .fifo_rden            (fifo_rden             ),
        .fifo_rdata           (fifo_rdata            ),
        .fifo_full            (fifo_full             ),
        .fifo_empty           (fifo_empty            )
);
assign sm3_ready = (!fifo_full);
assign sm3_finished_out = (current_state == FINISHED) & is_last_iterate;
assign sm3_result_out = ecu_V_in;
endmodule
```

2. MSG_PADDING 模块

程序 6-6 实现了 MSG_PADDING 模块的功能。

程序 6-6:
```verilog
module MSG_PADDING (
    input wire              clk_i               ,
    input wire              rst_n_i             ,
    input wire  [31 :0]     msg_i               ,
    input wire              msg_valid_i         ,
    input wire              is_last_word_i      ,
    input wire  [1 :0]      is_last_word_byte_i ,
```

```verilog
        output wire [511:0]     msg_padding_o           ,
        output reg              a_block_ready           ,
        output wire             all_block_finished
);
reg [31:0]  msg_i_r                 ;
reg         msg_valid_i_r           ;
reg         is_last_word_i_r        ;
reg [1:0]   is_last_word_byte_i_r   ;
always@(posedge clk_i) begin
    if(!rst_n_i) begin
        msg_i_r                 <= 'b0;
        msg_valid_i_r           <= 'b0;
        is_last_word_i_r        <= 'b0;
        is_last_word_byte_i_r   <= 'b0;
    end
    else begin
        msg_i_r                 <= msg_i              ;
        msg_valid_i_r           <= msg_valid_i        ;
        is_last_word_i_r        <= is_last_word_i     ;
        is_last_word_byte_i_r   <= is_last_word_byte_i;
    end
end
reg [31:0] temp [0:15];
reg [31:0] next_data  ;
wire msg_padding;
reg [3:0] cnt;
reg cnt_inc ;
always@(posedge clk_i) begin
    if(!rst_n_i)
        cnt <= 0;
    else if(cnt_inc) begin
        cnt <= cnt + 1;
    end
    else
        cnt <= cnt;
end
always@(*) begin
    if(msg_valid_i_r)
        cnt_inc = 1'b1;
    else if(msg_padding)
        cnt_inc = 1'b1;
    else
        cnt_inc = 1'b0;
```

```verilog
        end
    localparam    IDLE = 'd0;
    localparam    NORMAL_MSG = 'd1;
    localparam    LAST_WORD = 'd2;
    localparam    ADD_80 = 'd3;
    localparam    ADD_00 = 'd4;
    localparam    ADD_LEN_H = 'd5;
    localparam    ADD_LEN_L = 'd6;
    localparam    FINISHED = 'd7;
    reg [5:0] current_state;
    reg [5:0] next_state;
    always@(posedge clk_i) begin
        if(!rst_n_i)
            current_state <= IDLE;
        else
            current_state <= next_state;
end
always@(*) begin
    case (current_state)
        IDLE : begin
            if(msg_valid_i && is_last_word_i)
                next_state = LAST_WORD;
            else if(msg_valid_i)
                next_state = NORMAL_MSG;
            else
                next_state = IDLE;
        end
        NORMAL_MSG : begin
            if(msg_valid_i && is_last_word_i)
                next_state = LAST_WORD;
            else if(msg_valid_i)
                next_state = NORMAL_MSG;
            else
                next_state = IDLE;
        end
        LAST_WORD : begin
            if(is_last_word_byte_i_r == 2'b11)
                next_state = ADD_80;
            else if(cnt == 'd13)
                next_state = ADD_LEN_H;
            else
                next_state = ADD_00;
        end
```

```verilog
            ADD_80 : begin
                if(cnt == 'd13)
                    next_state = ADD_LEN_H;
                else
                    next_state = ADD_00;
            end
            ADD_00 : begin
                if(cnt == 'd13)
                    next_state = ADD_LEN_H;
                else
                    next_state = ADD_00;
            end
            ADD_LEN_H : begin
                    next_state = ADD_LEN_L;
            end
            ADD_LEN_L : begin
                    next_state = FINISHED;
            end
            FINISHED : begin
                next_state = IDLE;
            end
        endcase
    end

reg [54:0] block_cnt    ;
reg [8 :0] bit_cnt      ;
wire [63:0] msg_length  ;
wire [31:0] msg_lenth_h ;
wire [31:0] msg_lenth_l ;
always@(posedge clk_i ) begin
    if(!rst_n_i) begin
        block_cnt <= 0;
    end
    else if(cnt == 4'd15 && ((current_state == NORMAL_MSG) || (current_state == LAST_WORD))) begin
        block_cnt <= block_cnt + 1;
    end
    else
        block_cnt <= block_cnt;
end
always@(posedge clk_i) begin
    if(!rst_n_i) begin
        bit_cnt <= 'b0;
```

```verilog
            end
        else if(current_state == LAST_WORD) begin
            bit_cnt <= {cnt,5'd0} + {4'd0,is_last_word_byte_i_r,3'd0} + 9'b0_0000_1000;
        end
    end
assign msg_length = {block_cnt,9'd0} + {55'b0,bit_cnt};
assign msg_lenth_h = msg_length[63:32]             ;
assign msg_lenth_l = msg_length[31: 0]             ;
assign msg_padding = (current_state == ADD_80) || (current_state == ADD_00) || (current_state == ADD_LEN_H) || (current_state == ADD_LEN_L);
always@(*) begin
    if(current_state == NORMAL_MSG)
        next_data = msg_i_r;
    else if(current_state == LAST_WORD) begin
        case (is_last_word_byte_i_r)
            2'b00 :next_data = {msg_i_r[31:24],8'h80,8'h00,8'h00};
            2'b01 :next_data = {msg_i_r[31:16],8'h80,8'h00}      ;
            2'b10 :next_data = {msg_i_r[31:8],8'h80}             ;
            2'b11 :next_data =  msg_i_r                          ;
        endcase
    end
    else if(current_state == ADD_80)
        next_data = 32'h8000_0000;
    else if(current_state == ADD_00)
        next_data = 32'h0000_0000;
    else if(current_state == ADD_LEN_H)
        next_data = msg_lenth_h;
    else if(current_state == ADD_LEN_L)
        next_data = msg_lenth_l;
    else
        next_data = 32'b0000_0000;
end
generate
    genvar i;
    for (i = 0; i<16; i = i + 1 ) begin
        wire load_en = (cnt == i) & (msg_valid_i_r | msg_padding);
        always@(posedge clk_i) begin
            if(!rst_n_i)
                temp[i] <= 32'b0;
            else if(load_en) begin
                temp[i] <= next_data;
            end
            else
```

```verilog
                    temp[i] <= temp[i];
            end
        end
    endgenerate
    assign msg_padding_o = {temp[0],temp[1],temp[2],temp[3],temp[4],temp[5],temp[6],temp[7],
temp[8],temp[9],temp[10],temp[11],temp[12],temp[13],temp[14],temp[15]};
    assign all_block_finished = (current_state == FINISHED);
    always@(posedge clk_i) begin
        if(!rst_n_i) begin
            a_block_ready <= 1'b0;
        end
        else if(cnt == 4'd15) begin
            a_block_ready <= 1'b1;
        end
        else
            a_block_ready <= 1'b0;
    end
endmodule
```

(1) Wj_comp 模块

程序 6-7 实现了 Wj_comp 模块的功能。

程序 6-7:
```verilog
module Wj_comp (
    input [31:0] Wj_16,
    input [31:0] Wj_9,
    input [31:0] Wj_3,
    input [31:0] Wj_13,
    input [31:0] Wj_6,
    output [31:0] Wj
);
wire [31:0] P1;
wire [31:0] X;
assign P1 = X ^ {X[16:0],X[31:17]} ^ {X[8:0],X[31:9]};
assign X = Wj_16 ^ Wj_9 ^ {Wj_3[16:0],Wj_3[31:17]};
assign Wj = P1 ^ {Wj_13[24:0],Wj_13[31:25]} ^ Wj_6;
endmodule
```

(2) Wj_p_Comp 模块

程序 6-8 实现了 Wj_p_Comp 模块的功能。

程序 6-8:
```verilog
module Wj_p_Comp (
    input [31:0] Wj,
```

```
    input [31:0] Wj_4,
    output [31:0] Wj_p
);
assign Wj_p = Wj ^ Wj_4;
endmodule
```

3. Exp_Compress 模块

程序 6-9 实现了 Exp_Compress 模块的功能。

程序 6-9：
```
module Compress_Func (
    input [5:0] index_j_in,
    input [31:0] A_in,
    input [31:0] B_in,
    input [31:0] C_in,
    input [31:0] D_in,
    input [31:0] E_in,
    input [31:0] F_in,
    input [31:0] G_in,
    input [31:0] H_in,
    input [31:0] Wj_in,
    input [31:0] Wj_p_in,
    output [31:0] A_out,
    output [31:0] B_out,
    output [31:0] C_out,
    output [31:0] D_out,
    output [31:0] E_out,
    output [31:0] F_out,
    output [31:0] G_out,
    output [31:0] H_out
);
wire [31:0] temp_SS1, SS1;
wire [31:0] SS2 ;
wire [31:0] TT1 ;
wire [31:0] TT2 ;
wire [31:0] FF;
wire [31:0] FF_0;
wire [31:0] FF_1;
wire [31:0] GG ;
wire [31:0] GG_0;
wire [31:0] GG_1;
wire [31:0] Tj;
wire [31:0] Tj_shift;
```

```verilog
wire [31:0] P0;
assign Tj = (index_j_in<16)? 32'h79cc4519 : 32'h7a879d8a;
assign temp_SS1 = {A_in[19:0],A_in[31:20]} + E_in + (Tj_shift);
assign SS1 = {temp_SS1[24:0],temp_SS1[31:25]};
assign SS2 = SS1 ^ {A_in[19:0],A_in[31:20]};
assign FF_0 = A_in ^ B_in ^ C_in;
assign FF_1 = (A_in&B_in) | (A_in&C_in) | (B_in&C_in);
assign FF = (index_j_in<16)? FF_0 : FF_1;
assign TT1 = FF + D_in + SS2 + Wj_p_in;
assign GG_0 = E_in ^ F_in ^ G_in;
assign GG_1 = (E_in & F_in) | (~E_in & G_in);
assign GG = (index_j_in<16)? GG_0 : GG_1;
assign TT2 = GG + H_in + SS1 + Wj_in;
assign P0 = TT2 ^ {TT2[22:0],TT2[31:23]} ^ {TT2[14:0],TT2[31:15]};
assign D_out = C_in;
assign C_out = {B_in[22:0],B_in[31:23]};
assign B_out = A_in;
assign A_out = TT1;
assign H_out = G_in;
assign G_out = {F_in[12:0],F_in[31:13]};
assign F_out = E_in;
assign E_out = P0;
cyclic_shifter shift0(
    .data_in(Tj),
    .shift_num(index_j_in),
    .shift_result_out(Tj_shift)
);
endmodule
```

cyclic_shifter 模块的代码实现见程序 6-10。

程序 6-10：
```verilog
module cyclic_shifter (
    input  [31:0] data_in,
    input  [5:0] shift_num,
    output reg [31:0] shift_result_out
);
always@(*) begin
    case (shift_num)
        6'd0,6'd32: shift_result_out = data_in;
        6'd1,6'd33: shift_result_out = {data_in[30:0],data_in[31:31]};
        6'd2,6'd34: shift_result_out = {data_in[29:0],data_in[31:30]};
        6'd3,6'd35: shift_result_out = {data_in[28:0],data_in[31:29]};
        6'd4,6'd36: shift_result_out = {data_in[27:0],data_in[31:28]};
        6'd5,6'd37: shift_result_out = {data_in[26:0],data_in[31:27]};
```

```verilog
            6'd6,6'd38: shift_result_out = {data_in[25:0],data_in[31:26]};
            6'd7,6'd39: shift_result_out = {data_in[24:0],data_in[31:25]};
            6'd8,6'd40: shift_result_out = {data_in[23:0],data_in[31:24]};
            6'd9,6'd41: shift_result_out = {data_in[22:0],data_in[31:23]};
            6'd10,6'd42: shift_result_out = {data_in[21:0],data_in[31:22]};
            6'd11,6'd43: shift_result_out = {data_in[20:0],data_in[31:21]};
            6'd12,6'd44: shift_result_out = {data_in[19:0],data_in[31:20]};
            6'd13,6'd45: shift_result_out = {data_in[18:0],data_in[31:19]};
            6'd14,6'd46: shift_result_out = {data_in[17:0],data_in[31:18]};
            6'd15,6'd47: shift_result_out = {data_in[16:0],data_in[31:17]};
            6'd16,6'd48: shift_result_out = {data_in[15:0],data_in[31:16]};
            6'd17,6'd49: shift_result_out = {data_in[14:0],data_in[31:15]};
            6'd18,6'd50: shift_result_out = {data_in[13:0],data_in[31:14]};
            6'd19,6'd51: shift_result_out = {data_in[12:0],data_in[31:13]};
            6'd20,6'd52: shift_result_out = {data_in[11:0],data_in[31:12]};
            6'd21,6'd53: shift_result_out = {data_in[10:0],data_in[31:11]};
            6'd22,6'd54: shift_result_out = {data_in[9:0],data_in[31:10]};
            6'd23,6'd55: shift_result_out = {data_in[8:0],data_in[31:9]};
            6'd24,6'd56: shift_result_out = {data_in[7:0],data_in[31:8]};
            6'd25,6'd57: shift_result_out = {data_in[6:0],data_in[31:7]};
            6'd26,6'd58: shift_result_out = {data_in[5:0],data_in[31:6]};
            6'd27,6'd59: shift_result_out = {data_in[4:0],data_in[31:5]};
            6'd28,6'd60: shift_result_out = {data_in[3:0],data_in[31:4]};
            6'd29,6'd61: shift_result_out = {data_in[2:0],data_in[31:3]};
            6'd30,6'd62: shift_result_out = {data_in[1:0],data_in[31:2]};
            6'd31,6'd63: shift_result_out = {data_in[0:0],data_in[31:1]};
        endcase
    end
endmodule
```

4. SYC_FIFO 模块

程序 6-11 实现了 SYC_FIFO 模块的功能。

程序 6-11：

```verilog
module SYC_FIFO #(parameter FIFO_PTR = 2, FIFO_DEPTH = 3, FIFO_WIDTH = 512)(
    input fifo_clk,
    input fifo_rst_n,
    input fifo_wren,
    input [FIFO_WIDTH-1:0] fifo_wrdata,
    input fifo_rden,
    output reg [FIFO_WIDTH-1:0] fifo_rdata,
    output reg fifo_full,
    output reg fifo_empty
    );
```

```verilog
localparam MAX_ADDR = FIFO_DEPTH - 1;

reg [FIFO_PTR-1:0] wr_ptr, wr_ptr_next;
reg [FIFO_PTR-1:0] rd_ptr, rd_ptr_next;
reg [FIFO_PTR:0] num_entries, num_entries_next;
wire fifo_empty_next, fifo_full_next;

always@(*) begin
    wr_ptr_next = wr_ptr;
    if(fifo_wren) begin
        if(wr_ptr == MAX_ADDR)
            wr_ptr_next = 'd0;
        else
            wr_ptr_next = wr_ptr + 1;
    end
end
always@(*) begin
    rd_ptr_next = rd_ptr;
    if(fifo_rden) begin
        if(rd_ptr == MAX_ADDR)
            rd_ptr_next = 'd0;
        else
            rd_ptr_next = rd_ptr + 1;
    end
end
always@(*) begin
        num_entries_next = num_entries;
    if(fifo_wren && fifo_rden)
        num_entries_next = num_entries;
    else if(fifo_wren)
        num_entries_next = num_entries + 1'b1;
    else if(fifo_rden)
        num_entries_next = num_entries - 1'b1;
end
assign fifo_empty_next = num_entries_next == 'd0;
assign fifo_full_next = num_entries_next == FIFO_DEPTH;

always@(posedge fifo_clk) begin
    if(!fifo_rst_n) begin
        wr_ptr <= 'b0;
        rd_ptr <= 'b0;
        num_entries <= 'b0;
        fifo_empty <= 1'b1;
```

```verilog
            fifo_full <= 1'b0;
        end
        else begin
            wr_ptr <= wr_ptr_next;
            rd_ptr <= rd_ptr_next;
            num_entries <= num_entries_next;
            fifo_empty <= fifo_empty_next;
            fifo_full <= fifo_full_next;
        end
end
reg [FIFO_WIDTH-1:0] mem [0:FIFO_DEPTH-1];
always@(*) begin
    fifo_rdata = 'b0;
    if(fifo_rden == 1'b1)
        fifo_rdata = mem[rd_ptr];
end
integer i;
always@(posedge fifo_clk) begin
    if(!fifo_rst_n)
        for(i = 0; i < FIFO_DEPTH; i = i+1) begin
            mem[i] <= 0;
        end
    else if(fifo_wren)
        mem[wr_ptr] <= fifo_wrdata;
end
endmodule
```

5. 测试代码

测试代码见程序 6-12。

程序 6-12:
```verilog
module tb_SM3_Top ;
reg clock;
reg rst_n;
reg [31:0] msg;
regmsg_valid;
regis_last_word;
reg [1:0] is_last_word_byte;

wire sm3_ready;
wire [255:0] sm3_result ;
wire sm3_finished;

initial begin
    clock = 0;
```

```verilog
        forever begin
            #5 clock = ~clock;
        end
    end

    initial begin
        rst_n = 0;
        #25 rst_n = 1;
    end
    initial begin
        msg = 0;
        msg_valid = 0;
        is_last_word = 0;
        is_last_word_byte = 0;
        #25
        repeat(13) begin
            @(negedge clock) begin
                msg = 32'h00000061;
                msg_valid = 1;
            end
        end
        @(negedge clock) begin
            msg = 32'h61626364;
            msg_valid = 1;
            is_last_word = 1;
            is_last_word_byte = 2'b11;
        end
        @(negedge clock) begin
            msg = 0;
            msg_valid = 0;
            is_last_word = 0;
            is_last_word_byte = 0;
        end
        wait(sm3_finished)
        #500
        $finish;
    end
    always@(posedge clock) begin
        if(SM3_U0.PAD0.a_block_ready) begin
            $display("INFO : A BLOCK IS PADDED READY !");
            $display("MSG_PAD_BLOCK = %h",SM3_U0.PAD0.msg_padding_o);
        end
    end
```

```verilog
    always@( * ) begin
        if(SM3_U0.ECU0.block_comp_finished_out) begin
        #1
            $display("block compress finished!");
            $display("round 63 compress result is: %64h @",SM3_U0.ECU0.Vi_out, $realtime);
            if(SM3_U0.ECU0.Vi_out == 256'h2ad0c8ee_0f92d652_55d90e51_c4f6a60a_69caa1b7_b8ab6d40_f956635a_c6c7ac6c||(SM3_U0.ECU0.Vi_out == 256'h87ee4178_64f3dc4a_7a9d040f_dff2fa47_af7ee1ee_96e4028f_33e646b4_ea30f510))
                $display("ECU PASS !");
            else
                $display("ERROR ! CHECK COMPRESS VALUE!");
        end
    end
    always@( * ) begin
        if(sm3_finished) begin
        #1
            $display("SM3 PROCESSING FINISHED!");
            $display("HASH VALUE IS %64h",sm3_result);
            if(sm3_result == 256'hdebe9ff9_2275b8a1_38604889_c18e5a4d_6fdb70e5_387e5765_293dcba3_9c0c5732
            )
                $display("SM3 TEST PASS !");
            else
                $display("ERROR ! CHECK HASH VALUE!");
        end
    end
    SM3_Top SM3_U0(
        .clk_i(clock),
        .reset_n_i(rst_n),

        .msg_i(msg),
        .msg_valid_i(msg_valid),
        .is_last_word_in(is_last_word),
        .is_last_word_byte_i(is_last_word_byte),
        .sm3_ready(sm3_ready),
        .sm3_result_out(sm3_result),
        .sm3_finished_out(sm3_finished)
    );
endmodule
```

第 7 章
数字签名算法的 FPGA 实现

数字签名算法基于非对称加密算法和哈希函数。发送者首先对消息进行哈希计算,得到消息的哈希值,然后使用自己的私钥对哈希值进行加密,生成数字签名。接收者收到消息和数字签名后,首先使用发送者的公钥对数字签名进行解密,得到哈希值,然后对消息进行相同的哈希计算,得到新的哈希值。如果两个哈希值相同,则验证通过,说明消息在传输过程中没有被篡改。

FPGA 实现的数字签名算法在性能、安全性、资源优化、低功耗以及灵活性等方面都具有明显的优势。这些优势使得 FPGA 成为实现高性能、高安全性数字签名算法的理想选择,特别是在对处理速度、响应时间和安全性有严格要求的应用场景中。

本章主要介绍 DSA、ECC 数字签名算法的 FPGA 实现。

7.1 DSA 算法的 FPGA 实现

DSA 算法的基本原理基于数论中的离散对数问题。它利用了有限域上的运算和离散对数的难解性,实现了数字签名的生成、验证和认证。

7.1.1 算法模块设计

DSA 数字签名算法主要包含签名生成模块、签名验证模块等。

1. DSA 签名生成模块

DSA 数字签名算法利用单向 Hash 函数产生消息的一个 Hash 值,Hash 值连同一个随机数一起作为签名函数的输入,签名函数还需使用发送方的密钥和供所有用户使用的公开密钥,从而构成消息的签名。接收方收到消息后再产生消息的 Hash 值,将 Hash 值与收到的签名一起输入验证函数,验证函数还需输入发送方的公开密钥。

(1) DSA 数字签名算法的参数

① p:大素数模,长 L 位。
② q:$p-1$ 的素因子,长 N 位。
③ a、b 是 DSA 算法的公钥。
④ x 是 DSA 算法的私钥。

(2) DSA 数字签名算法的步骤

① 密钥对生成：DSA 算法的密钥和私钥有如下关系，即
$$b = a^x \bmod p$$

② 对消息 M 进行哈希运算，得到 $H(M)$。

③ 签名生成：

a. 选择一个随机数 k，其中 $0 < k < q$。

b. 计算 $r = (a^k \bmod p) \bmod q$。

c. 计算 $s = k^{(-1)} * (H(M) + x * r) \bmod q$。签名是 (r, s)。

(3) DSA 数字签名算法示例

假定 $q = 101$，$p = 78q + 1 = 7879$，私钥 $x = 75$，公钥 $a = 170$、$b = 170^{75} \bmod 7879 = 4567$，消息摘要 $H(M) = 22$，随机数 $k = 50$，则

$$50^{(-1)} \bmod 101 = 99$$
$$r = (170^{50} \bmod 7879) \bmod 101 = 94$$
$$s = 50^{(-1)} * (22 + 75 * 94) \bmod 101 = 99 * (22 + 75 * 94) \bmod 101 = 97$$

因此对消息摘要 22 的签名为 $(94, 97)$。

2. DSA 签名验证模块

DSA 数字签名算法的验证步骤如下。

① 接收签名和数据：接收方收到发送方发送的消息 M 和对应的数字签名 (r, s)。

② 计算消息摘要：接收方使用与发送方相同的哈希函数对消息 M 进行哈希运算，得到 $H(M)$。

③ 验证签名的有效性：

a. 计算 $w = s(-1)$ 是 s 在模 q 下的乘法逆元。

b. 计算 $u1 = H(M) * w \bmod q$。

c. 计算 $u2 = r * w \bmod q$。

d. 计算 $v = ((a^{u1}) * (b^{u2})) \bmod p \bmod q$。

e. 比较 v 和 r 的值。如果 $v == r$，则签名有效；否则，签名无效。

仍然以上文数字签名算法的参数为例，说明签名验证的过程：

$$w = s(-1) \bmod q = 97^{(-1)} \bmod 101 = 25$$
$$u1 = 22 * 25 \bmod 101 = 45$$
$$u2 = 94 * 25 \bmod 101 = 27$$
$$v = 170^{45} * 4567^{27} \bmod 101 = 94 = r$$

因此，签名验证通过。

7.1.2 工程实现与测试

1. DSA 签名生成模块的实现

签名生成模块主要包含状态控制逻辑、扩展欧几里得算法模块及模幂计算模块。

DSA 签名生成模块主要模块接口：

① 输入包括时钟 clk、复位 reset、启动信号 start、消息摘要 message_digest、随机数 k、

第 7 章　数字签名算法的 FPGA 实现

DSA 参数 p 和 q、公钥 a、私钥 x。

② 输出包括签名 signature_r、signature_s 和完成信号 done。
③ 逻辑控制状态机：该模块使用一个状态机来控制签名生成的过程，共有 6 个状态。
- 状态 0：等待启动信号。
- 状态 1：计算 $a^{\wedge}k \bmod p$（即 r 的临时值）。
- 状态 2：计算 r 并对 q 取模，同时启动计算 k 关于 q 的模逆。
- 状态 3：等待模逆计算完成，并计算 s 的值。
- 状态 4：输出签名并设置完成信号。
- 状态 5：等待复位或新的启动信号。

模幂运算和模逆运算：
① 模幂运算使用二进制指数的方法来加速模幂运算；
② 模逆运算使用一个名为 mod_inverse 的模块，该模块基于扩展欧几里得算法。

签名生成模块的代码实现如程序 7-1 所示。

程序 7-1：
```verilog
module dsa_sign_demo(
    input clk,
    input reset,
    input start,
    input [15:0] message_digest,
    input [15:0] k,
    input [15:0] p,
    input [15:0] q,
    input [15:0] a,
    input [15:0] priv_key_x,
    output reg [15:0] signature_r,
    output reg [15:0] signature_s,
    output reg done
);

    reg [15:0] r_temp;
    reg [31:0] s_temp;
    reg [15:0] w;
    reg [31:0] temp32;
    reg [2:0] state;

    reg [15:0] inv_a,inv_n;
    reg in_valid;
    wire [15:0] inv_result;
    wire  inv_valid;
    mod_inverse mod_inverse_inst (
        .clk(clk),
        .rst_n(~reset),
        .in_valid(in_valid),
```

```verilog
        .a({16'd0,inv_a}),
        .n({16'd0,inv_n}),
        .result(inv_result),
        .valid_out(inv_valid)
);
reg [15:0] mod_a;
reg [15:0] mod_b;
reg [15:0] mod_m;
reg mod_in_valid;
wire [15:0] mod_result;
wire mod_done;
mod_exp mod_exp_inst (
        .a(mod_a),
        .b(mod_b),
        .m(mod_m),
        .in_valid(mod_in_valid),
        .clk(clk),
        .rst(reset),
        .result(mod_result),
        .done(mod_done)
);
always@(posedge clk or posedge reset) begin
    if (reset) begin
        state <= 0;
        done <= 0;
        in_valid <= 0;
    end else begin
        case (state)
            0: begin
                if (start) begin
                    state <= 1;
                    mod_in_valid <= 1;
                end
                mod_a <= a;
                mod_b <= k;
                mod_m <= p;
            end
            1: begin
                mod_in_valid <= 0;
                if(mod_done) state <= state + 1;
            end
            2: begin
                r_temp <= mod_result % q;
```

```verilog
                        inv_a <= k;
                        in_valid <= 1;
                        inv_n <= q;
                        state <= state + 1;
                    end
                3:begin
                    in_valid <= 0;
                    if(inv_valid)begin
                        s_temp <= inv_result * (message_digest + priv_key_x * r_temp) % q;
                        state <= state + 1;
                    end
                end
                4: begin
                    signature_r <= r_temp;
                    signature_s <= s_temp[15:0];
                    done <= 1;
                    state <= state + 1;
                end
                5: begin
                    done <= 0;
                    if (start) state <= 0;
                end
                default: state <= 0;
            endcase
        end
    end
endmodule
```

签名生成功能仿真代码如程序 7-2 所示。

```verilog
程序 7-2:
module dsa_sign_demo_tb();
    reg clk;
    reg reset;
    reg start;
    reg [15:0] message_digest;
    reg [15:0] k;
    reg [15:0] p;
    reg [15:0] q;
    reg [15:0] a;
    reg [15:0] priv_key_x;
    wire [15:0] signature_r;
    wire [15:0] signature_s;
    wire done;
```

```verilog
    dsa_sign_demo dsa_sign_inst (
        .clk(clk),
        .reset(reset),
        .start(start),
        .message_digest(message_digest),
        .k(k),
        .p(p),
        .q(q),
        .a(a),
        .priv_key_x(priv_key_x),
        .signature_r(signature_r),
        .signature_s(signature_s),
        .done(done)
    );
    initial begin
        clk = 0;
        forever #5 clk = ~clk;
    end
    initial begin
        reset = 1;
        start = 0;
        message_digest = 0;
        k = 0;
        p = 0;
        q = 0;
        a = 0;
        priv_key_x = 0;
        #20;
        reset = 0;
        message_digest = 22;
        k = 50;
        p = 7879;
        q = 101;
        a = 170;
        priv_key_x = 75;
        #10 start = 1;
        #10 start = 0;
        wait (done);
        $display("Signature (r, s): (%d, %d)", signature_r, signature_s);
        $finish;
    end
endmodule
```

程序 7-2 仿真结果如图 7.1 所示。

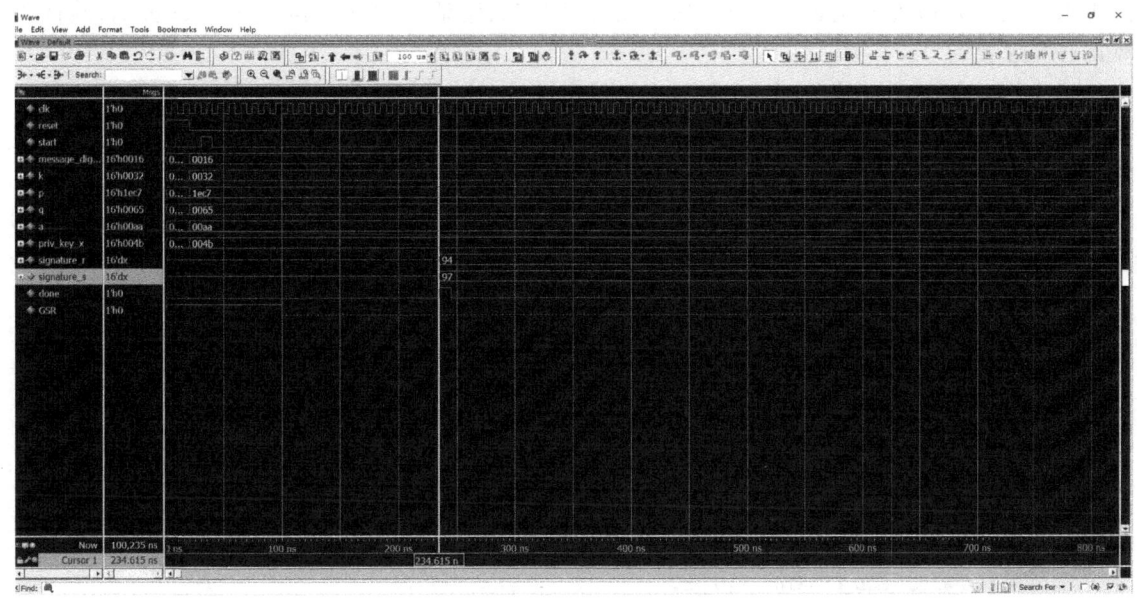

图 7.1　签名生成功能仿真结果

2. DSA 签名验证模块的实现

签名验证模块主要包含状态控制逻辑、扩展欧几里得算法模块及模幂计算模块。

（1）模块参数输入

clk：时钟信号。

rst：复位信号。

start：开始信号，指示验证过程开始。

message_digest：消息摘要，是需要验证的签名所对应的消息。

r、s：签名的两个部分。

p、q：DSA 中的大素数和小素数。

a、b：公钥的两个部分。

（2）模块参数输出

verified：验证结果，如果签名有效则为 1，否则为 0。

done：完成信号，表示验证过程结束。

（3）内部逻辑和状态机

模块内部使用一个状态机来控制验证流程，分为以下几个主要步骤。

① 初始化：复位信号有效时，将 verified 和 done 信号清零。如果 start 信号有效，开始模逆运算的准备工作，计算 s 的模 q 逆元 w。

② 计算逆元：使用 mod_inverse 模块计算 s 的模 q 逆元 w，并等待运算完成。

③ 计算 u1 和 u2：根据 DSA 算法，计算 $u1 = (w * \text{message\_digest}) \% q$ 和 $u2 = (r * w) \% q$。

④ 模幂运算 1：使用 mod_exp 模块计算 $a\char`\^ u1 \% p$，并等待运算完成。

⑤ 模幂运算 2：接着计算 $b\char`\^ u2 \% p$，并等待运算完成。

⑥ 验证:根据 DSA 算法,计算 $v=(a \wedge u1 * b \wedge u2) \% p \% q$(这里简化为两步模幂运算后再相乘取模),并检查 v 是否等于 r。如果相等,则签名验证成功,verified 置为 1;否则,验证失败,verified 置为 0。

⑦ 结束:设置 done 信号为 1,表示验证过程结束,状态机回到初始状态。

签名验证代码实现如程序 7-3 所示。

程序 7-3:
```verilog
module dsa_signature_verification #
(
    parameter MOD_LENGTH = 16
)
(
    input wire clk,
    input wire rst,
    input wire start,
    input wire [MOD_LENGTH - 1:0] message_digest,
    input wire [MOD_LENGTH - 1:0] r,
    input wire [MOD_LENGTH - 1:0] s,
    input wire [MOD_LENGTH - 1:0] p,
    input wire [MOD_LENGTH - 1:0] q,
    input wire [MOD_LENGTH - 1:0] b,
    input wire [MOD_LENGTH - 1:0] a,
    output reg verified,
    output reg done
);

    reg [MOD_LENGTH - 1:0] w;
    reg [MOD_LENGTH - 1:0] u1;
    reg [MOD_LENGTH - 1:0] u2;
    reg [MOD_LENGTH - 1:0] v;
    reg [MOD_LENGTH - 1:0] v_prime;
    reg [MOD_LENGTH - 1:0] v_prime2;
    regmod_exp_start;
    regmod_exp_done;
    reg [MOD_LENGTH - 1:0] mod_exp_result;
    regmod_inv_start;
    regmod_inv_done;
    reg [MOD_LENGTH - 1:0] mod_inv_result;

    reg [15:0] mod_a;
    reg [15:0] mod_b;
    reg [15:0] mod_m;
    reg mod_in_valid;
```

```verilog
wire [15:0] mod_result;
wire mod_done;
mod_exp   mod_exp_inst (
    .a(mod_a),
    .b(mod_b),
    .m(mod_m),
    .clk(clk),
    .rst(rst),
    .in_valid(mod_in_valid),
    .result(mod_result),
    .done(mod_done)
);

reg [15:0] inv_a,inv_n;
reg inv_in_valid;
wire [15:0] inv_result;
wire   inv_valid;
mod_inverse mod_inv_inst (
    .a({16'd0,inv_a}),
    .n({16'd0,inv_n}),
    .clk(clk),
    .rst_n(~rst),
    .in_valid(inv_in_valid),
    .result(inv_result),
    .valid_out(inv_valid)
);
reg [2:0] state = 0;
always@(posedge clk or posedge rst) begin
    if (rst) begin
        verified <= 0;
        done <= 0;
    end else begin
      case (state)
        0: begin
            done <= 0;
            verified <= 0;

            inv_a <= s;
            inv_n <= q;
            if(start)begin
                inv_in_valid <= 1;
                state <= 1;
            end
```

```
            end
        1:begin
            inv_in_valid <= 0;
            if (inv_valid) begin
                w <= inv_result;
                inv_in_valid <= 0;
                state <= 2;
            end
        end
        2:begin
            u1 <= (w * message_digest) % q;
            u2 <= (r * w) % q;
            state <= 3;
        end


        3:begin
            mod_a <= y;
            mod_b <= u1;
            mod_m <= p;
            mod_in_valid <= 1;
            state <= 4;
        end
        4:begin
            mod_in_valid <= 0;
            if (mod_done) begin
                v_prime <= mod_result;
                state <= 5;
            end
        end
        5:begin
            mod_a <= b;
            mod_b <= u2;
            mod_m <= p;
            mod_in_valid <= 1;
            state <= 6;
        end
        6:begin
            mod_in_valid <= 0;
            if (mod_done) begin
                v_prime2 <= mod_result;
                v <= mod_result * v_prime % q;
                state <= 7;
            end
```

```verilog
                    end
                7:begin
                    if (v == r) begin
                        verified <= 1;
                    end else begin
                        verified <= 0;
                    end
                    done <= 1;
                    state <= 0;
                end
            endcase
        end
    end
endmodule
```

签名验证功能仿真代码如程序 7-4 所示。

程序 7-4:
```verilog
module tb_dsa_signature_verification;
    parameter MOD_LENGTH = 16;
    reg clk;
    reg rst;
    reg start;
    reg [MOD_LENGTH-1:0] message_digest;
    reg [MOD_LENGTH-1:0] r;
    reg [MOD_LENGTH-1:0] s;
    reg [MOD_LENGTH-1:0] p;
    reg [MOD_LENGTH-1:0] q;
    reg [MOD_LENGTH-1:0] b;
    reg [MOD_LENGTH-1:0] a;
    wire verified;
    wire done;
    dsa_signature_verification  uut (
        .clk(clk),
        .rst(rst),
        .start(start),
        .message_digest(message_digest),
        .r(r),
        .s(s),
        .p(p),
        .q(q),
        .b(b),
        .a(a),
        .verified(verified),
```

```verilog
        .done(done)
    );

    initial begin
        clk = 0;
        forever #5 clk = ~clk;
    end
    initial begin
        #100
        rst = 1;
        start = 0;
        message_digest = 0;
        r = 0;
        s = 0;
        p = 0;
        q = 0;
        b = 0;
        a = 0;
        #10;
        rst = 0;
        #10;
        message_digest = 22;
        r = 94;
        s = 97;
        p = 7879;
        q = 101;
        b = 4567;
        a = 170;
        start = 1;
        #10;
        start = 0;

        wait (done);

        if (verified) begin
            $display("Signature verification succeeded.");
        end else begin
            $display("Signature verification failed.");
        end
        #10;
        $finish;
    end
endmodule
```

程序 7-4 仿真的结果如图 7.2 所示。

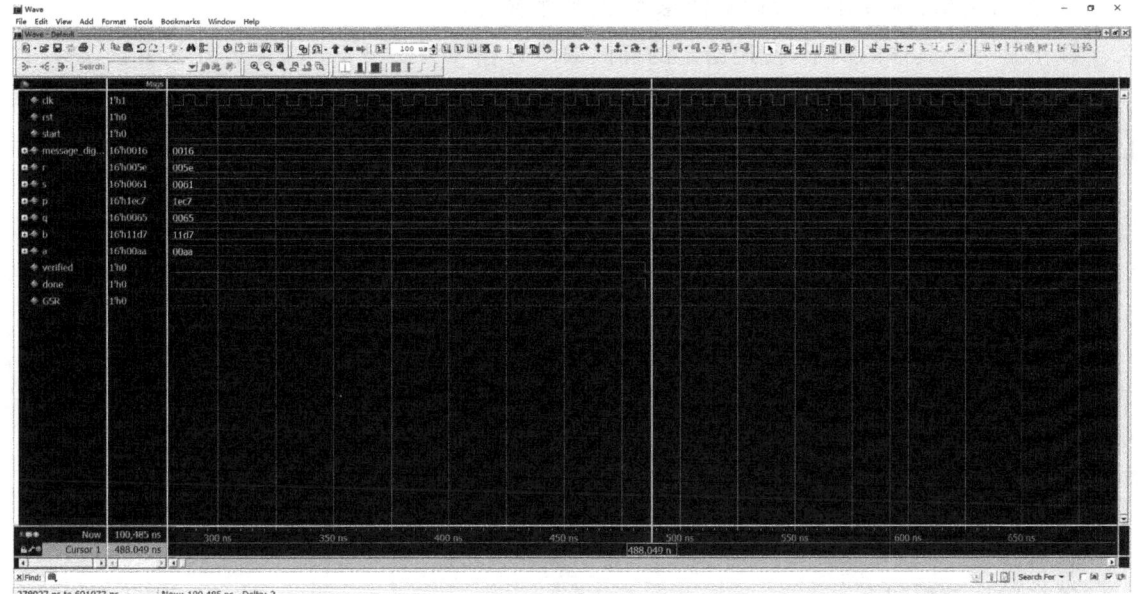

图 7.2　签名验证功能仿真结果

7.2　ECC 数字签名算法的 FPGA 实现

ECC 数字签名算法利用椭圆曲线上的点群运算来实现数字签名，其安全性基于椭圆曲线离散对数问题的难解性。相比传统的 RSA 算法，ECC 数字签名算法在相同的安全强度下可以使用更短的密钥长度，因此具有计算量小、处理速度快、存储空间占用小和带宽要求低等优点。

7.2.1　ECC 数字签名算法模块设计

ECC 数字签名算法模块主要可以分为签名算法模块和签名验证算法模块，在签名算法模块和签名验证算法模块中，主要会使用到 Hash 算法、椭圆曲线上的倍点及椭圆曲线上的点加等算法，这些算法已在上述章节中进行了详细的描述，本章不再累述。

1. 签名算法模块设计

基于椭圆曲线的数字签名过程如下。

① 计算消息的哈希值：使用安全的哈希函数对消息 M 进行哈希，得到哈希值 $h=\text{Hash}(M)$。

② 选择随机数 k：从 $[1,n-1]$ 范围内随机选择一个整数 k 作为临时密钥，要确保 k 的随机性且 k 不能泄露。

③ 计算点 R：计算椭圆曲线上的点 $R=kG$，G 是基点。

④ 计算签名值 r 和 s：r 取为点 R 的 x 坐标模 n 的结果，即 $r=xR \bmod n$。s 的计算公式为

$s=k-1(h+dr)$,d 是私钥。

⑤ 签名结果:签名对(r,s)即对消息 M 的数字签名。

以下是一个具体的例子,使用给定的椭圆曲线方程 $y^2=x^3+x+6$,签名方案参数 $p=11$,$q=13$,基点 $G=(2,7)$,私钥 $d=7$,以及公钥 $B=(7,2)$。为简便起见,假设有消息 x,使得 $hash(x)=4$,签名使用的随机数 $k=3$。

签名过程如下。

① 对消息 x 进行哈希:使用 SHA-1 算法对消息 x 进行哈希,得到 $SHA-1(x)=4$。

② 选择随机数 k:随机数 $k=3$。

③ 计算点 R:计算点 $R=kG=3(2,7) \mod 11=(8,3)$。

④ 计算签名:计算 $r=R$ 的 x 坐标 $r= \mod q=8 \mod 13=8$;计算 $s=k^{\wedge}(-1)(z+dr) \mod p$,其中 $z=SHA-1(x)=4$,d 是私钥;$s=3-1(4+7 \times 8) \mod 13 = 7$。

⑤ 因此,消息 x 的签名为$(8,7)$。

2. 签名验证算法模块设计

签名验证过程如下。

① 验证者收到消息 M 和签名(r,s)。

② 使用相同的哈希函数计算消息的哈希值 h。

③ 计算 $w=s^{\wedge}(-1) \mod n$。

④ 计算 $u1=wh \mod n$ 和 $u2=wr \mod n$。

⑤ 计算点 $V=u1G+u2Q$,其中 Q 是签名者的公钥。

⑥ 验证 V 的 x 坐标模 n 是否等于 r:如果 V 的 x 坐标模 n 等于 r,则签名验证通过,表示消息 M 在传输过程中未被篡改且确实来自声称的发送方。

仍然以使用签名方案的参数为例,说明验签的过程。椭圆曲线方程 $y^2=x^3+x+6$,签名方案参数 $p=11$,$q=13$,基点 $G=(2,7)$,私钥 $d=7$,以及公钥 $B=(7,2)$。

签名验证过程如下:

① 通过哈希函数计算消息的哈希值 h:$z=SHA-1(x)=4$。

② 计算 $w=s^{\wedge}(-1) \mod p$:$w=7-1 \mod 13=2$。

③ 计算 $u1=zw \mod p$ 和 $u2=rw \mod p$:$u1=2 \times 4 \mod 13 = 8$;$u2=2 \times 8 \mod 13=3$。

④ 计算点 $V=u1G+u2B$:$V=8(2,7)+3(7,2)=(8,3)$。

⑤ $8 \mod 13=r$,验签成功。

7.2.2 工程实现与测试

SM2 算法是中国自主研发的密码算法,它基于椭圆曲线密码学(ECC)。SM2 算法是在 ECC 的基础上制定的一套密码系统标准,包括数字签名、加密、密钥交换等功能。本节实现了基于 SM2 的数字签名算法。

1. 签名算法模块功能的实现

下面这段代码是以 SM2 算法选定的参数及方法来实现数字签名模块的,用于生成数字签名 (r,s)。

(1) 模块输入

clk:时钟信号。

rst:复位信号,高电平有效。

para_wr:参数写入使能信号。

para_p、para_a、para_b、para_Gx、para_Gy、para_order:椭圆曲线的参数,包括素数 p、系数 a 和 b、基点 G 的坐标 (Gx,Gy) 以及基点的阶。

k_wr:随机数 k 的写入使能信号。

k_in:随机数 k。

sk_in:私钥。

hash_m:消息 m 的哈希值。

(2) 模块输出

wr_out:签名输出使能信号。

success:签名成功标志。

s_out、r_out:签名值 (s,r)。

(3) 模块工作过程

① 初始化:当 para_wr 信号为高电平时,模块接收并存储椭圆曲线的参数。

② 接收随机数 k 和私钥:当 k_wr 信号为高电平时,模块接收随机数 k 和私钥,并存储消息 m 的哈希值。

③ 椭圆曲线点乘:使用随机数 k 和基点 G 进行椭圆曲线点乘运算,得到点 $(x1, y1) = kG$。

④ 计算 r:将点乘结果的 x 坐标 x1 与消息 m 的哈希值相加,然后对结果取模(模为椭圆曲线的阶),得到 r。如果 r 为 0 或 $r+k$ 等于椭圆曲线的阶,则需要重新选择 k 并重新计算。

⑤ 计算 s:首先计算私钥的逆元,然后将 k 与 r 相加,结果与逆元相乘,最后,从上述结果中减去 r,得到 s。

⑥ 输出结果:如果 r 和 s 都有效(即不等于 0 且满足特定的数学关系),则设置 success 标志为高电平,并输出签名值 (r,s);否则,表示签名失败。

模块通过状态机控制整个签名过程,状态包括:

① ready:等待参数或随机数 k 的输入。

② first:开始椭圆曲线点乘运算。

③ second:等待点乘运算完成。

④ three:计算 r 并对 r 进行调整。

⑤ four:检查 r 的有效性。

⑥ five:计算 (1+私钥) 的逆元,并准备计算 s。

⑦ six:进行乘法运算以计算 s 的一部分。

⑧ seven:完成 s 的计算,并检查 s 的有效性,然后输出结果。

签名算法代码实现如程序 7-5 所示。

程序 7-5：

```verilog
module SM2_Sign(clk,rst,para_wr,para_p,para_a,para_b,para_Gx,para_Gy,para_order,k_wr,k_in,
sk_in,hash_m,wr_out, success,s_out,r_out
    );

    parameter m = 256;

    input clk;
    input rst;
    input para_wr;
    input [m-1:0] para_p;
    input [m-1:0] para_a;
    input [m-1:0] para_b;
    input [m-1:0] para_Gx;
    input [m-1:0] para_Gy;
    input [m-1:0] para_order;
    input k_wr;
    input [m-1:0] k_in;
    input [m-1:0] sk_in;
    input [m-1:0] hash_m;
    output reg wr_out;
    output reg success;
    output reg [m-1:0] s_out;
    output reg [m-1:0] r_out;

    parameter ready = 3'h0;
    parameter first = 3'h1;
    parameter second = 3'h2;
    parameter three = 3'h3;
    parameter four = 3'h4;
    parameter five = 3'h5;
    parameter six = 3'h6;
    parameter seven = 3'h7;

    reg [2:0] sign_state;
    reg [m-1:0] ecc_p,ecc_a,ecc_b,Gx,Gy,ecc_order;
    reg mul_wr_in;
    reg [m-1:0] mul_k,mul_ax,mul_ay;
    wire mul_wr_out;
    wire [m-1:0] mul_cx,mul_cy;
```

```
Point_Mul_1point_mul_inst(
    .clk(clk),
    .rst(rst),
    .para_wr(para_wr),
    .para_p(para_p),
    .para_a(para_a),
    .wr_in(mul_wr_in),
    .k_in(mul_k),
    .ax_in(mul_ax),
    .ay_in(mul_ay),
    .wr_out(mul_wr_out),
    .cx_out(mul_cx),
    .cy_out(mul_cy)
);
reg [m-1:0] add_a,add_b;
wire [m-1:0] add_c;
Field_Addfield_add_inst(
    .a_in(add_a),
    .b_in(add_b),
    .p_in(ecc_order),
    .c_out(add_c)
);
reg field_inv_wr_in;
wire field_inv_wr_out;
reg [m-1:0] field_inv_a;
wire [m-1:0] field_inv_c;
Field_Inv field_inv_inst(
    .clk(clk),
    .rst(rst),
    .wr_in(field_inv_wr_in),
    .a_in(field_inv_a),
    .p_in(ecc_order),
    .wr_out(field_inv_wr_out),
    .c_out(field_inv_c)
);
reg field_mul_wr_in;
reg [m-1:0] field_mul_a,field_mul_b;
wire [m-1:0] field_mul_c;
wire filed_mul_wr_out;
Field_Mul field_mul_inst(
    .clk(clk),
    .rst(rst),
    .wr_in(field_mul_wr_in),
```

```verilog
        .a_in(field_mul_a),
        .b_in(field_mul_b),
        .p_in(ecc_order),
        .wr_out(filed_mul_wr_out),
        .c_out(field_mul_c)
);
reg [m-1:0] sub_a;
reg [m-1:0] sub_b;
wire [m-1:0] sub_c;
Field_Sub field_sub_inst(
    .a_in(sub_a),
    .b_in(sub_b),
    .p_in(ecc_order),
    .c_out(sub_c)
);
reg [m-1:0] k_reg,sk_reg;
reg [m-1:0] e_reg;
reg [256:0] r_reg,s_reg;
always@(posedge clk or posedge rst) begin
    if(rst) begin
        wr_out <= 1'b0;
        success <= 1'b0;
        s_out <= 0;
        r_out <= 0;
        sign_state <= ready;
    end
    else begin
        case (sign_state)
            ready: begin
                wr_out <= 1'b0;
                success <= 1'b0;
                s_out <= 0;
                r_out <= 0;
                if(para_wr == 1'b1) begin
                    ecc_p <= para_p;
                    ecc_a <= para_a;
                    ecc_b <= para_b;
                    Gx <= para_Gx;
                    Gy <= para_Gy;
                    ecc_order <= para_order;
                    sign_state <= ready;
                end
                if(k_wr == 1'b1) begin
```

```verilog
                k_reg <= k_in;
                sk_reg <= sk_in;
                e_reg <= hash_m;
                sign_state <= first;
            end
        end
        first: begin
            mul_wr_in <= 1'b1;
            mul_k <= k_reg;
            mul_ax <= Gx;
            mul_ay <= Gy;
            sign_state <= second;
        end
        second: begin
            mul_wr_in <= 1'b0;
            if(mul_wr_out == 1'b1) begin
                r_reg <= mul_cx + e_reg;
                sign_state <= three;
            end
        end
        three: begin
            if(r_reg >= ecc_order) begin
                r_reg <= r_reg - ecc_order;
            end
            else begin
                r_out <= r_reg[m-1:0];
                sign_state <= four;
            end
        end
        four: begin
            if((r_out == 0) | ((r_out + k_reg) == ecc_order)) begin
                wr_out <= 1'b1;
                success <= 1'b0;
                sign_state <= ready;
            end
            else begin
                field_inv_wr_in <= 1'b1;
                field_inv_a <= sk_reg + 1;
                add_a <= k_reg;
                add_b <= r_out;
                sign_state <= five;
            end
        end
```

```verilog
                five: begin
                    field_inv_wr_in <= 1'b0;
                    if(field_inv_wr_out == 1'b1) begin
                        field_mul_wr_in <= 1'b1;
                        field_mul_a <= add_c;
                        field_mul_b <= field_inv_c;
                        sign_state <= six;
                    end
                end
                six: begin
                    field_mul_wr_in <= 1'b0;
                    if(filed_mul_wr_out == 1'b1) begin
                        sub_a <= field_mul_c;
                        sub_b <= r_out;
                        sign_state <= seven;
                    end
                end
                seven: begin
                    if(sub_c == 0) begin
                        wr_out <= 1'b1;
                        success <= 1'b0;
                        sign_state <= ready;
                    end
                    else begin
                        wr_out <= 1'b1;
                        success <= 1'b1;
                        s_out <= sub_c;
                        sign_state <= ready;
                    end
                end
            endcase
        end
    end
endmodule
```

签名功能仿真代码如程序 7-6 所示。

程序 7-6：
```verilog
module SM2_sign_test;
    reg clk;
    reg rst;
    reg para_wr;
    reg [255:0]    para_p;
```

```verilog
        reg [255:0]    para_a;
        reg [255:0]    para_b;
        reg [255:0]    para_Gx;
        reg [255:0]    para_Gy;
        reg [255:0]    para_order;
        reg k_wr;
        reg [255:0]    k_in;
        reg [255:0]    sk_in;
        reg [255:0]    hash_m;

        wire wr_out;
        wire success;
        wire [255:0] s_out;
        wire [255:0] r_out;
        parameter ecc_p = 256'hFFFFFFFE_FFFFFFFF_FFFFFFFF_FFFFFFFF_FFFFFFFF_00000000_FFFFFFFF_FFFFFFFF;
        parameter ecc_a = 256'hFFFFFFFE_FFFFFFFF_FFFFFFFF_FFFFFFFF_FFFFFFFF_00000000_FFFFFFFF_FFFFFFFC;
        parameter ecc_b = 256'h28E9FA9E_9D9F5E34_4D5A9E4B_CF6509A7_F39789F5_15AB8F92_DDBCBD41_4D940E93;
        parameter Gx = 256'h32C4AE2C_1F198119_5F990446_6A39C994_8FE30BBF_F2660BE1_715A4589_334C74C7;
        parameter Gy = 256'hBC3736A2_F4F6779C_59BDCEE3_6B692153_D0A9877C_C62A4740_02DF32E5_2139F0A0;
        parameter ecc_order = 256'hFFFFFFFE_FFFFFFFF_FFFFFFFF_FFFFFFFF_7203DF6B_21C6052B_
53BBF409_39D54123;
        parameter d_A = 256'h3945208F_7B2144B1_3F36E38A_C6D39F95_88939369_2860B51A_42FB81EF_4DF7C5B8;
        parameter d_n = 256'hFFFFFFFE_FFFFFFFF_FFFFFFFF_FFFFFFFF_7203DF6B_21C6052B_53BBF409_39D54123;
        parameter ID_A = 128'h31323334_35363738_31323334_35363738;
        parameter INTL_A = 16'h0080;
        parameter Ax = 256'h09f9df31_1e5421a1_50dd7d16_1e4bc5c6_72179fad_1833fc07_6bb08ff3_56f35020;
        parameter Ay = 256'hccea490c_e26775a5_2dc6ea71_8cc1aa60_0aed05fb_f35e084a_6632f607_2da9ad13;

        localparam clk_period = 2;
        reg [10:0] cnt1;
        SM2_Signuut (
            .clk(clk),
            .rst(rst),
            .para_wr(para_wr),
            .para_p(para_p),
            .para_a(para_a),
            .para_b(para_b),
            .para_Gx(para_Gx),
            .para_Gy(para_Gy),
            .para_order(para_order),
            .k_wr(k_wr),
            .k_in(k_in),
            .sk_in(sk_in),
```

```verilog
        .hash_m(hash_m),
        .wr_out(wr_out),
        .success(success),
        .s_out(s_out),
        .r_out(r_out)
    );

    initial begin
        clk = 0;
        rst = 0;
        para_wr = 0;
        k_wr = 0;
        k_in = 0;
        sk_in = 0;
        hash_m = 0;
        cnt1 = 0;
    end
always@(posedge clk)#1
begin
    case (cnt1)
        0:
            begin
                rst <= 1;
                cnt1 <= cnt1 + 1;
            end
        1:
            begin
                rst <= 0;
                para_wr <= 1'b1;
                para_p <= ecc_p;
                para_a <= ecc_a;
                para_b <= ecc_b;
                para_Gx <= Gx;
                para_Gy <= Gy;
                para_order <= ecc_order;
                cnt1 <= cnt1 + 1;
            end
        2:
            begin
                para_wr <= 1'b0;
                k_wr <= 1'b1;
                k_in <= 256'h59276e27_d506861a_16680f3a_d9c02dcc_ef3cc1fa_3cdbe4ce_6d54b80d_eac1bc21;
```

```verilog
                    sk_in <= d_A;
                    hash_m <= 256'hf0b43e94ba45accaace692ed534382eb17e6ab5a19ce7b31f4486fdfc0d28640;
                    cnt1 <= cnt1 + 1;
                end
            3: begin
                    k_wr <= 1'b0;
                    cnt1 <= cnt1 + 1;
                end
            4: begin
                    k_wr <= 1'b1;
                    cnt1 <= cnt1 + 1;
                end
            5: begin
                    k_wr <= 1'b0;
                end
            endcase
        end
        initial begin
        clk = 0;
            forever begin
                #(clk_period/2)clk = ~clk;
            end
        end

        always@(posedge clk)
            begin
              if(wr_out == 1)
                $display("%d\n,%h,\n%h",success,s_out,r_out);
            end
endmodule
```

仿真模块中输入的私钥 sk_in：

256'h3945208F_7B2144B1_3F36E38A_C6D39F95_88939369_2860B51A_42FB81EF_4DF7C5B8;

输入的随机数：

256'h59276e27_d506861a_16680f3a_d9c02dcc_ef3cc1fa_3cdbe4ce_6d54b80d_eac1bc21;

消息的哈希值：

256'hf0b43e94ba45accaace692ed534382eb17e6ab5a19ce7b31f4486fdfc0d28640;

签名算法模块输出的签名 r 值：

256'hf5a03b0648d2c4630eeac513e1bb81a15944da3827d5b74143ac7eaceee720b3

签名 s 值:

```
256'hb1b6aa29df212fd8763182bc0d421ca1bb9038fd1f7f42d4840b69c485bbc1aa,
```

签名结果与预期值一致,仿真结果如图 7.3 所示。

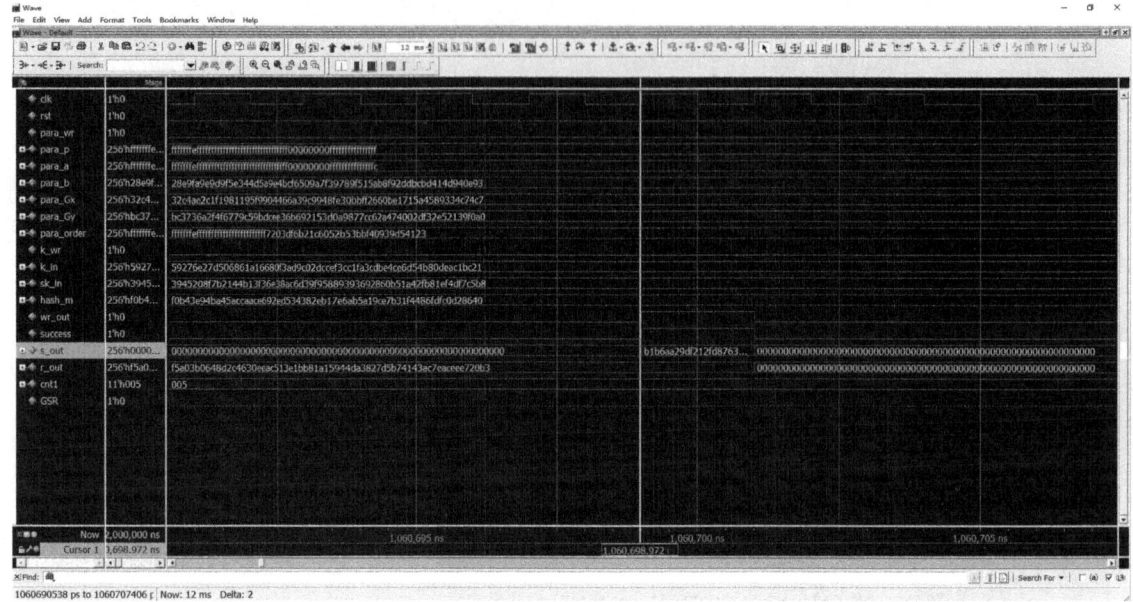

图 7.3 签名功能仿真结果

2. 验签算法模块功能的实现

下面这段代码是以 SM2 算法选定的参数及方法来实现数字签名验证模块的。

(1) 输入信号

clk:时钟信号。

rst:复位信号。

para_wr:参数输入使能信号。

para_p、para_a、para_b、para_Gx、para_Gy、para_order:椭圆曲线的参数,包括素数 p、系数 a 和 b、基点 G 的坐标 (Gx,Gy) 以及基点 G 的阶。

wr_in:输入使能信号,用于接收待验证的数据。

r_in、s_in:待验证的签名数据。

hash_m:消息摘要。

pk_x、pk_y:公钥的坐标。

(2) 输出信号

wr_out:输出使能信号,表示验证过程完成。

pass_out:验证结果,"1"表示验证通过,"0"表示验证失败。

(3) 主要功能逻辑

状态定义:模块定义了多个状态来管理验证流程,包括 ready、first、second、three、four、five 等。

参数接收:当 para_wr 为 1 时,模块接收椭圆曲线的参数,并将其存储起来供后续计算使用。

(4) 签名验证流程

准备阶段(ready 状态):等待输入使能 wr_in,一旦接收到待验证数据,即转入 first 状态。
初步检查(first 状态):检查 r 和 s 的值是否在合法范围内(不为 0 且小于椭圆曲线的阶)。
计算 $r+s$(second 状态):计算 $r+s$ 的值,并检查是否等于 0,如果是,则验证失败。
点乘计算(three 状态):并行进行两个点乘运算,一个是 $s*G$,另一个是 $(r+s)*$ 公钥点。
点加/倍加计算(four 状态):将上一步得到的两个点进行点加/倍加运算。
最终验证(five 状态):比较最终得到的点的 x 坐标是否与 r 相等,如果相等,则验证通过,否则验证失败。

功能实现代码如程序 7-7 所示。

程序 7-7:
```
module SM2_Verify(clk,rst,para_wr,para_p,para_a,para_b,para_Gx,para_Gy,para_order,wr_in,r_in,s_in,hash_m,pk_x,pk_y,wr_out,pass_out
    );
    parameter m = 256;
    input              clk;
    input              rst;
    input              para_wr;
    input [m-1:0]      para_p;
    input [m-1:0]      para_a;
    input [m-1:0]      para_b;
    input [m-1:0]      para_Gx;
    input [m-1:0]      para_Gy;
    input [m-1:0]      para_order;
    input              wr_in;
    input [m-1:0]      r_in;
    input [m-1:0]      s_in;
    input [m-1:0]      hash_m;
    input [m-1:0]      pk_x;
    input [m-1:0]      pk_y;

    output reg         wr_out;
    output reg         pass_out;

    parameter ready  = 3'h0;
    parameter first  = 3'h1;
    parameter second = 3'h2;
    parameter three  = 3'h3;
    parameter four   = 3'h4;
    parameter five   = 3'h5;
    parameter six    = 3'h6;
```

```verilog
        parameter seven = 3'h7;

    reg [2:0] verify_state;
    reg [m-1:0] ecc_p,ecc_a,ecc_b,Gx,Gy,ecc_order;
    reg mul0_wr_in;
    reg mul1_wr_in;
    reg [m-1:0] mul0_k,mul0_ax,mul0_ay;
    reg [m-1:0] mul1_k,mul1_ax,mul1_ay;
    wire mul0_wr_out;
    wire mul1_wr_out;
    wire [m-1:0] mul0_cx,mul0_cy;
    wire [m-1:0] mul1_cx,mul1_cy;
    Point_Mul_1 point_mul_inst0(
        .clk(clk),
        .rst(rst),
        .para_wr(para_wr),
        .para_p(para_p),
        .para_a(para_a),
        .wr_in(mul0_wr_in),
        .k_in(mul0_k),
        .ax_in(mul0_ax),
        .ay_in(mul0_ay),
        .wr_out(mul0_wr_out),
        .cx_out(mul0_cx),
        .cy_out(mul0_cy)
    );
    Point_Mul_1 point_mul_inst1(
        .clk(clk),
        .rst(rst),
        .para_wr(para_wr),
        .para_p(para_p),
        .para_a(para_a),
        .wr_in(mul1_wr_in),
        .k_in(mul1_k),
        .ax_in(mul1_ax),
        .ay_in(mul1_ay),
        .wr_out(mul1_wr_out),
        .cx_out(mul1_cx),
        .cy_out(mul1_cy)
    );
    reg add_double_wr_in;
    reg [m-1:0] add_double_ax,add_double_ay;
    reg [m-1:0] add_double_bx,add_double_by;
```

```verilog
wire add_double_wr_out;
wire [m-1:0] add_double_cx,add_double_cy;
Point_Add_Double point_add_double_inst(
    .clk(clk),
    .rst(rst),
    .para_wr(para_wr),
    .para_p(para_p),
    .wr_in(add_double_wr_in),
    .ax_in(add_double_ax),
    .ay_in(add_double_ay),
    .bx_in(add_double_bx),
    .by_in(add_double_by),
    .wr_out(add_double_wr_out),
    .cx_out(add_double_cx),
    .cy_out(add_double_cy)
);
reg [m-1:0] add_a,add_b;
wire [m-1:0] add_c;
Field_Add field_add_inst(
    .a_in(add_a),
    .b_in(add_b),
    .p_in(ecc_order),
    .c_out(add_c)
);

reg [m-1:0] pk_x_reg,pk_y_reg;
reg [m-1:0] e_reg;
reg [m-1:0] r_reg,s_reg;
reg mul0_out_reg,mul1_out_reg;
always@(posedge clk or posedge rst) begin
    if(rst) begin
        wr_out <= 1'b0;
        pass_out <= 1'b0;
        verify_state <= ready;
    end
    else begin
        case (verify_state)
            ready: begin
                wr_out <= 1'b0;
                pass_out <= 1'b0;
                if(para_wr == 1'b1) begin
                    ecc_p <= para_p;
                    ecc_a <= para_a;
```

```verilog
                    ecc_b <= para_b;
                    Gx <= para_Gx;
                    Gy <= para_Gy;
                    ecc_order <= para_order;
                    verify_state <= ready;
                end
                if(wr_in == 1'b1) begin
                    r_reg <= r_in;
                    s_reg <= s_in;
                    pk_x_reg <= pk_x;
                    pk_y_reg <= pk_y;
                    e_reg <= hash_m;
                    verify_state <= first;
                end
            end
            first: begin
                if(r_reg == 0 || s_reg == 0 || s_reg >= ecc_order || r_reg >= ecc_order) begin
                    wr_out <= 1'b1;
                    pass_out <= 1'b0;
                    verify_state <= ready;
                end
                else begin
                    add_a <= r_reg;
                    add_b <= s_reg;
                    verify_state <= second;
                end
            end
            second: begin
                if(add_c == 0) begin
                    wr_out <= 1'b1;
                    pass_out <= 1'b0;
                    verify_state <= ready;
                end
                else begin
                    mul0_wr_in <= 1'b1;
                    mul1_wr_in <= 1'b1;
                    mul0_k <= s_reg;
                    mul0_ax <= Gx;
                    mul0_ay <= Gy;
                    mul1_k <=  add_c;
                    mul1_ax <= pk_x_reg;
                    mul1_ay <= pk_y_reg;
```

```verilog
                verify_state <= three;
            end
        end
        three: begin
            mul0_wr_in <= 1'b0;
            mul1_wr_in <= 1'b0;
            if(mul0_wr_out == 1'b1) begin
                mul0_out_reg <= 1'b1;
                add_double_ax <= mul0_cx;
                add_double_ay <= mul0_cy;
            end
            if(mul1_wr_out == 1'b1) begin
                mul1_out_reg <= 1'b1;
                add_double_bx <= mul1_cx;
                add_double_by <= mul1_cy;
            end
            if(mul0_out_reg == 1'b1 && mul1_out_reg == 1'b1) begin
                mul0_out_reg <= 1'b0;
                mul1_out_reg <= 1'b0;
                add_double_wr_in <= 1'b1;
                verify_state <= four;
            end
        end
        four: begin
            add_double_wr_in <= 1'b0;
            if(add_double_wr_out == 1'b1) begin
                add_a <= add_double_cx;
                add_b <= e_reg;
                verify_state <= five;
            end
        end
        five: begin
            if(add_c == r_reg) begin
                wr_out <= 1'b1;
                pass_out <= 1'b1;
                verify_state <= ready;
            end
            else begin
                wr_out <= 1'b1;
                pass_out <= 1'b0;
                verify_state <= ready;
            end
        end
```

```
            endcase
        end
    end
endmodule
```

将上一节生成的签名数据输入签名验证模块,验证签名的正确性。签名验证模块的代码实现如程序 7-8 所示。

程序 7-8:
```
module verify_test;
    reg clk;
    reg rst;
    reg para_wr;
    reg [255:0]    para_p;
    reg [255:0]    para_a;
    reg [255:0]    para_b;
    reg [255:0]    para_Gx;
    reg [255:0]    para_Gy;
    reg [255:0]    para_order;
    reg wr_in;
    reg [255:0] r_in;
    reg [255:0] s_in;
    reg [255:0] hash_m;
    reg [255:0] pk_x;
    reg [255:0] pk_y;
    wire wr_out;
    wire pass_out;
    parameter ecc_p = 256'hFFFFFFFE_FFFFFFFF_FFFFFFFF_FFFFFFFF_FFFFFFFF_00000000_FFFFFFFF_FFFFFFFF;
    parameter ecc_a = 256'hFFFFFFFE_FFFFFFFF_FFFFFFFF_FFFFFFFF_FFFFFFFF_00000000_FFFFFFFF_FFFFFFFC;
    parameter ecc_b = 256'h28E9FA9E_9D9F5E34_4D5A9E4B_CF6509A7_F39789F5_15AB8F92_DDBCBD41_4D940E93;
    parameter Gx =   256'h32C4AE2C_1F198119_5F990446_6A39C994_8FE30BBF_F2660BE1_715A4589_334C74C7;
    parameter Gy =   256'hBC3736A2_F4F6779C_59BDCEE3_6B692153_D0A9877C_C62A4740_02DF32E5_2139F0A0;
    parameter ecc_order = 256'hFFFFFFFE_FFFFFFFF_FFFFFFFF_FFFFFFFF_7203DF6B_21C6052B_53BBF409_39D54123;
    parameter Ax = 256'h09f9df31_1e5421a1_50dd7d16_1e4bc5c6_72179fad_1833fc07_6bb08ff3_56f35020;
    parameter Ay = 256'hccea490c_e26775a5_2dc6ea71_8cc1aa60_0aed05fb_f35e084a_6632f607_2da9ad13;
    localparam clk_period = 20;
    reg [10:0] cnt1;
    SM2_Verifyuut (
```

```verilog
        .clk(clk),
        .rst(rst),
        .para_wr(para_wr),
        .para_p(para_p),
        .para_a(para_a),
        .para_b(para_b),
        .para_Gx(para_Gx),
        .para_Gy(para_Gy),
        .para_order(para_order),
        .wr_in(wr_in),
        .r_in(r_in),
        .s_in(s_in),
        .hash_m(hash_m),
        .pk_x(pk_x),
        .pk_y(pk_y),
        .wr_out(wr_out),
        .pass_out(pass_out)
    );

    initial begin
        clk = 0;
        rst = 0;
        wr_in = 0;
        r_in = 0;
        s_in = 0;
        hash_m = 0;
        pk_x = 0;
        pk_y = 0;

        cnt1 = 0;
    end
always@(posedge clk) #1
begin
  case (cnt1)
        0:
            begin
                rst <= 1;
                cnt1 <= cnt1 + 1;
            end
        1:
            begin
                rst <= 0;
                para_wr <= 1'b1;
```

```verilog
                para_p <= ecc_p;
                para_a <= ecc_a;
                para_b <= ecc_b;
                para_Gx <= Gx;
                para_Gy <= Gy;
                para_order <= ecc_order;
                cnt1 <= cnt1 + 1;
            end
        2:
            begin
                para_wr <= 1'b0;
                r_in <= 256'hf5a03b0648d2c4630eeac513e1bb81a15944da3827d5b74143ac7eaceee720b3;
                s_in <= 256'hb1b6aa29df212fd8763182bc0d421ca1bb9038fd1f7f42d4840b69c485bbc1aa;
                hash_m <= 256'hf0b43e94ba45accaace692ed534382eb17e6ab5a19ce7b31f4486fdfc0d28640;
                pk_x = Ax;
                pk_y = Ay;

                cnt1 <= cnt1 + 1;
            end
        3: begin
                cnt1 <= cnt1;
                wr_in <= 1'b0;
            end
        endcase
    end
        initial begin
            clk = 0;
            forever begin
                #(clk_period/2)clk = ~clk;
            end
        end

        always@(posedge clk)
            begin
                if(wr_out == 1)
                $display("%d", pass_out);
            end
endmodule
```

程序 7-8 的仿真结果如图 7.4 所示。

第 7 章 数字签名算法的 FPGA 实现

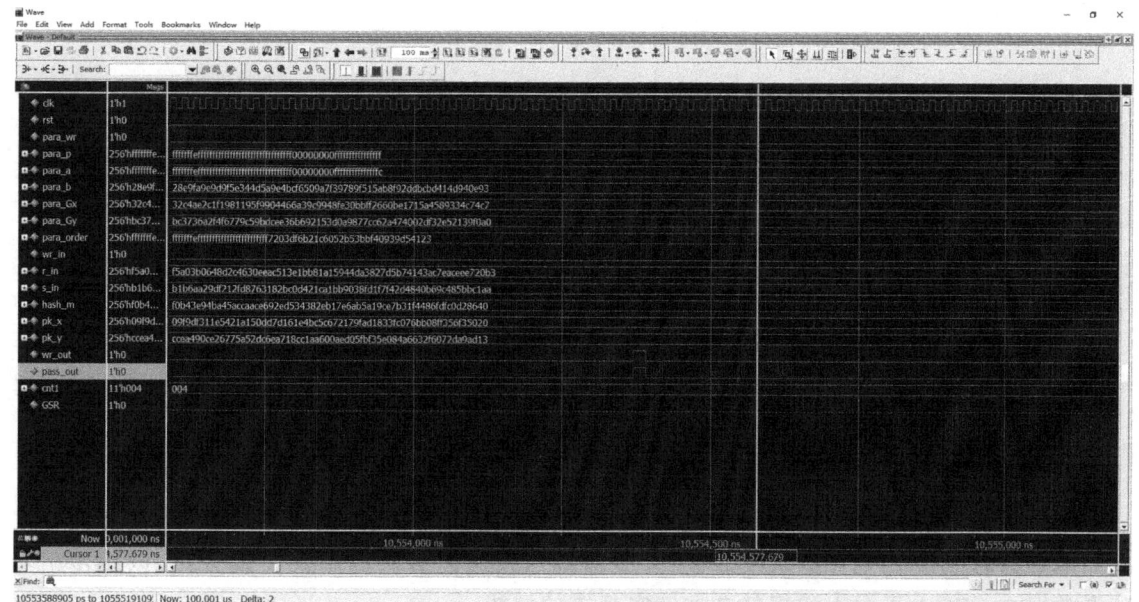

图 7.4 签名验证仿真结果

第8章 FPGA 在信息安全领域的应用与展望

1. 本书核心内容回顾

本书为具备数字电路设计与密码学基础的读者提供了一条从理论到实践的全面学习路径。本书内容涵盖 FPGA 的基础理论、开发流程以及密码算法的硬件实现方法,以逐步引导读者掌握在 FPGA 平台上实现复杂加解密系统的技能。

在前几章中,本书详细地介绍了 FPGA 的体系架构及其在硬件描述语言(Verilog HDL)环境下的开发过程。从逻辑门级设计到高级综合(synthesis)与布局和布线(place and route),每个环节都辅以实际案例,力求帮助读者建立扎实的理论基础和实践经验。本书对 AES、RSA、DES 等经典加密算法的硬件实现进行了深入剖析,不仅讲解了其数学原理,更着重展示了在 FPGA 平台上如何通过流水线技术、多级寄存器及硬件资源共享等方法优化实现路径。

特别是在性能优化方面,针对不同算法特点,本书探讨了如何通过并行计算与逻辑复用显著提升硬件实现效率,使 FPGA 在密码学领域的优势得以充分展现。结合密码算法硬件实现的具体需求,本书还对时序约束、功耗管理及面积优化等进行了深入分析,确保读者在完成理论学习的同时,也能够独立地完成工程实践任务。

2. FPGA 在信息安全领域中的重要性

信息安全已经成为国家战略级关注的领域,各国均将其列为关键基础设施防护的重要组成部分。在传统加解密方式逐渐暴露出性能瓶颈和安全隐患的背景下,FPGA 凭借其硬件级并行计算能力和灵活的逻辑配置,成为解决信息安全问题的重要技术路径。

FPGA 能够在硬件层面实现高效的加密算法,并通过流水线并行化处理大量数据,极大地提升了加解密速度,同时降低了功耗。这种特性使其广泛应用于金融交易系统、云数据中心以及高频数据传输场景中。与软件加密方式相比,FPGA 的硬件实现避免了程序逆向分析和漏洞攻击带来的风险,从而为信息安全系统提供了更强的防护能力。

随着网络攻击手段的不断演进,动态安全防护成为未来发展的关键方向。FPGA 的可重构特性使其能够根据新的安全需求快速更新和部署防护策略,有效抵御新型攻击方式。其在实时性要求较高的安全应用场景中展现出独特优势,无论是高性能计算平台,还是边缘计算设备,FPGA 都能胜任核心加密任务。

3. FPGA 在未来信息安全领域中的应用前景

未来信息安全的需求将随着大数据、人工智能和物联网技术的普及而不断增长,FPGA 作为新一代信息安全防护的重要技术路径,将在多个领域迎来爆发式增长。

在云计算安全方面,FPGA 已经逐渐嵌入主流云服务提供商的数据中心中,为数据加密、存储安全及访问控制提供硬件加速支持。FPGA 不仅提升了云端数据传输的安全性,还通过虚拟化技术实现了多租户隔离,以确保不同用户的数据在硬件层面互不干扰。未来,随着云计算规模的持续扩张,FPGA 在数据中心的应用将进一步加深,助力云平台实现更高效、更安全的服务。

物联网设备的数量呈指数级增长,FPGA 的低功耗和高性能特性使其成为物联网安全防护的理想选择。针对物联网设备计算能力有限的问题,FPGA 能够实现轻量级的加密算法,在不显著增加功耗的情况下,可确保设备间的通信安全。无论是在智能家居设备,还是在工业控制系统中,FPGA 都能够为终端安全提供坚实的保障。

区块链技术的发展也对加密运算性能提出了更高要求,FPGA 通过其卓越的并行计算能力,大幅地提升了区块链交易验证和哈希计算速度,为去中心化网络提供了更强的算力支持。未来,FPGA 将成为区块链硬件钱包、安全节点和分布式账本系统的重要组成部分。

随着量子计算的快速发展,传统加密算法可能面临被破解的风险,抗量子密码算法的研究已成为国际密码学领域的热点。FPGA 凭借其灵活的可编程性和高效的计算能力,成为实现抗量子密码算法的理想平台。在未来的通信网络中,FPGA 将承担量子安全加密算法的硬件实现任务,为全球信息安全提供坚固的屏障。

4. FPGA 在密码算法硬件实现中的优势与挑战

FPGA 在密码算法硬件实现方面展现出诸多独特优势,使其在信息安全领域独树一帜。其核心优势在于高并行计算能力,这种特性允许 FPGA 在同一时刻执行多组加解密任务,从而显著地提升系统的吞吐量和响应速度。此外,FPGA 的硬件逻辑配置可根据具体应用需求进行深度定制,使加密算法在硬件级别得到最优实现。

然而,FPGA 的使用也面临着一定的挑战。首先,FPGA 的开发周期较长,开发人员需要具备深厚的硬件描述语言和电路设计能力。其次,FPGA 的逻辑资源有限,在实现复杂密码算法时,需要合理分配资源,避免资源浪费和过度占用。最后,尽管 FPGA 支持动态重构,但如何在不影响系统运行的情况下切换加密算法,仍然是工程实践中的难点之一。

5. 结语

本书通过系统性的理论讲解与实践案例分析,来帮助读者深入理解 FPGA 在信息安全领域的核心作用与实际应用价值。随着信息安全威胁的不断升级和新技术的持续涌现,FPGA 将在未来的信息安全体系中扮演更加重要的角色,成为保障数字世界安全的坚实基石。